煤炭职业教育“十四五”规划教材
高等职业教育“新形态”一体化教材

矿山环境保护

主　编　苏晓明　吴　桐
副主编　张　雪　李洪军

中国矿业大学出版社
·徐州·

内 容 提 要

本书旨在全面、系统地阐述矿山环境保护的理念、原则、方法与实践，以期为我国矿山环境保护工作提供有益的参考和借鉴。书中首先介绍了矿山环境保护的基本概念和理论基础，包括环境保护的法律法规、政策导向以及矿山环境问题的成因和特征。随后，详细分析了矿山开采过程对环境的影响及其机理，包括土地破坏、水污染、大气污染等方面，以便读者深入了解矿山环境问题的本质。

图书在版编目(CIP)数据

矿山环境保护 / 苏晓明，吴桐主编. — 徐州 ：中国矿业大学出版社，2024. 11. — ISBN 978 - 7 - 5646 - 6541 - 8

Ⅰ. X322

中国国家版本馆 CIP 数据核字第 20249DP914 号

书　　名　矿山环境保护
主　　编　苏晓明　吴　桐
责任编辑　何晓明　何　戈
出版发行　中国矿业大学出版社有限责任公司
　　　　　　(江苏省徐州市解放南路　邮编 221008)
营销热线　(0516)83885370　83884103
出版服务　(0516)83995789　83884920
网　　址　http://www.cumtp.com　**E-mail**:cumtpvip@cumtp.com
印　　刷　苏州市古得堡数码印刷有限公司
开　　本　787 mm×1092 mm　1/16　**印张** 13.5　**字数** 345 千字
版次印次　2024 年 11 月第 1 版　2024 年 11 月第 1 次印刷
定　　价　45.00 元

前　言

矿产资源作为人类社会发展的重要物质基础，其开发与利用对国家经济的繁荣与进步起到了关键作用。然而，矿山开采活动在带来经济利益的同时，也对环境造成了不同程度的破坏，引发了诸多环境问题，如土地破坏、水污染、生物多样性减少等。面对这些问题，矿山环境保护显得尤为重要，它既是矿山可持续发展的基石，也是实现人与自然和谐共生的关键。

本书旨在全面、系统地阐述矿山环境保护的理念、原则、方法与实践，以期为我国矿山环境保护工作提供有益的参考和借鉴。书中首先介绍了矿山环境保护的基本概念和理论基础，包括环境保护的法律法规、政策导向以及矿山环境问题的成因和特征。随后，详细分析了矿山开采过程对环境的影响及其机理，包括土地破坏、水污染、大气污染等方面，以便读者深入了解矿山环境问题的本质。在此基础上，本书进一步探讨了矿山环境保护的技术手段和管理措施。从技术层面介绍了矿山废水处理、固体废物资源化利用、生态恢复与重建等方面的先进技术和方法；从管理层面强调了矿山环境保护规划、环境影响评价、环境监测与监管等制度的重要性及其实施方法。此外，本书还结合国内外矿山环境保护的典型案例，进行了深入剖析和经验总结，为读者提供了宝贵的实践参考。最后，本书对矿山环境保护的未来发展趋势进行了展望，提出了加强科技创新、完善法律法规、强化公众参与等对策建议，以期推动矿山环境保护事业不断向前发展。

本书共分九个项目，主要包括认识矿山环境、矿山水污染及其防治、矿山大气污染与防治、矿山固体废物与资源化利用、矿山噪声污染与控制、矿山环境管理、生态破坏及地质灾害、矿山清洁生产及可持续发展等内容。

本书由黑龙江能源职业学院教师共同编写，由苏晓明、吴桐任主编；张雪、李洪军任副主编。具体编写分工如下：项目一至项目四由苏晓明编写；项目五由李洪军编写；项目六由张雪编写；项目七至项目九由吴桐编写。

本书力求从理论与实践相结合的角度，全面阐述矿山环境保护的理念、方法与实践，旨在为矿山环境保护工作提供有力的理论支撑和实践指导。希望本书的出版能够引起社会各界对矿山环境保护的关注和重视，共同推动我国矿山环境保护事业的繁荣发展。

在编写过程中，我们力求确保内容的准确性、实用性和前瞻性，但难免存在疏漏和不足之处。我们真诚希望广大读者在阅读过程中提出宝贵的意见和建议，以便我们不断完善和提高。让我们携手为保护矿山环境、实现可持续发展贡献智慧和力量。

编　者
2024 年 4 月

目　录

项目一　认识矿山环境

矿山作为人类社会获取矿产资源的重要基地，对经济发展起着举足轻重的作用。然而，矿山开采和加工过程中产生的环境问题也日益凸显，对生态环境和人类健康造成了严重威胁。因此，矿山环境保护工作显得尤为重要。矿山开采是人类获取矿产资源的主要方式，但同时也是一个高污染、高能耗的产业。在矿山开采过程中，废气、废水、废渣等污染物的排放，以及土地破坏、生态失衡等问题的出现，都对矿山环境造成了严重影响。这些环境问题不仅威胁着生态系统的平衡，也制约了矿山的可持续发展。因此，加强矿山环境保护，对于维护生态平衡、保障人类健康、促进经济发展具有重要意义。本教材旨在全面介绍矿山环境保护的理论与实践，帮助读者深入了解矿山环境问题及其成因、掌握矿山环境保护的基本原理和方法，为推动矿山可持续发展提供有力支持。

随着环保意识的日益深入人心和环保政策的日益严格，矿山环境保护工作正面临着前所未有的巨大挑战。在这一背景下，矿山企业肩负着重要的责任，需要显著加大环保投入力度，积极引进并应用先进的环保技术和设备，以最大限度地减少污染物的排放，确保生产活动对环境影响的最小化。同时，政府部门也发挥着不可或缺的作用，需要进一步加强监管力度，制定更加严格且全面的环保标准和法规，以监督矿山企业的运营行为，确保其合规运营，防止环境问题的发生。

然而，挑战与机遇往往并存。矿山环境保护工作的推进也为矿山带来了新的发展机遇。通过积极推动绿色矿山建设，发展循环经济等创新模式，我们不仅能够实现矿山资源的合理利用，还能够有效保护生态环境，推动矿山经济与环境的和谐共生，实现可持续发展。

尽管环境与发展已经成为当今人类社会的重要议题，但我们必须清醒地认识到，这并不意味着人类所面临的环境与发展问题已经得到了妥善解决。相反，目前我们所面临的环境与发展问题比以往任何时候都更加严重和紧迫。这是因为，在当前的科学技术和生产力水平下，人类在处理环境保护与产品生产、长久生存与当前生活需求、个别国家发展与全球生态系统健康之间的复杂关系时，仍显得力不从心。

在这种背景下，我们一方面要面对日益严重的环境破坏、资源耗竭和社会危机等问题，呼吁全社会共同保护环境，坚定走可持续发展之路。另一方面，我们也必须正视现实，即在全球化的大潮中，为了个人、企业、民族和国家的生存与竞争，我们往往不得不向自然界索取更多的资源，并因此产生更多的污染物。这正是当前环境污染、生态破坏和资源耗竭问题日趋严重，人类可持续发展面临巨大威胁的主要原因。

因此，我们需要在深刻理解这一复杂矛盾的基础上，寻找更加有效的解决方案，平衡环境保护与经济发展的关系，推动人类社会走向更加绿色、可持续的未来。

人类社会的可持续发展，并非简单的经济增长或科技进步所能单独实现的。真正的可持续发展，源于我们对自身与环境关系的深刻理解和尊重。长久以来，我们过度追求物质利益，无度地开采自然资源，以满足对物质的无尽欲望。然而，这种行为已经严重超出了自然环境的承载能力，导致了资源枯竭、环境污染和生态失衡等一系列问题。

为了扭转这一局面，我们必须从思想观念上做出根本性的转变。我们需要重新认识自己与自然环境的关系，理解人类是自然界的一部分，而不是其主宰。我们必须摒弃那种盲目追求物质利益、忽视环境保护的行为模式，转而追求一种与自然和谐共生的生活方式。为了实现这一目标，大力普及环境保护和可持续发展的理论与实践教育至关重要。我们需要通过教育，让每一个人都明白可持续发展的重要性，了解环境保护的基本知识，掌握环保技能。同时，我们还应该树立可持续的科学发展观，将环境保护和经济发展相结合，推动绿色产业的发展，实现经济效益和环境效益的双赢。此外，我们还应该积极发展环境科学和环保技术，推动从黑色工业文明向绿色生态文明的转变。这意味着我们需要采用更加环保的生产方式，减少污染物的排放，提高资源利用效率。同时，我们还应该注重生态系统的保护和修复，让自然环境得到充分的休养生息。面对我国当前资源紧张、环境污染严重、生态系统退化的严峻形势，党的二十大报告将“人与自然和谐共生的现代化”上升到中国式现代化的内涵之一，明确了新时代中国生态文明建设的战略任务。党的二十大报告指出，要推进美丽中国建设，坚持山水林田湖草沙一体化保护和系统治理，统筹产业结构调整、污染治理、生态保护，应对气候变化，协同推进降碳、减污、扩绿、增长，推进生态优先、节约集约、绿色低碳发展。在深入推进环境污染防治方面，持续深入打好蓝天、碧水、净土保卫战，基本消除重污染天气，基本消除城市黑臭水体，加强土壤污染源头防控，提升环境基础设施建设水平，推进城乡人居环境整治。这是对我们每一个人的召唤，也是对我们整个社会的期待。我们必须树立起尊重自然、顺应自然、保护自然的生态文明理念，将生态文明建设融入经济、政治、文化、社会建设的全过程。为此，我们需要加强生态文明教育，让全民都树立起节约意识、环保意识、生态意识。我们要倡导合理消费的社会风尚，反对奢侈浪费和过度消费。同时，我们还应该营造一种爱护生态环境的良好风气，让每一个人都能够自觉地参与到环境保护的行动中来。总之，实现人类社会的可持续发展是一项长期而艰巨的任务，但只要我们每个人都能够从内心深处认识到自己与自然环境的关系，积极采取行动来保护环境，那么我们就一定能够迈向一个更加美好、更加和谐的未来。

在人类历史的长河中，先辈们由于所处历史阶段的局限性，在尚未深入了解环境科学的复杂与深奥之际，无尽地追求物质与精神生活，导致生存环境的严重污染与破坏，这无疑对当代人的生存与发展构成了巨大的威胁。为了自身以及后代的福祉，当代人肩负起了治理环境问题的重任。这一重任不仅是对整个社会的期望，更是对当代大学生的殷切期盼。

进入 21 世纪以来，环境保护与可持续发展理念已深入人心，成为全人类共同追求的目标。在我国，这一理念更是家喻户晓，深入人心。对于当代大学生而言，掌握环境保护与可持续发展的基本理论与技能，不仅符合我国环境教育政策的要求，更是他们知识结构中不可或缺的一部分。这是当代人与前人之间的显著区别，更是当代大学生的独特标志。

目前，我国在环境保护与可持续发展方面的法律法规正日益完善，相关的理论、技术和设备也不断涌现。然而，从近年环境状况公告中可以看出，我国的环境形势依然严峻，污染和破坏环境的事件仍时有发生。面对这样的现实，大学生如果不具备环境科学、环保法、环境管理、清洁生产、循环经济等方面的基本理论和技能，在未来的职业生涯中将面临重重困难，难以适应工作岗位的需求，无疑会对就业和事业发展产生不利影响。

因此，作为当代大学生，我们肩负着人类历史赋予的重任。为了个人的顺利就业和未来的事业发展，为了迈向绿色生态文明新时代，为了建设美丽家园、美丽国家及美丽世界，我们必须掌握环境保护与可持续发展的基本理论与技能。这正是我们学习矿山环境保护相关课程的初衷和动力所在。

任务一　环境的基本概念

【知识目标】

掌握环境的概念、环境的组成、环境的特点。

【技能目标】

能够陈述环境在矿山生产过程中的重要性。

【任务导入】

近年来，塑料污染问题日益严重。海洋中漂浮的塑料垃圾不仅破坏了海洋生态系统，还威胁到海洋生物的生存。此外，塑料微粒进入食物链，最终可能对人类健康造成潜在风险。除此以外，大家还知道环境对我们的生活有哪些影响？

【任务分析】

1. 能够列举并解释环境的基本特征，如整体性、区域性、变动性等，并能结合实例说明这些特征如何影响人类与环境的互动。

2. 理解环境对人类生存和发展的重要性，包括提供资源、调节气候、维持生态平衡等方面，并能分析环境恶化对人类社会的负面影响。

【相关知识】

一、什么是环境

环境是人类生存和发展的基础，也是各种生物群落和非生物因素相互作用的总和。环境科学作为一门综合性的交叉学科，旨在研究人类活动与自然环境的相互作用关系，以及人类如何更好地保护环境、实现可持续发展。

环境是一个相对的概念，它总是相对于某一中心事物而言，作为某一中心事物的对立面而存在。它因中心事物的不同而不同，随中心事物的变化而变化。因此可以认为，与某一中心事物有关的周围事物，就是这个中心事物的环境。

作为一个术语，环境也有它具体的科学定义。因为不同的学科有着不同的研究对象和研究内容，所以在不同的学科中，环境的定义是不同的。对于环境科学来说，它所研究的环境，中心事物是人类，所以其定义是以人类为主体的外部世界，即人类生存、繁衍所必需的、相适应的环境或物质条件的综合体，可分为自然环境和人工环境两种。

自然环境是人类目前赖以生存、生活和生产所必需的自然条件和自然资源的总称，即阳光、温度、气候、地磁力、空气、水、岩石、土壤、动植物、微生物以及地壳的稳定性等自然因素的总和，用一句话概括就是“直接或间接影响到人类的一切自然形成的物质、能量和自然现象的总体”，有时简称为环境。

人工环境是指由于人类的活动而形成的环境要素，它包括由人工形成的物质、能量和精神产品，以及人类活动中所形成的人与人之间的关系。

不同的国家在各自颁布的环境保护法规中，对环境都有具体的定义。《中华人民共和国环境保护法》指出："本法所称环境，是指影响人类生存和发展的各种天然的和经过人工改造的自然因素的总体，包括大气、水、海洋、土地、矿藏、森林、草原、湿地、野生生物、自然遗迹、人文遗迹、自然保护区、风景名胜区、城市和乡村等。"这是一种把环境中应当保护的要素或对象界定为环境的一种工作定义，是从实际工作需要出发，对"环境"一词的法律适用对象或适用范围所做的规定，其目的是保证法律的准确实施。

由前面的论述可以看出，环境问题日渐突出，同时人类对环境问题的认识也逐步深入，并在与环境的斗争中积累了丰富的经验和知识，促进了各类学科对环境问题的研究，为解决环境问题打下了良好的基础。

二、环境的定义

环境通常指围绕生物体（包括人类）并影响其生存和发展的外部条件的总和。这些条件包括自然环境和社会环境两个方面。自然环境是指由大气、水、土壤、生物等自然要素构成的环境系统；社会环境则是指由人类活动所形成的各种社会、经济、文化等条件。

从广义上来说，环境是指围绕着生物体或群体的所有外部条件和影响的总和。在矿山环境保护的语境下，环境包括了矿山所在的自然地理环境、生态系统以及与之相关的社会经济环境。这些环境要素相互作用、相互影响，共同构成了矿山环境保护的对象和范围。

从矿山环境保护的角度来看，环境还可以细分为多个具体的方面。例如，自然环境包括了矿山所在地区的大气、水体、土壤、植被等自然要素，这些要素是矿山生产活动的重要载体，也是环境保护的重点关注对象。矿山开采和加工过程中产生的废气、废水、废渣等污染物，如果处理不当，将对自然环境造成严重的破坏和污染。

矿山环境保护还需要关注社会人文环境。矿山生产活动不仅会对自然环境产生影响，还会对当地居民的生活、文化和社会结构等产生影响。因此，在矿山环境保护工作中，需要充分考虑当地社区的需求和利益，推动矿山与社区的和谐发展。

我们还需要关注矿山环境的动态性和变化性。随着矿山生产活动的进行，矿山环境会不断发生变化，新的环境问题也会不断出现。因此，我们需要建立完善的环境监测和评估体系，及时发现和解决环境问题，确保矿山环境的可持续利用。

我们还需要强调矿山环境保护的综合性。矿山环境保护工作涉及多个学科和领域，需要综合运用地质学、生态学、环境科学、社会学等多学科的知识和方法。同时，还需要加强政策制定、法律法规建设、技术研发等方面的合作与交流，形成合力，共同推动矿山环境保护事业的发展。

环境在矿山环境保护中是一个复杂而多维度的概念。我们需要从多个角度和层面来定义和阐述它，以全面反映矿山环境保护的实际情况和需求。

三、环境的组成

环境是一个多层次、多维度的概念，其组成涉及众多元素和因素。从广义上说，环境由自然环境和社会环境两大部分组成，这两大部分又各自包含了众多子系统和要素，它们相互作用，共同构成了我们所生活的世界。

自然环境主要包括大气、水、土壤、生物等自然要素。大气是地球的外围气体层，为我们提供了呼吸所需的氧气，并阻挡了大部分有害的宇宙射线。水是生命之源，它覆盖了地球表面的大部分，为生物提供了生存的必要条件，同时也是气候调节的重要因子。土壤是生物生存的基础，它孕育了丰富的植被，为生物提供了食物和栖息地。生物则是自然环境中的活跃因素，包括植物、动物和微生物等，它们与环境形成了复杂的食物链和生态网络。

社会环境由人类活动所形成的各种社会、经济、文化等条件构成，包括城市、乡村等人类居住地的建设和规划，以及交通、通信等基础设施的完善。此外，社会制度、法律法规、道德规范等也是社会环境的重要组成部分，它们规范了人类的行为，维护了社会秩序。同时，文化环境也是社会环境的重要方面，它包括了语言、习俗、信仰、艺术等人类精神生活的各个方面。

在更微观的层面，环境的组成还包括各种具体的环境要素，如岩石、阳光、空气等。这些要素虽然看似微不足道，但它们在环境系统中却发挥着不可或缺的作用。例如，岩石构成了地球的固体骨架，为生物提供了立足之地；阳光为生物提供了能量来源，推动了生态系统的运转；空气则承载着各种气体和微粒，为生物提供了呼吸和传热的介质。

值得一提的是，环境的组成并不是静态的，而是动态变化的。随着人类社会的发展和科技的进步，新的环境要素和问题不断出现。例如，工业化进程带来了大量的废气、废水、固体废弃物等污染物，对自然环境造成了严重的破坏；同时，人类活动也改变了地球的气候系统，引发了全球气候变暖等环境问题。

因此，我们需要不断加深对环境的认识和理解，更好地保护环境，实现可持续发展。这需要我们综合运用多学科的知识和方法，从多个角度和层面去分析和解决问题。同时，我们也需要加强国际合作和交流，共同应对全球性的环境问题，为人类的未来创造更加美好的环境。

环境的组成是一个复杂而多元的概念，它包括了自然环境和社会环境两大部分以及众多具体的环境要素。这些要素相互作用、相互影响，共同构成了我们所生活的世界。我们需要以更加全面和深入的视角去认识和理解环境，以便更好地保护环境，实现可持续发展。

四、环境的特点

环境的特点体现在多个维度和层面上，其复杂性和多样性使得我们难以用简短的语句来全面概括。

第一，环境具有整体性。这意味着环境的各个组成部分和要素之间并不是孤立的，而是相互依存、相互影响的。它们构成了一个有机的整体，任何一个部分的改变都可能影响到整体。例如，森林的砍伐可能导致土壤侵蚀、气候变化等一系列连锁反应，最终影响到整个生态系统的平衡。

第二，环境具有区域性。由于地理位置、地形、气候、土壤等因素的差异，不同地区的环境具有不同的特征。这些特征使得不同地区的环境在结构方式、组成程序、能量物质流动规模和途径、稳定程度等方面都具有相对的特殊性，也决定了不同地区的环境问题和解决方案的差异。

第三，环境具有变动性。在自然和人类社会行为的共同作用下，环境的内部结构和外在状态始终处于不断变化的过程中。这种变动性既包括了自然因素引起的变化，如气候变化、自然灾害等，也包括了人类活动引起的变化，如城市化、工业化等。这些变化可能对环境产生积极或消极的影响，需要我们密切关注并采取相应的应对措施。

第四，环境具有多样性。多样性是指环境中存在着丰富多样的生物、地形、气候等要素，这使得环境充满了生机和活力。

第五，环境具有复杂性。复杂性体现在环境系统中各种要素之间的相互关系和相互作用上，这种复杂性使得我们对环境的理解和预测变得更加困难。

第六，环境具有稳定性和变化性的统一。一方面，环境在一定条件下保持着相对的稳定性，这使得生物能够在其中生存和繁衍；另一方面，环境又不断地发生变化，这种变化为生物提供了适应和进化的动力。

第七，从更宏观的角度来看，环境还具有全球性和地方性的统一。全球性特点体现在环境问题往往超越国界和地区，需要全球共同应对；而地方性特点则体现在不同地区的环境问题和解决方案具有特殊性，需要因地制宜。

第八，环境还具有经济和社会的双重属性。环境为人类提供了丰富的资源和生存空间，是经济发展的重要基础；同时，环境也承载着人类社会的文化、历史和价值观念，是社会发展的重要组成部分。

环境的特点体现在多个维度和层面上，包括整体性、区域性、变动性、多样性、复杂性、稳定性和变化性的统一，全球性和地方性的统一，以及经济和社会的双重属性等。这些特点使得环境成为一个复杂而多元的系统，需要我们以全面、深入和细致的态度去认识和理解它。

五、环境保护的重要性

环境保护的重要性体现在多个层面，对于自然生态系统、人类社会乃至整个地球的可持续发展都具有不可替代的意义。

第一，环境保护是维护生态平衡的关键。自然生态系统是一个复杂而微妙的网络，各种生物和环境因素在其中相互依存、相互制约。一旦这个平衡被打破，就可能引发连锁反应，导致生态系统的崩溃。环境保护旨在通过减少污染、保护生物多样性、恢复受损生态系统等手段，维护生态系统的稳定性和完整性，确保生物多样性的持续存在。

第二，环境保护是保障人类健康的基石。环境污染和生态破坏不仅会对自然环境造成损害，还会对人类的健康产生直接威胁。空气污染、水污染、土壤污染等问题可能导致呼吸道疾病、消化道疾病、癌症等多种疾病的发生。因此，加强环境保护、改善环境质量，是保障人类健康的重要措施。

第三，环境保护是实现可持续发展的前提。可持续发展要求我们在满足当前需求的同时，不损害未来世代的需求，而环境保护正是实现这一目标的重要手段。通过节约资源、提高能源利用效率、推广清洁能源等方式，我们可以减少对自然资源的过度开发和消耗，为未来的发展留下更多的空间和可能性。

第四，环境保护也是推动社会进步的重要动力。随着环保意识的普及和环保技术的发展，越来越多的人开始关注环境问题，积极参与环保行动。这不仅有助于改善环境质量，还能推动相关产业的发展和创新，为社会带来新的经济增长点。

第五，环境保护还具有深远的国际意义。环境问题已经成为全球性的挑战，需要各国共同应对。通过加强国际合作和交流、分享环保经验和技术，我们可以共同应对气候变化、生物多样性丧失等全球性环境问题，为地球的可持续发展做出贡献。

环境保护的重要性不言而喻，它关系到生态系统的平衡、人类健康的保障、可持续发展的实现、社会的进步以及国际社会的共同利益。因此，我们应该高度重视环境保护工作，采取切实有效的措施，共同守护我们美丽的家园。

【任务实施】

教师先分析讲解本任务的基本知识；学生分组讨论，总结环境保护在矿山开采中的重要性，并提交成果或总结。

【思考与练习】

1. 简述环境保护的重要性，总结其在矿山中的应用。

2. 参与环保活动，如垃圾分类、节能减排等，并能提出针对环境问题的实际解决方案。

任务二　环境的产生和发展

【知识目标】

掌握环境在不同历史阶段的特征和变化。

【技能目标】

能分析环境在不同地质年代和人为活动影响下的演变过程，理解环境变化的内在机制。

【任务导入】

矿山环境是如何形成的？它与一般环境有哪些不同？矿山开采对环境产生了哪些影响？

【任务分析】

1. 理解环境的产生和发展过程，包括地球的形成以及大气、水体、土壤等环境要素的形成和演变。特别要关注矿山环境的特殊性，理解矿山环境的形成和演变过程，以及矿山活动对环境产生的影响。

2. 分析矿山环境的特点、存在的问题以及矿山活动对环境的影响。

【相关知识】

从人类诞生开始就存在着人与环境的对立统一关系，就存在环境问题。从古至今随着社会生产力的发展变化，在人类社会不同历史时期，环境的产生与发展主要经历了以下几个阶段。

一、地球的形成与早期环境

在宇宙中，地球的形成是一个充满奇迹的过程。它大约起始于 46 亿年前，那是一场宇宙大爆炸后的漫长岁月。在这场大爆炸中，无数的物质被抛射出来，形成了各种元素和尘埃，它们在引力的作用下逐渐凝聚成了星系，地球也逐渐从一片混沌中诞生出来。它最初可能只是一个炽热的、由岩浆构成的球体，表面没有实质性的岩石，而是充满了沸腾的熔岩。那个时期的地球，温度极高，超过 1 000 ℃。

随着时间的推移，地球逐渐冷却，表面的熔岩开始凝固，形成了原始的岩石层。这些岩石层构成了地球的外壳，为后来的生命提供了立足之地。与此同时，地球内部的放射性衰变产生的热能使得内部的物质保持熔融状态，进一步塑造了地球的内部结构。

在这个过程中，地球的大气层也开始逐渐形成。太阳系中存在大量的陨石和小行星，它们不断撞击地球，释放出大量的气体，如水蒸气、二氧化碳、甲烷等。这些气体逐渐聚集在地球表面，形成了早期的大气层。与此同时，地球内部的火山喷发也释放出了大量的气体，进一步丰富了大气层的成分。

随着大气层的形成，地球表面的温度逐渐降低，水蒸气开始凝结成水滴，形成了地球上早期的降雨。这些雨水不断地落在地表，汇聚成溪流、河流，最终形成了原始的海洋。在这个过程中，地球表面的岩石和火山爆发释放出的气体也参与了地球大气层的形成，逐渐塑造出了一个适宜生命存在的环境。

在这个充满奇迹的演化过程中，地球从一个炽热的岩浆球体逐渐变成了一个拥有岩石外壳、大气层和海洋的星球。它为生命的诞生和演化提供了必要的条件，成了宇宙中一个独特的存在。

然而，这只是地球漫长历史中的一个开始。在接下来的岁月里，地球还经历了无数的变迁和挑战，包括冰川时期、火山喷发、板块运动等自然事件，以及人类活动对环境的影响等。但无论如何，地球都是我们共同的家园，它的产生和发展是我们探索宇宙和认识自身的重要线索。

二、环境系统的构建与演化

环境系统，作为地球表面各种环境要素或环境结构及其相互关系的总和，其构建与演化是一个复杂而精妙的过程。它不仅涉及大气、水、土壤、岩石等自然要素的相互作用，还包含了生物群落与这些要素之间的相互依赖和相互影响。

在环境系统的构建过程中，各个要素并不是孤立存在的，而是相互联系、相互制约的。大气圈为生物提供了呼吸所需的氧气，同时也作为地球热量的主要调节者，影响着气候的变化。水圈则滋养着生物，为生命的繁衍提供了不可或缺的水资源，同时水循环也深刻地影响着地球的气候和地貌。岩石圈和土壤圈则提供了生物栖息的场所，为生物提供了生长所需的营养和支撑。

这些自然要素在相互作用中形成了相对稳定的环境系统。然而，环境系统并不是一成不变的，它随着地球的历史不断演化。在地球形成初期，环境系统可能非常简单，只有基本的自然要素在相互作用。但随着时间的推移，生物开始出现并逐渐丰富多样，它们与环境要素之间的相互作用也变得更加复杂。

生物的出现对环境系统的演化产生了深远的影响。一方面，生物通过光合作用、呼吸作用等过程，参与了大气中氧气和二氧化碳的循环，影响了气候的变化。另一方面，生物通过分解、吸收等过程，影响了土壤和水体的成分与性质。同时，生物还通过迁徙、竞争、合作等行为，塑造了地球的生态格局。

在环境系统的演化过程中，人类的活动也扮演了重要的角色。随着人类社会的发展，人类对环境的影响逐渐加大。大规模的工农业生产、城市化进程等人类活动，对环境系统造成了巨大的冲击。空气污染、水体污染、土地退化等问题日益严重，环境系统的稳定性受到了威胁。

然而，人类也逐渐认识到环境保护的重要性。人们开始采取措施，减少污染、恢复生态，努力维护环境系统的稳定和健康。这种努力不仅体现在个体行为上，也体现在政策和法律层面。全球范围内，越来越多的国家和地区开始制定环保政策，加强环保法规的执行，共同应对环境问题。

总的来说，环境系统的构建与演化是一个复杂而动态的过程。它涉及多个自然要素和生物群落的相互作用，同时也受到人类活动的影响。理解环境系统的构建与演化过程，对于我们更好地保护地球家园、实现可持续发展具有重要意义。

三、自然环境的多样性

自然环境的多样性是地球生命体系的基本特征之一，它表现为地球表面各种地形地貌、气候类型、植被覆盖、水体分布以及生物种类的丰富与差异。这种多样性不仅为地球上的生物提供了多样化的生存空间，也塑造了地球独特的自然景观。

地形地貌的多样性是自然环境多样性的重要体现。从巍峨的山脉、广袤的平原，到深邃的峡谷、幽静的盆地，地球表面的地形地貌类型丰富多样。这些地形地貌的形成，是地球内部和外部力量长期作用的结果，它们不仅影响着地表的水文循环和气候分布，也为生物提供了多样化的栖息地。

气候类型的多样性也是自然环境多样性的重要方面。从赤道地区的热带雨林气候，到温带地区的季风气候和大陆性气候，再到极地地区的寒带气候，地球的气候类型丰富多样。这些气候类型不仅影响着地表植被的分布和生长，也塑造了各地的自然景观和生态环境。

植被覆盖和水体分布的多样性也丰富了自然环境的面貌。从热带雨林的茂密植被，到草原的广袤草甸，再到沙漠的稀疏植被，地球上的植被类型繁多。同时，从浩瀚的海洋、湖泊，到湍急的河流、溪流，水体分布也呈现出多样性。这些植被和水体不仅为生物提供了生存所需的物质和能量，也影响着地球的气候和生态环境。

自然环境的多样性最引人注目的表现莫过于生物种类的丰富。从微观的细菌、病毒，到宏观的动物，地球上的生物种类数量庞大、形态各异。这些生物在长期的进化过程中形成了复杂的食物链和生态系统，维持着地球生态的平衡与和谐。

自然环境的多样性不仅具有美学价值，更是地球生命体系稳定和健康的重要保障。它为人类提供了丰富的自然资源和生态服务，如食物、水源、气候调节等。同时，自然环境的多样性也是科学研究的重要领域，通过对它的研究，人类可以更深入地了解地球的历史和未来，为可持续发展提供科学依据。

随着人类活动的不断扩张，自然环境的多样性正面临着前所未有的威胁。过度开发、污染、气候变化等因素都对自然环境的稳定性造成了影响。因此，保护和维护自然环境的多样性已经成为全球性的紧迫任务。我们需要通过加强环境保护、推动可持续发展、提高公众意识等措施，共同守护这个美丽而脆弱的地球家园。

四、人类活动对环境的影响

人类作为地球上的智慧生物，其活动对环境产生了深远的影响。从农业的开垦到工业的兴起，从城市的扩张到资源的开采，人类活动在很大程度上改变了地球的面貌和生态系统的平衡。

首先，农业活动对环境的影响是显而易见的。随着人口的增长，为了满足粮食需求，农业用地不断扩张，导致了大量的森林和草地被砍伐和破坏。这不仅使得生物多样性受到威胁，还加剧了土壤侵蚀和水土流失。此外，农业生产中大量使用的化肥和农药也对环境造成了污染，这些化学物质通过径流和渗透进入水体，对水质造成了严重影响。

其次，工业活动对环境的影响同样不容忽视。工业生产过程中排放了大量的废气、废水和固体废物，严重污染了空气、水体和土壤。特别是一些重工业，如钢铁、化工等，其排放的污染物对环境的破坏更为严重。此外，工业活动还导致了能源消耗的增加，加剧了全球气候变化的问题。

再次,城市化进程也对环境产生了深刻影响。随着城市化的加速,城市面积不断扩大,大量的土地被用于建设住宅、道路和公共设施。这不仅改变了原有的自然景观,还导致了绿地和水域的减少。同时,城市化过程中产生的大量垃圾和污水也对环境造成了污染。此外,城市热岛效应、光污染等问题也日益突出。

除了上述几个方面,人类活动对环境的影响还表现在资源开采、交通运输等多个领域。资源开采活动破坏了地表植被和地形地貌,导致了土地退化和生态破坏。交通运输活动则产生了大量的废气和噪声,对空气质量和居民生活造成了影响。

然而,值得欣慰的是,人类也逐渐认识到了环境保护的重要性,并采取了一系列措施来减轻对环境的影响。例如,推广清洁能源、发展循环经济、加强环境立法等。这些措施的实施不仅有助于改善环境质量,还促进了经济的可持续发展。

总之,人类活动对环境的影响是复杂而深远的。我们需要正视这些影响,提升环境保护意识,采取有效措施来减轻对环境的破坏,实现人与自然的和谐共生。

【任务实施】

通过案例分析或实例讲解,帮助学生理解矿山环境保护的重要性和紧迫性。组织学生进行小组讨论,让他们分析矿山环境存在的问题以及矿山活动对环境的具体影响,并提出相应的环境保护措施。

【思考与练习】

1. 简述地球环境的形成过程,并讨论这一过程对矿山环境的影响。

2. 矿山环境相比一般环境有哪些特殊性?这些特殊性如何影响矿山的开采和环境保护工作?

任务三　矿山环境问题

【知识目标】

掌握矿山环境问题的基本概念。

【技能目标】

能分析和识别矿山活动中产生的各种环境问题,包括污染、生态破坏等。

【任务导入】

矿山开采对环境有哪些影响?如何有效地解决矿山环境问题?

【任务分析】

1. 理解矿山环境问题的基本概念、产生原因、影响范围及严重程度。

2. 识别矿山环境问题的主要类型和特征,分析环境问题产生的根源和影响因素,以及评估其潜在风险和后果。

【相关知识】

一、矿山环境问题的概述

矿山环境问题是一个复杂而紧迫的全球性问题,涉及多个方面,包括但不限于地形地貌的破坏、水资源的污染、土壤污染与退化、大气污染、生物多样性的减少以及地质灾害的频发等。这些问题主要源于矿产资源的开采和利用过程中对自然环境的破坏和污染。

第一,矿山开采活动通常会导致地形地貌的显著改变。大规模的挖掘和开采活动会破坏原有的自然景观，形成裸露的矿坑、废渣堆和塌陷区，对地表形态造成不可逆的改变。这不仅破坏了生态平衡，还可能导致地质灾害的发生，如滑坡、泥石流等。

第二，矿山开采对水资源的影响尤为严重。采矿过程中产生的废水往往含有重金属、有毒物质等污染物，这些废水如果未经处理直接排放，会严重污染河流、湖泊和地下水体，影响水资源的利用和生态系统的健康。此外，矿山开采还可能导致地下水位下降、水资源枯竭等问题，对当地居民的生活和农业生产造成严重影响。

第三，矿山开采会对土壤造成污染和退化。采矿过程中产生的废渣和尾矿往往含有有害物质，这些物质在堆放和处置过程中可能渗入土壤，导致土壤污染。此外，采矿活动还可能破坏土壤结构，降低土壤肥力，影响农作物的生长和产量。

第四，矿山开采会产生大量的粉尘和有害气体，对大气环境造成污染。这些污染物不仅影响空气质量，还可能对人体健康造成危害，如引发呼吸系统疾病等。

第五，矿山环境问题还涉及生物多样性的减少和地质灾害的频发。矿山开采会破坏原有的生态系统，导致生物栖息地的丧失和物种数量的减少。同时，采矿活动会破坏地质结构，地质灾害如地震、塌陷等也更容易发生，对人民生命财产安全构成威胁。

矿山环境问题是一个复杂而严重的全球性问题，需要政府、企业和公众共同努力，采取有效措施加以解决。通过加强矿山环境管理、推广清洁生产技术、加强环境治理和生态恢复等措施，我们可以实现矿产资源的可持续利用和生态环境的保护，为子孙后代留下一个美丽宜居的家园。

二、矿山环境问题的全球分布与典型案例

矿山环境问题是一个全球性的挑战，其分布广泛、影响深远。不同地区的矿山环境问题呈现出不同的特点，同时也涌现出许多典型的案例。

从全球分布的角度来看，矿山环境问题在矿产资源丰富的地区尤为突出。非洲的许多国家，如南非、刚果等，拥有丰富的金矿、铜矿等矿产资源，但由于开采技术和环境管理水平的限制，导致了一系列环境问题，如土地退化、水体污染等。在亚洲，中国、印度等国家的矿山也面临着类似的问题，尤其是在一些传统矿业大省，如中国的山西、辽宁等地，矿山环境问题尤为严重。

此外，拉丁美洲的矿山也因其特有的地质和环境条件而面临一系列挑战。例如，智利的铜矿开采在全球范围内具有重要地位，但同时也伴随着水资源短缺、土地荒漠化等环境问题。

接下来，让我们深入探讨几个典型的矿山环境问题案例。

南非约翰内斯堡的金矿开采历史悠久，这些金矿为南非乃至全球的经济做出了巨大贡献。然而，长期的开采活动导致了严重的土地破坏和水资源污染。矿坑水含有高浓度的重金属和有毒物质，对地下水系统造成了严重污染。此外，矿山废渣的堆积也占用了大量土地，破坏了原有的生态平衡。

在中国山西，煤炭开采是当地的支柱产业，但也带来了严重的环境问题。由于开采过程中的不当处理，煤炭废水直接排入河流，导致水体污染。同时，采矿活动还引发了地面塌陷、山体滑坡等地质灾害，对当地居民的生命财产安全构成了威胁。

在秘鲁，一些铜矿的开采活动也导致了类似的问题。由于采矿废水的排放，当地河流的水质受到了严重影响，许多鱼类和其他水生生物因此死亡。此外，矿山废渣的堆积还对当地

的土壤和植被造成了破坏。

这些案例只是全球矿山环境问题中的冰山一角。它们提醒我们，矿山开采活动虽然带来了经济效益，但同时也对环境造成了巨大的破坏。因此，我们需要采取更加有效的措施来加强矿山环境管理，推动矿业的可持续发展。这包括加强环境法规的制定和执行、推广清洁生产技术、加强环境监测和评估等。只有这样，我们才能在保障经济发展的同时，保护好我们共同的地球家园。

三、矿山环境问题对生态、经济、社会的综合影响

矿山环境问题不仅直接威胁着生态系统的平衡，也对经济和社会的发展产生了深远的影响。这些影响相互交织、互为因果，构成了一个复杂而严峻的问题。

首先，从生态角度来看，矿山开采活动对生态环境造成了严重的破坏。大规模的挖掘和开采破坏了地形地貌，导致植被破坏、水土流失等问题。同时，矿山废水、废渣等污染物的排放对水体和土壤造成了严重污染，影响了生态系统的健康。这些污染物质可能通过食物链进入人体，对人类的健康构成潜在威胁。此外，矿山开采还导致生物多样性的减少，许多珍稀物种因此濒临灭绝。

其次，从经济角度来看，矿山环境问题也对经济发展产生了负面影响。矿山开采虽然为当地带来了短期的经济利益，但长期的环境破坏和污染却给经济发展带来了沉重的负担。环境治理和生态恢复需要投入大量的资金和资源，这不仅增加了企业的运营成本，也限制了地方经济的可持续发展。同时，环境污染和生态破坏还可能影响当地的旅游业和农业等产业，进一步制约经济的发展。

最后，从社会角度来看，矿山环境问题也引发了诸多社会问题。环境污染和生态破坏可能导致当地居民的生活质量下降，引发社会不满和抗议。同时，矿山开采还可能引发土地权益纠纷和社会不稳定因素。此外，矿山事故也时有发生，给人民的生命财产安全带来了严重威胁。

矿山环境问题对生态、经济、社会产生了深远的综合影响。为了应对这些问题，我们需要采取一系列的措施。第一，加强矿山环境管理，制定严格的环境法规和标准，确保矿山开采活动符合环保要求。第二，推广清洁生产技术，减少矿山开采过程中的污染排放。第三，加强环境治理和生态恢复工作，修复受损的生态环境。第四，加强公众教育和意识提升，让更多的人认识到矿山环境问题的严重性，共同参与到环保行动中来。

通过综合施策、多管齐下，我们可以有效地缓解矿山环境问题对生态、经济、社会的负面影响，实现矿产资源的可持续利用和生态环境的保护。这不仅关乎当代人的福祉，更是对子孙后代负责的重要体现。

【任务实施】

将学生分成若干小组，每个小组选择一个矿山环境问题进行深入讨论。讨论内容包括问题的成因、影响、现有解决方案及可能的改进措施等。讨论结束后，每个小组进行汇报，分享讨论成果和观点。

【思考与练习】

1. 请分析矿山开采过程中常见的环境问题有哪些？简述其产生的主要原因。

2. 讨论矿山环境问题对当地生态系统和居民生活可能产生的影响，并提出相应的应对措施。

3. 如何平衡矿山开发与环境保护之间的关系？请给出你的观点和建议。

任务四　可持续发展战略的提出

【知识目标】

掌握可持续发展的定义、可持续发展战略的核心思想。

【技能目标】

能分析和识别矿山环境问题与可持续发展之间的紧密联系。

【任务导入】

如何在矿山开采中实现经济发展与环境保护的双赢？可持续发展战略对矿山未来发展有何重要意义？

【任务分析】

1. 分析矿山环境问题的现状及其成因，包括资源过度开发、生态破坏、环境污染等方面的问题。

2. 制定符合可持续发展要求的矿山环境保护策略。

【相关知识】

可持续发展的背景与意义深远而重大，涉及全球环境、经济、社会等多个层面的挑战与机遇。

从背景角度来看，可持续发展是在全球环境问题日益严重、资源日益紧张的背景下提出的。随着工业化的快速发展和人口的不断增长，全球环境正面临着前所未有的压力。气候变化、空气污染、水资源短缺、生物多样性丧失等问题日益凸显，给人类生存和发展带来了严重威胁。同时，资源的有限性也限制了人类发展的可能性，传统的高消耗、高排放的发展模式已经难以为继。

此外，社会经济发展与环境保护之间的矛盾也日益突出。在许多地区，经济发展往往以牺牲环境为代价，导致环境污染、生态破坏等问题愈发严重。这种不可持续的发展模式不仅损害了当代人的福祉，也给未来世代留下了沉重的负担。

在这样的背景下，可持续发展的提出具有重要的现实意义和深远的历史意义。可持续发展强调经济、社会、环境的协调发展，旨在实现人类社会的长期繁荣和进步。它要求我们在满足当代人需求的同时，不损害未来世代满足自身需求的能力。这不仅是一种新的发展理念，更是一种新的发展模式，为我们解决当前面临的环境、经济、社会等问题提供了新的思路和方向。

具体来说，可持续发展的意义体现在以下几个方面：

第一，促进经济转型升级。可持续发展要求转变传统的高消耗、高排放的发展模式，推动经济向绿色、低碳、循环方向转型。这有助于提升经济的质量和效益，实现经济的可持续增长。

第二，保护生态环境。可持续发展强调环境保护与经济发展的平衡，要求我们在发展经济的同时注重生态环境的保护和修复。这有助于改善环境质量，维护生态平衡，保障人类生存和发展的基本条件。

第三，促进社会公平正义。可持续发展注重社会公平和正义，强调在发展过程中关注弱势群体的利益和需求。这有助于缩小贫富差距，促进社会和谐稳定，实现共同富裕。

第四，提升国际竞争力。随着全球经济的深度融合和竞争的加剧，可持续发展已经成为国际竞争的重要方面。积极推动可持续发展有助于提升国家的国际形象和影响力，增强国际竞争力。

可持续发展的背景与意义深远而重大。它不仅是我们应对当前环境、经济、社会等问题的有效途径，更是我们实现人类社会长期繁荣和进步的重要保障。因此，我们应该积极推动可持续发展的实施，为构建美好未来贡献力量。发展是人类社会不断进步的永恒主题。人类经过了对自然顶礼膜拜、唯唯诺诺的漫长历史阶段之后，通过工业革命铸就了驾驭和征服自然的现代科学技术之剑，从而一跃成为大自然的主宰。可就在人类为科学技术和经济发展的累累硕果骄傲自满之时，却不知不觉地走进了自身挖掘的陷阱。种种始料不及的环境问题击破了单纯追求经济增长的美好愿景，固有的思想观念和思维方式受到强大冲击，传统的发展模式面临严峻挑战。历史把人类推到了必须从工业文明走向现代新文明的发展阶段。可持续发展思想在环境与发展理念的不断更新中逐步形成。

一、关于可持续发展的重要会议和报告

20 世纪 70 年代后，由于工业发展带来的环境污染、生态平衡、资源匮乏等问题日趋严重，人们越来越感到这样发展下去必将严重威胁地球和人类的未来，其后果将不堪设想。面对严峻的现实，人们不得不重新审视自己的社会经济行为，深刻反思传统的发展观、价值观、环境观和资源观，试图冲破昔日牺牲生态环境、盲目追求经济增长的樊笼，寻求一条既能保证经济增长和社会发展，又能维护生态良性循环的全新发展道路。

（一）可持续发展概念的形成背景

首先，全球环境问题的凸显是可持续发展概念形成的重要背景之一。自工业革命以来，随着科技的快速进步和人口的不断增长，人类活动对自然环境的影响日益显著。空气污染、水资源短缺、土地退化、生物多样性丧失等问题逐渐浮现，对地球的生态系统造成了严重破坏。这些环境问题不仅影响了人类的生存环境，也对经济发展和社会稳定构成了威胁。因此，人们开始认识到传统的发展模式已经难以为继，必须寻求一种更加可持续的发展路径。

其次，经济发展模式的反思也是可持续发展概念形成的关键因素。在过去的几个世纪里，许多国家和地区为了追求经济增长，采取了高消耗、高排放的发展模式。然而，这种模式在带来短暂的经济繁荣的同时，也带来了严重的环境问题和社会问题。人们开始意识到，经济发展不能以牺牲环境为代价，必须寻求一种既能满足人类需求又能保护自然环境的发展方式。

再次，社会进步的需求也对可持续发展概念的形成起到了推动作用。随着社会的进步和人民生活水平的提高，人们对生活质量的要求也越来越高。人们不再仅仅满足于物质上的富足，更加注重生态环境的保护和社会的公平正义。因此，可持续发展概念的提出，符合人们对美好生活的向往和追求。

最后，人类对未来的深刻思考也是可持续发展概念形成的重要背景。面对日益严峻的环境问题和经济挑战，人类开始对未来进行深刻的反思和规划。人们认识到，只有实现可持续发展，才能确保人类社会的长期繁荣和进步。因此，可持续发展概念的提出，不仅是对当前问题的回应，更是对未来发展的深思熟虑。

综上所述，可持续发展概念的形成背景是复杂而多元的。它源于全球环境问题的凸显、经济发展模式的反思、社会进步的需求以及人类对未来的深刻思考。这一概念的提出，标志

着人类发展观念的重要转变，也为我们指明了未来发展的方向和目标。

（二）可持续发展的提出

可持续发展的概念并非一蹴而就，而是在多个历史节点和地点逐渐酝酿和形成的。这一理念的形成与发展，涉及多个重要的里程碑事件和文献。

首先，我们可以追溯到1972年。这一年，联合国在瑞典首都斯德哥尔摩召开了人类环境会议。这次会议具有里程碑意义，因为它首次在全球范围内讨论了环境问题，并号召各国政府关注环境污染问题，唤起对环境与发展问题的全方位关注。虽然这次会议并未直接提出“可持续发展”的概念，但它为后续的讨论和概念的形成奠定了重要基础。

接着，在1980年，世界自然保护联盟(IUCN)在其制定的《世界自然资源保护大纲》中，首次明确提出了“可持续发展”一词的定义。该定义强调了研究自然、社会、生态和经济之间的基本关系的重要性，以确保全球的可持续发展。这标志着可持续发展概念的形成和初步确立。

随后，在1987年，联合国世界环境与发展委员会在《我们共同的未来》报告中，对可持续发展的概念进行了深入的阐述。报告指出，可持续发展是“既能满足当代人的需要，又不对后代人满足其需要的能力构成危害的发展”。这一定义被广泛接受，成为可持续发展概念的核心表述。

值得一提的是，在1992年，联合国在里约热内卢召开了环境与发展大会。这次大会通过了以可持续发展为核心的《里约热内卢环境与发展宣言》和《21世纪议程》等文件。这些文件的通过标志着可持续发展理念在全球范围内得到了广泛的认同和接受，并成了各国共同追求的发展战略目标。

从1972年的联合国人类环境会议到1980年的《世界自然资源保护大纲》，再到1987年的《我们共同的未来》报告和1992年的联合国环境与发展大会，这些事件和文献共同构成了可持续发展概念的形成和发展过程。如今，可持续发展已经成为全球共识，指引着人类迈向更加和谐、可持续的未来。

二、可持续发展的定义和原则

可持续发展不仅仅是一个经济概念，更是一个涉及社会、环境、文化等多个方面的综合性概念。它要求我们在满足人类当前需求的同时，考虑未来世代的利益，确保发展的持久性和可持续性。这意味着我们需要转变传统的发展观念，从过去的以经济增长为主导的模式，转向更加注重生态平衡、社会公正和文化多样性的发展模式。在可持续发展的定义中，有几个核心要素值得我们关注。首先是资源的可持续利用。这意味着我们需要更加高效地利用资源，减少浪费，同时开发可再生能源和替代技术，以减轻对自然资源的依赖。其次是生态系统的保护。生态系统是地球生命的基础，我们必须保护其完整性和稳定性，防止过度开发和污染。最后是社会的公正和包容性。可持续发展需要确保所有人都能分享发展的成果，缩小贫富差距，促进社会的和谐与稳定。

可持续发展包含以下七个核心原则：

第一，公平性原则。这一原则强调发展的权利是平等的，不仅代与代之间要公平，即当代人的发展不能以损害后代人的发展为代价，而且同代人之间也要公平，即一个国家或地区的发展不能以损害其他国家或地区的发展为代价。可持续发展要追求一个公平的发展，既要考虑当代人的利益均衡，也要考虑代际间的利益均衡。这是可持续发展与传统发展模式的根本区别之一。

第二，持续性原则。持续性原则的核心指的是人类的经济和社会发展不能超越资源与环境的承载能力，从而真正将人类的当前利益与长远利益有机结合。资源环境是人类生存与发展的基础和条件，离开了资源环境就无从谈起人类的生存与发展。资源的持续性要求人们根据可持续性的条件调整自己的生活方式和发展模式，在生态可能的范围内确定自己的消耗标准；环境的持续性则要求人们在发展过程中做到经济建设与环境保护相协调，保证以可持续的方式使用自然资源和环境成本，把人类的发展控制在地球承载能力之内。

第三，共同性原则。可持续发展作为全球发展的总目标，所体现的公平性和持续性原则是共同的。为实现这一总目标，必须采取全球共同的联合行动。尽管不同国家的历史、经济和文化状况不同，发展的具体目标也各不相同，但发展的本质都应包括改善人类生活质量，提高人类健康水平，创造一个保障人们平等、自由、教育、人权和免受暴力的社会环境。这就是说，在全球可持续发展的行动中，发达国家和发展中国家负有同等的责任和义务。

第四，需求性原则。人类的需求是由社会和文化条件共同决定的，与自然界的需求和限制无关。传统的发展方式常常表现为对资源环境无节制地索取，从而引发严重的资源环境问题，威胁到人类自身的生存和发展。而可持续发展的需求性原则强调人类的需求与限制之间的平衡，要求人们在满足基本需求的同时，考虑到资源的有限性和环境的脆弱性，避免过度消费和浪费。

第五，高效性原则。高效性原则是指经济、社会、资源和环境保护的协调高效。这一原则要求我们在发展过程中，不仅要追求经济效益，还要注重社会效益和环境效益的提升。通过优化资源配置、提高生产效率、推广清洁能源等方式，实现经济社会的可持续发展。

第六，和谐性原则。和谐性原则强调人类与自然界的和谐共生。人类是自然界的一部分，我们的生存和发展依赖于自然环境的稳定和繁荣。因此，可持续发展要求我们尊重自然、顺应自然、保护自然，实现人与自然的和谐共处。

第七，主权原则。尽管可持续发展的全球行动是必要的，但各国的情况和优先目标不尽相同。各国政府有权根据本国的国情，制定自己的可持续发展战略和政策。同时，各国之间应相互尊重、平等合作，共同推动全球可持续发展的进程。

这些原则共同构成了可持续发展的理论基础和实践指南，为我们实现经济社会的可持续发展提供了重要的指导。

【任务实施】

详细解释可持续发展战略的概念、原则和核心思想，确保学生对其有深入的理解。通过案例或实例，说明可持续发展战略在矿山环境保护中的具体应用和效果。

将学生分成小组，每组选择一个具体的矿山环境问题，分析该问题与可持续发展战略的关系，并提出相应的解决策略。

【思考与练习】

1. 可持续发展战略的核心思想是什么？它对于矿山环境保护有何重要意义？

2. 你认为在矿山环境保护中实施可持续发展战略面临的主要挑战是什么？如何克服这些挑战？

习　　题

一、选择题

1. 矿山环境保护的主要目的是(　　)。

A. 提高矿山经济效益

B. 保护生态环境和自然资源

C. 加快矿山开采速度

D. 减少矿山安全事故

2. 矿山环境保护涉及的学科领域不包括(　　)。

A. 地质学

B. 生态学

C. 经济学

D. 文学

二、填空题

1. 矿山环境保护的核心原则是________和________。

2. 矿山环境保护工作的主要任务是预防________,减轻________,促进________。

三、简答题

1. 简述矿山环境保护的重要性,并列举几个矿山环境破坏的典型案例。

2. 矿山环境保护涉及哪些主要方面?请简要说明。

四、论述题

1. 讨论矿山环境保护与可持续发展的关系,并说明矿山企业如何实现环境保护与经济发展的协调。

2. 分析矿山环境保护面临的挑战和困难,并提出相应的对策和建议。

五、案例分析题

1. 某矿山因为开采活动导致周边水体污染和土壤退化,请分析该矿山在环境保护方面存在的问题,并提出改进建议。

2. 查阅相关资料,分析一个成功实施矿山环境保护的案例,并总结其成功经验和启示。

项目二　矿山水污染及其防治

水，作为地球上最为珍贵的资源，是维系人类和所有生物生存与社会发展的基石。它不仅是生命之泉，更是文明发展的动力之源。然而，我们必须清醒地认识到，地球上的水资源并非无穷无尽。尤其是淡水，其占全球总水量的比例极小，且地区分布极不均衡。这样的现状使得水资源成了一个全球性的紧缺资源。

长期以来，人们往往对水资源持有一种错误的认识，认为它是取之不尽、用之不竭的。因此，我们在消耗水资源时，常常采取“开采—利用—废水排放”的线性模式，鲜少考虑其保护和再生。但随着城市化进程的加速、工业废水排放量的增加以及森林砍伐和过度抽取地下水等行为的频发，水质恶化的问题日益严重。水资源的短缺和水体污染，已经成为摆在我们面前的两大紧迫难题。

这些难题不仅威胁我们的日常生活，更对经济发展和社会稳定造成了严重影响。由于水资源的匮乏，许多城市面临着供水不足的问题，甚至一些城市已经出现了严重的水危机。而水体污染则给人们的身体健康带来了巨大隐患，每年因水污染造成的经济损失高达数百亿元。

为了应对这些挑战，我们必须转变观念，将水资源视为一种有限的、不可替代的资源。我们需要采取更加科学合理的方式来开采和利用水资源，同时注重其保护和再生。这意味着，我们不仅要减少废水的排放，提高废水的处理效率，还要加强水体的保护，防止水污染的发生。

在这方面，我国政府已经采取了一系列积极的措施。我们提出了“坚持开源节流并重，把节水放在突出位置”的战略思想，旨在通过科学合理的方式来解决水资源紧缺的问题。同时，我们也在不断推进水资源的保护和管理工作，努力实现水资源的可持续利用。

然而，要实现这一目标，还需要全社会的共同努力。我们需要提高公众的节水意识，推广节水技术和设备，减少不必要的浪费。同时，我们也需要加强水资源的管理，防止水资源的过度开发和滥用。

总之，水是生命之源，也是社会发展的基石。我们必须珍惜每一滴水，采取有效措施来保护和利用好这一宝贵的资源。只有这样，我们才能实现社会的可持续发展，为子孙后代留下一个更加美好的家园。

任务一　矿山水体环境的概述

【知识目标】

掌握矿山水体环境的基本定义、矿山水体污染的主要来源、矿山水体污染防治的基本原则和方法。

【技能目标】

准确识别矿山水体污染的来源和类型，掌握并应用相关的矿山水体污染防治技术和方法。

【任务导入】

矿山开采过程中会产生哪些废水？这些废水对矿山水体环境有哪些影响？如何有效防治矿山水污染？

【任务分析】

1. 理解矿山水体环境的基本概念、组成和特点，掌握矿山水体的基本类型、分布情况以及其在矿山生态系统中的作用。

2. 分析矿山水体污染的主要来源。

【相关知识】

一、矿山水体环境

（一）矿山水体环境的基本特征

1. 地理位置与分布特点

矿山水体环境通常位于矿产资源丰富的地区，这些地区往往具有特定的地质背景和地形特征。矿山水体可能分布于山区、丘陵地带或平原地区，其分布特点受地质构造、地貌形态以及气候条件的共同影响。例如，在断裂带和褶皱带等地质构造复杂的区域，矿山水体往往较为丰富，且分布较为集中。同时，不同气候条件下的矿山水体分布也存在差异，如在湿润地区，矿山水体可能表现为河流、湖泊等；而在干旱地区，则可能以地下水体为主。

2. 水体类型与结构

矿山水体环境涵盖了多种水体类型，包括地表水和地下水两大类。地表水主要包括河流、湖泊、水库等，这些水体与矿山生产活动密切相关，可能受到矿山废水排放、尾矿库渗漏等因素的影响。地下水则包括孔隙水、裂隙水和岩溶水等，它们在矿山生产过程中可能作为供水水源或受到矿山开采活动的影响。

矿山水体的结构也因其类型而异。地表水体的结构通常较为简单，主要由水体本身及其周边环境组成；地下水体的结构则更为复杂，涉及含水层、隔水层、地下水流场等多个方面。这些结构特点决定了矿山水体环境在水量、水质等方面的差异性和复杂性。

3. 水文地质条件

矿山水体环境的水文地质条件对矿山生产活动和水资源利用具有重要影响。水文地质条件主要包括含水层的分布、厚度、岩性、渗透性等方面。在矿山开采过程中，需要对这些条件进行深入研究和分析，以评估矿山生产对水体环境的影响程度，并制定相应的预防和治理措施。

此外，矿山水体环境还可能受到其他因素的影响，如地形地貌、气候条件、植被覆盖等。这些因素与水文地质条件相互作用，共同决定了矿山水体环境的特征和演变规律。因此，在研究和利用矿山水体资源时，需要综合考虑这些因素，以实现资源的可持续利用和环境的协调发展。

（二）矿山水体环境的形成与演变

1. 地质历史背景

矿山水体环境的形成与演变深受地质历史背景的影响。在漫长的地质历史时期中，地壳运动、岩浆活动、沉积作用等地质过程塑造了现今的地貌格局和水文地质条件。这些过程不仅形成了丰富的矿产资源，也为矿山水体环境的形成提供了物质基础。

例如，在地质构造活动频繁的地区，断裂和褶皱等构造作用导致岩层错动、破碎，形成了良好的储水空间和导水通道，为矿山水体的形成创造了条件。同时，岩浆活动和火山喷发等过程也可能带来热液和矿化物质，进一步丰富了矿山水体的类型和特征。

2. 自然因素与人为因素影响

自然因素在矿山水体环境的形成与演变中起着重要作用。气候、地形、植被等自然因素通过影响水文循环和地表径流，塑造了矿山水体环境的空间分布和动态变化。例如，降雨量的多少直接影响矿山水体的补给量，地形的高低起伏则决定了水体的流向和分布。

人为因素也对矿山水体环境产生了显著影响。矿山开采、废水排放、尾矿库建设等人类活动改变了矿山水体的水质、水量和空间分布。不合理的开采方式和废水处理方式可能导致水体污染和生态破坏，对矿山水体环境造成不可逆的影响。

3. 演变趋势与现状

随着时间的推移，矿山水体环境在自然因素和人为因素的共同作用下不断演变。一方面，自然因素如气候变化、地壳运动等可能导致水体环境的自然变化；另一方面，人类活动对水体环境的影响日益显著，使得矿山水体环境的演变趋势更加复杂和不确定。

目前，许多矿山水体环境面临着水质恶化、水量减少、生态破坏等问题。这些问题不仅影响了矿山生产的正常进行，也对周边地区的生态环境和居民生活造成了威胁。因此，加强矿山水体环境的监测、评估和治理，实现水资源的可持续利用和生态环境的协调发展，是当前亟待解决的问题。

矿山水体环境的形成与演变是一个复杂而漫长的过程，受到地质历史背景、自然因素和人为因素的共同影响。在矿山开发利用过程中，应充分考虑这些因素，制定合理的开采和治理措施，以实现矿山水体环境的可持续发展。

（三）矿山水体环境的生态功能

1. 水体生态系统概述

矿山水体环境作为自然生态系统的重要组成部分，拥有独特的水体生态系统。这个系统由水体、水生生物及其所处的环境共同构成，包括河流、湖泊、水库、地下水等不同类型的水体，以及生活在其中的各类水生生物。

水体生态系统中的各个组成部分相互作用、相互影响，形成了复杂而稳定的生态关系。水体的物理、化学和生物特性共同决定了其生态功能，而水生生物则通过食物链和食物网维持着生态系统的平衡。

2. 生态平衡与生物多样性

矿山水体环境的生态平衡是指水体生态系统内部各组分之间的动态平衡状态。这种平衡状态保证了水体的自我净化能力和生态系统的稳定性，使得水体能够持续地为生物提供生存空间和养分。

生物多样性是矿山水体环境生态平衡的重要体现。水体中丰富的水生生物种类和数量，不仅反映了水体的生态环境质量，也为整个生态系统提供了重要的生态服务。这些服务包括水质净化、养分循环、食物链支持等，对于维护水体生态系统的健康和稳定具有重要意义。

3. 对区域生态的支撑作用

矿山水体环境对区域生态具有显著的支撑作用。首先，它为区域生态系统提供了必要的水分和养分，维持了生态系统的正常运转。其次，矿山水体作为区域生态系统的重要组成部分，其健康状况直接影响到整个生态系统的稳定性和功能发挥。

此外，矿山水体环境还具有调节气候、保持水土、美化环境等多重生态功能。例如，水体能够吸收和储存大量的热量，调节区域气候；同时，水体还能够减缓水流速度，减少水土流失，保护土壤资源。

因此，保护和恢复矿山水体环境的生态功能，对于维护区域生态系统的健康和稳定具有重要意义。在矿山开发过程中，应充分考虑水体环境的生态功能，采取科学合理的措施减少对水体环境的破坏和污染，实现矿山开发与生态环境保护的协调发展。

（四）矿山水体环境的问题与挑战

1. 水质污染及其来源

矿山水体环境面临的主要问题之一是水质污染。矿山开采、加工和运输过程中产生的废水、废渣等污染物，若未经有效处理直接排放，将严重污染水体。这些污染物包括重金属、有毒有害物质、悬浮物等，它们在水体中积累，导致水质恶化，威胁生态环境和人类健康。

水质污染的来源主要包括矿山废水排放、尾矿库渗漏、固体废弃物堆放等。矿山废水通常含有高浓度的重金属和有毒有害物质，若直接排入河流或湖泊，将对水体生态系统造成毁灭性打击。尾矿库作为矿山固体废弃物的堆放场所，若防渗措施不到位，也会导致污染物渗漏到地下水和地表水中。

2. 水量减少与水资源短缺

矿山水体环境面临的另一个问题是水量减少和水资源短缺。矿山开采过程中，大量的水资源被抽取用于生产和生活，导致地下水位下降、地表水流量减少。此外，矿山活动还可能破坏水体的补给来源，如破坏植被覆盖、改变地形地貌等，进一步加剧水资源短缺问题。

水资源短缺不仅影响矿山生产的正常进行，也对周边地区的生态环境和居民生活造成威胁。缺乏足够的水资源，可能导致生态系统失衡、植物生长受限、动物种群减少。同时，居民的生活用水和农业灌溉用水也可能受到影响，引发一系列社会问题。

3. 水体生态破坏与恢复

矿山水体环境的生态破坏是另一个亟待解决的问题。矿山活动破坏了水体的自然状态，改变了水体的生态结构和功能。水生生物的栖息地受到破坏，种群数量减少，生物多样性降低。同时，水体的自净能力下降，导致水质恶化，进一步加剧生态破坏。

为了恢复矿山水体环境的生态功能，需要采取一系列措施。首先，要控制污染源，减少污染物排放。其次，要加强水体治理，通过物理、化学和生物方法改善水质。最后，还可以采取生态修复措施，如恢复植被、重建湿地等，提高水体的自净能力和生态稳定性。

4. 地质灾害对水体环境的影响

地质灾害是矿山水体环境面临的又一重要挑战。矿山开采过程中可能引发地面塌陷、山体滑坡、泥石流等地质灾害，这些灾害不仅直接威胁人民的生命财产安全，还可能对水体环境造成严重影响。

地质灾害可能导致水体污染、水量减少甚至水体消失。例如，地面塌陷可能破坏水体的补给通道和储存空间，导致水位下降或水体干涸；山体滑坡和泥石流则可能携带大量泥沙和污染物进入水体，造成水质恶化。

因此，在矿山开发过程中，需要充分考虑地质灾害对水体环境的影响，采取有效的预防和应对措施。通过加强地质环境监测、合理规划矿山布局、采用科学的开采方式等手段，降低地质灾害的发生概率和影响程度，保护矿山水体环境的健康和稳定。

（五）矿山水体环境的保护与管理

1. 法律法规与政策体系

矿山水体环境的保护与管理首先依赖于完善的法律法规与政策体系。各国政府和国际组织通过制定相关法律法规，明确矿山水体环境保护的目标、原则和要求，规范矿山开发行为，防止水体污染和资源破坏。这些法律法规包括矿山开采许可证制度、环境影响评价制度、废水排放标准等，为矿山水体环境的保护提供了法律保障。

同时，政府还通过制定一系列政策，鼓励矿山企业采用环保技术和措施，促进矿山水体环境的恢复和治理。这些政策包括财政补贴、税收优惠、技术支持等，为矿山企业提供了经济激励和技术支持。

2. 监测与评估技术

有效的监测与评估技术是矿山水体环境保护与管理的重要手段。通过监测水体质量、水量变化、生态状况等指标，可以及时发现水体环境存在的问题和隐患，为制定针对性的保护措施提供依据。

现代监测技术包括水质自动监测站、遥感监测、无人机巡查等，能够实现对矿山水体环境的实时监测和动态评估。同时，评估方法也不断完善，包括生态风险评估、环境影响评价等，为矿山水体环境的保护与管理提供了科学依据。

3. 污染防治与生态修复措施

针对矿山水体环境存在的污染问题，需要采取一系列污染防治措施。这包括严格控制矿山废水排放，建立废水处理设施，确保废水达标排放；加强尾矿库管理，防止尾矿渗漏和扬散；推广清洁生产技术，减少污染物产生等。

同时，对于已经受到破坏的矿山水体环境，需要进行生态修复。这包括水体净化、植被恢复、生物多样性重建等措施，旨在恢复水体的生态功能和自净能力，提高水体的环境质量。

4. 可持续发展战略与实践

矿山水体环境的保护与管理需要坚持可持续发展的理念。通过制定科学合理的矿山开发规划，优化矿山产业结构，推广循环经济模式，实现矿山资源的合理利用和环境保护的协调发展。

同时，加强矿山企业与周边社区的沟通与合作，共同推动矿山水体环境的保护与管理。通过开展环保宣传教育、建立公众参与机制等方式，提高公众对矿山水体环境保护的认识和参与度。

在实践中，还需要不断探索和创新矿山水体环境保护与管理的技术和方法，以适应不断变化的矿山开发形势和环境保护需求。通过持续改进和优化管理体系，推动矿山水体环境向更健康、更可持续的方向发展。

（六）矿山水体环境研究的前沿与展望

1. 最新研究成果与技术进展

随着科技的不断进步，矿山水体环境研究领域取得了显著的研究成果和技术进展。在基础研究方面，科学家们通过深入分析矿山水体环境的形成与演变机制，揭示了水体污染和生态破坏的深层次原因。在应用研究方面，一系列创新技术被开发出来，用于矿山水体环境的监测、评估、治理与修复。

例如，现代遥感技术和地理信息系统在矿山水体环境监测中得到了广泛应用，实现了对水体环境的实时、动态监测。同时，纳米技术、生物修复技术等新兴技术在矿山水体污染治理和生态修复方面展现出巨大的潜力。这些技术的应用，为矿山水体环境的保护与管理提供了有力支持。

2. 国际经验与借鉴

在矿山水体环境研究领域，各国都积累了一定的经验，形成了各具特色的管理模式和技术体系。通过借鉴国际经验，我们可以更好地推进矿山水体环境的保护与管理。

一些发达国家在矿山水体环境立法、政策制定、技术研发等方面取得了显著成效。例如，某国通过实施严格的矿山废水排放标准，有效减少了水体污染；某国采用先进的生态修复技术，成功恢复了受损的矿山水体生态功能。这些国际经验为我们提供了宝贵的参考和借鉴。

同时，国际间的合作与交流也是推动矿山水体环境研究发展的重要途径。通过参与国际合作项目、分享研究成果和经验，我们可以共同应对矿山水体环境挑战，推动全球矿山可持续发展。

3. 未来发展趋势与研究方向

随着社会对环境保护要求的不断提高和科学技术的不断进步，矿山水体环境研究将面临新的发展机遇和挑战。未来，矿山水体环境研究将更加注重预防与治理相结合、生态保护与资源利用相协调的理念。

在研究方向上，一方面，继续深化对矿山水体环境形成与演变机制的认识，探索更加精准、高效的监测与评估技术；另一方面，加强矿山水体污染防治与生态修复技术的研究与应用，推动技术创新和成果转化。

此外，矿山水体环境研究还将更加注重跨学科交叉与融合，结合地质学、环境科学、生态学等多个学科的知识和方法，综合解决矿山水体环境问题。同时，也将加强与社会经济因素的关联分析，探讨矿山水体环境保护与经济社会发展的协调关系。

总之，矿山水体环境研究正面临着前所未有的发展机遇和挑战。我们需要不断跟踪最新的研究成果和技术进展，借鉴国际经验，探索未来的发展趋势和研究方向，为推动矿山水体环境的保护与管理做出更大的贡献。

二、矿山废水的来源

（一）矿山开采废水

在矿山开采过程中，废水的产生是一个不可避免的问题。这些废水主要来源于采矿作业、选矿过程以及药剂使用等环节。

1. 采矿作业废水

（1）巷道挖掘与排水

在矿山开采过程中，巷道挖掘是获取矿石的必要手段。随着巷道的不断挖掘，地下水、雨水等通过巷道进入采矿区，形成了大量的采矿作业废水。这些废水通常含有悬浮物、重金属和其他有害物质，对矿区环境和周边水体造成潜在威胁。

排水系统是矿山开采中必不可少的设施，用于将巷道中的积水排出。然而，排水过程中往往伴随着废水的产生。这些废水在排放前需要进行处理，以去除其中的有害物质，确保达标排放。

（2）矿石破碎与筛分

矿石破碎与筛分是矿山开采中的关键步骤，用于将原矿破碎成适合选矿的粒度。在这个过程中，矿石中的水分和夹杂的泥土等杂质会形成废水。这些废水通常含有高浓度的悬浮物和有机物，需要进行有效处理以防止对环境造成污染。

2. 选矿废水

（1）矿石浸出与洗选

在选矿过程中，矿石浸出与洗选是获取有用矿物的主要方法。在这个过程中，大量的水被用于浸出矿石中的有用成分，同时带走矿石中的杂质。浸出液和洗选废水通常含有高浓度的重金属、有机物和其他有害物质，需要进行专门处理以避免对环境和生态造成破坏。

（2）药剂使用与回收

在选矿过程中，为了提高矿石中有用成分的回收率，通常会使用各种药剂。这些药剂在使用过程中会不可避免地进入废水中，因此，选矿废水中往往含有多种药剂成分，这些成分可能对环境产生负面影响。

为了降低药剂对环境的影响，需要采取有效的药剂回收措施。通过回收和处理废水中的药剂，可以减少废水中的有害物质含量，同时实现资源的循环利用。

3. 废水处理与管理措施

针对矿山开采废水，需要采取一系列的处理与管理措施。首先，应建立完善的废水收集和处理系统，确保废水得到及时有效的处理。其次，针对不同来源和特性的废水，应选择合适的处理工艺和技术，以达到最佳的处理效果。再次，加强废水排放监管，确保废水达标排放，防止对环境和生态造成不良影响。最后，矿山企业应加强对员工的环保培训，提高员工的环保意识，确保在采矿作业和选矿过程中严格遵守环保规定，减少废水的产生和排放。

（二）矿石加工废水处理与管理

矿石加工是矿山生产过程中的重要环节，涉及破碎、磨制、筛分、浮选与沉降等多个工序。在这些工序中，废水的产生不可避免。矿石加工废水含有多种有害物质，如重金属、悬浮物、有机物等，对环境和生态具有潜在威胁。因此，矿石加工废水的处理与管理至关重要。

1. 破碎、磨制与筛分废水

（1）废水的来源与特性

在矿石破碎、磨制与筛分过程中，矿石中的水分、泥土等杂质会形成废水。这些废水通常含有高浓度的悬浮物和有机物，具有浊度高、污染物种类多的特点。

（2）处理技术

针对破碎、磨制与筛分废水，常用的处理技术包括沉淀、过滤、吸附等。通过这些技术，可以有效去除废水中的悬浮物和有机物，降低废水的污染程度。

2. 矿石浮选与沉降废水

(1) 废水的来源与特性

矿石浮选是提取矿石中有用成分的关键步骤，但过程中会产生大量含油、含泡沫的废水。沉降废水则主要来源于矿石颗粒的沉降过程，含有大量悬浮物和重金属。

(2) 处理技术

针对矿石浮选与沉降废水，需要采用特定的处理技术，如油水分离、气浮、化学沉淀等。这些技术能够有效去除废水中的油脂、泡沫和重金属，使废水达到排放标准。

3. 尾矿处理废水

(1) 尾矿堆积与排水

尾矿是矿石加工后剩余的废弃物，其堆积过程中会产生大量废水。这些废水主要来源于尾矿的渗透和降雨，含有重金属、硫化物等有害物质。尾矿堆积区需要建立完善的排水系统，将废水引出并进行处理。

(2) 尾矿库渗漏与治理

尾矿库是存放尾矿的主要设施，但长期的雨水冲刷和渗透可能导致库体渗漏。渗漏废水含有大量有害物质，对环境和地下水构成严重威胁。因此，尾矿库的建设和管理必须严格遵守相关规范，确保库体的稳定性和防渗性能。对于已经发生渗漏的尾矿库，需要采取紧急措施进行治理，如修筑防渗墙、注浆加固等。

4. 废水处理与管理措施

(1) 建立完善的废水处理系统

矿山企业应建立完善的废水处理系统，确保各类废水得到有效处理。处理系统应根据废水的来源、特性和排放标准进行设计和选型，确保处理效果达到要求。

(2) 加强废水排放监管

政府应加强对矿山废水排放的监管力度，建立严格的排放标准和监测体系。对于超标排放的企业，应依法进行处罚并责令其限期整改。

(3) 提高废水处理技术水平

矿山企业应积极引进和研发先进的废水处理技术，提高废水处理效率和质量。同时，加强与其他企业和研究机构的合作与交流，共同推动废水处理技术的进步。

(4) 加强员工培训与环保意识

矿山企业应加强对员工的环保培训，提高员工的环保意识和操作技能，使员工在矿石加工过程中严格遵守环保规定，减少废水的产生和排放。

(三) 矿山运输废水处理与管理

矿山运输是矿山生产过程中的重要环节，涉及矿石、废石、尾矿等物质的运输。在运输过程中，车辆冲洗废水和矿区道路雨水径流是主要的废水来源。这些废水若未经处理直接排放，将对环境和生态造成不良影响。因此，矿山运输废水的处理与管理至关重要。

1. 运输车辆冲洗废水

(1) 车辆清洗与废水收集

为确保运输车辆的清洁和道路安全，矿山通常设有车辆清洗设施。在清洗过程中，废水主要源于车辆表面的冲洗水。为有效收集这些废水，应设置专门的废水收集池或沟渠，确保废水不直接流入周围环境。

（2）清洗废水处理与排放

清洗废水通常含有油污、泥沙等污染物，因此，在排放前需要进行适当的处理。处理方法包括沉淀、过滤、吸附等物理和化学方法，以去除废水中的悬浮物和油污。处理后的废水达到相关排放标准后，方可进行排放。

2. 矿区道路雨水径流

（1）雨水冲刷与携带

矿区道路在雨水冲刷下容易携带矿石粉尘、泥土等杂质，形成雨水径流。这些径流中含有大量的悬浮物和重金属等有害物质，对环境和生态具有潜在威胁。

（2）雨水收集与处理

为减少雨水径流对环境的污染，矿山应建立完善的雨水收集系统。通过设置雨水收集池、沉淀池等设施，有效收集雨水并进行初步处理。初步处理主要去除雨水中的悬浮物和泥沙，降低污染物的含量。对于污染较为严重的雨水，还需采用更高级的处理技术，如化学沉淀、生物处理等，以确保达标排放。

3. 废水处理与管理措施

（1）建立废水处理与管理制度

矿山企业应制定详细的废水处理与管理制度，明确废水处理的责任、流程和方法。同时，加强制度宣传和培训，确保员工充分了解并遵守相关规定。

（2）选用合适的废水处理设备

根据废水的来源、特性和处理要求，选用合适的废水处理设备。确保设备性能稳定、操作简便，能够满足废水处理的需求。

（3）加强废水处理监管

政府和相关部门应加强对矿山废水处理的监管力度，定期检查废水处理设施的运行情况和处理效果。对于处理不达标的企业，应依法进行处罚并责令其限期整改。

（4）推动废水处理技术创新

鼓励矿山企业积极引进和研发先进的废水处理技术，提高废水处理效率和质量。同时，加强与其他企业和研究机构的合作与交流，共同推动废水处理技术的进步。

（四）矿山生活废水处理与管理

矿山生活废水主要源于矿区职工日常生活产生的污水，包括生活用水排放、食堂与澡堂废水等。这些废水含有有机物、油脂、食物残渣等污染物，若未经处理直接排放，将对矿区环境和职工健康造成不良影响。因此，矿山生活废水的处理与管理是矿山环境保护和职工健康保障的重要方面。

1. 矿区生活污水

（1）生活用水排放与处理

矿区职工的生活用水主要包括洗漱、洗衣、厨房用水等。这些用水在排放过程中会携带各种污染物。因此，需要建立有效的生活污水处理系统，对生活污水进行收集、处理后达标排放。处理方法包括物理处理、生物处理和化学处理等，以去除污水中的有机物、悬浮物和细菌等污染物。

(2) 污水处理设施与运行

为确保生活污水的有效处理，矿山应建设完善的污水处理设施，包括格栅、沉淀池、调节池、生物反应池、二沉池、消毒池等。同时，制定详细的运行管理制度，确保污水处理设施的正常运行和维护。此外，还应加强对污水处理设施的监管和检查，确保其处理效果达到相关标准。

2. 矿区食堂与澡堂废水

(1) 食物残渣与油脂处理

矿区食堂产生的废水主要含有食物残渣和油脂等污染物。为减少这些污染物对环境和管道的影响，应采用隔油池等设施对食堂废水进行预处理，去除大部分油脂和食物残渣。预处理后的废水可与生活污水合并处理或进一步深度处理。同时，对隔油池等设施应定期清理和维护，确保其正常运行。

(2) 澡堂废水回收与再利用

澡堂废水主要含有洗浴废水和少量洗衣废水，具有水量大、水质相对较好的特点。为节约水资源和减少废水排放，可对澡堂废水进行回收和再利用。通过简单的物理处理和消毒措施，澡堂废水可用于冲厕、绿化等用途。同时，建立澡堂废水回收系统，确保废水的有效收集和再利用。

3. 废水处理与管理措施

(1) 加强废水源头控制

通过改进矿区职工的用水习惯和行为，减少废水的产生量。例如，推广节水器具、合理安排洗浴时间等。

(2) 提高废水处理效率

采用先进的废水处理技术和设备，提高废水处理的效率和质量。同时，加强对污水处理设施的维护和保养，确保其正常运行。

(3) 加强废水排放监管

建立严格的废水排放标准和监测体系，对废水排放进行实时监测和管理。对于超标排放的行为，应依法进行处罚并责令其限期整改。

(4) 提高职工环保意识

加强环保宣传教育，提高矿区职工的环保意识和水资源保护意识，使职工充分认识到废水处理与管理的重要性，积极参与废水减排和治理工作。

(五) 矿山自然灾害废水处理与管理

矿山自然灾害废水主要源于暴雨洪水、滑坡泥石流等自然灾害中产生的废水。这些废水具有水量大、流速快、污染物种类多的特点，对矿山环境和生态安全构成严重威胁。因此，矿山自然灾害废水的处理与管理是矿山灾害防治和环境保护的重要方面。

1. 矿山暴雨洪水

(1) 暴雨径流与洪水形成

在矿山区域，暴雨径流是形成洪水的主要原因，雨水在地面迅速汇集后形成径流，进而可能引发洪水。洪水水量大、流速快，携带大量泥沙、矿石等杂质，形成高浓度的废水。

(2) 洪水控制与废水处理

为降低暴雨、洪水对矿山的影响，需要采取有效的洪水控制措施，如建设防洪堤、拦洪坝等。同时，建立废水处理系统，对洪水中的污染物进行去除和处理。处理方法包括沉淀、过滤、吸附等物理和化学方法，以降低废水的污染程度。

2. 矿山滑坡和泥石流废水

(1) 滑坡和泥石流形成与流动

矿山地区的滑坡和泥石流通常由地形陡峭、植被破坏、降雨等因素引发。滑坡体和泥石流携带大量泥土、矿石等杂质，形成高浓度的废水，这些废水在流动过程中可能对下游地区造成严重的污染和破坏。

(2) 废水收集与应急处理

为应对滑坡和泥石流产生的废水，矿山应建立废水收集系统，及时拦截和收集废水。同时，制订应急处理预案，采取紧急措施对废水进行处理。处理方法包括快速沉淀、固液分离等，以减轻废水的污染程度并降低其对环境的影响。

3. 废水处理与管理措施

(1) 加强预警与监测

建立矿山自然灾害预警系统，实时监测矿山地区的降雨、地质变化等情况。一旦发现暴雨、洪水、滑坡、泥石流等灾害迹象，立即启动应急预案，采取相应措施进行防范和处理。

(2) 完善废水处理设施

根据矿山自然灾害废水的特点和处理需求，完善废水处理设施，确保设施能够正常运行并达到处理效果要求。同时，加强设施的维护和保养，确保其长期稳定运行。

(3) 加强应急演练与培训

定期开展矿山自然灾害废水处理应急演练，提高职工的应急处理能力和操作技能。同时，加强环保培训和宣传教育，提高职工的环保意识和废水处理意识。

(六) 其他来源废水处理与管理

矿山废水除了源于运输、生活和自然灾害外，还可能来自实验与研发活动以及废弃设施的渗漏等。这些废水往往含有复杂的化学成分，如果不加以妥善处理，可能对环境和生态造成严重影响。因此，对这些来源的废水进行有效处理和管理至关重要。

1. 矿山实验与研发废水

(1) 实验室废水产生与处理

矿山实验与研发活动通常会产生含有各种化学试剂、重金属等污染物的废水。这些废水必须经过严格处理，以确保不会对环境造成危害。处理方法可能包括中和、沉淀、过滤、吸附等物理和化学方法，以及生物处理等。处理后的废水达到相关排放标准时，方可排放或再利用。

(2) 研发过程中废水控制

在研发过程中，应尽可能采用环保型材料和试剂，减少废水的产生和污染物的含量。同时，建立健全废水收集和处理系统，确保废水得到及时、有效的处理。此外，加强研发人员的环保意识培训，提高他们对废水处理重要性的认识，也是控制研发过程中废水污染的重要手段。

2. 矿山废弃设施废水

(1) 废弃矿井与设施渗漏

随着矿山开采活动的结束，许多矿井和设施被废弃。这些废弃设施往往存在渗漏问题，导致地下水受到污染。渗漏废水中可能含有重金属、有毒物质等，对环境和生态造成潜在威胁。

(2) 渗漏废水监测与处理

为及时发现和解决废弃设施的渗漏问题，应建立渗漏废水监测系统，定期对地下水进行监测和评估。一旦发现渗漏废水污染问题，应立即采取措施进行治理。治理方法可能包括封堵渗漏点、建设污水处理设施等。同时，加强废弃设施的维护和管理，减少渗漏的发生。

3. 废水处理与管理措施

(1) 制定废水处理与管理制度

矿山企业应制定详细的废水处理与管理制度，明确各类废水的处理要求和排放标准。同时，加强制度宣传和培训，确保员工充分了解并遵守相关规定。

(2) 选用合适的废水处理技术

针对不同类型的废水，应选用合适的处理技术。例如，对于实验室废水，可采用化学沉淀、吸附等方法去除污染物；对于废弃设施渗漏废水，可采用生物处理、膜分离等技术进行深度处理。

(3) 加强废水处理设施建设与运行管理

矿山企业应加大废水处理设施建设的投入，确保设施性能稳定、运行可靠。同时，加强设施的日常运行管理，定期检查和维护设施，确保其正常运行和达标排放。

(4) 开展废水处理技术研究与创新

鼓励矿山企业积极开展废水处理技术研究与创新，引进和研发先进的废水处理技术，提高废水处理效率和质量。同时，加强与其他企业和研究机构的合作与交流，共同推动废水处理技术的进步。

4. 其他来源

除了上述主要来源外，矿山废水还可能来自机械设备清洗水等。这些废水虽然量不大，但如果不经过处理直接排放，也会对水环境造成一定的影响。

矿山废水污染的来源多种多样，包括采矿废水、选矿废水、冶炼废水以及其他来源。这些废水中含有大量的有害物质，对矿山周边的水环境造成了严重的污染。因此，加强矿山废水污染的防治工作至关重要，需要采取有效的措施对废水进行处理和净化，确保废水达标排放，保护矿山周边的水环境。

(七) 矿山废水的特点

矿山废水作为一种特殊类型的工业废水，具有其独特的水污染特点。这些特点使得矿山废水在处理和净化过程中需要特别关注和处理。

1. 成分复杂

矿山废水通常含有多种成分，包括重金属、有毒有害物质、放射性物质等。这些物质的种类和浓度因矿山类型和矿石成分的不同而有所差异。因此，矿山废水的水质变化较大，处理难度较大。

2. 浓度高

矿山废水中的污染物浓度通常较高，尤其是重金属和有毒有害物质的含量。这些高浓度的污染物对水生生物和人类健康具有严重的危害。因此，矿山废水需要经过严格的处理和净化才能达到排放标准。

3. 毒性大

矿山废水中的许多污染物具有较大的毒性，如重金属离子、有毒有机物等。这些物质对水生生物和人类健康造成严重的威胁，长期接触可能导致中毒、癌症等疾病。因此，矿山废水的处理过程中需要特别注意对毒性物质的去除。

4. 难以降解

矿山废水中的某些污染物具有较高的稳定性，难以被生物降解。这些物质在水体中长期存在，对水生生态系统造成长期的负面影响。因此，矿山废水的处理需要采用高效的处理技术，如高级氧化、膜分离等，以实现对这些难以降解物质的去除。

5. 处理成本高

由于矿山废水具有成分复杂、浓度高、毒性大等特点，其处理过程通常较为复杂，需要采用多种处理技术和设备。这导致矿山废水的处理成本较高，需要投入大量的资金和资源。因此，在矿山废水处理过程中，需要综合考虑处理效果和经济性，选择最适合的处理方案。

（八）矿山废水的危害

矿山废水由于其成分和性质特殊，一旦未经处理或处理不当而排入水体，将产生一系列的危害。

1. 对水生生态系统的危害

矿山废水中的重金属、有毒有害物质和其他污染物会对水生生物产生直接的毒性作用，导致水生生物的死亡或生殖能力下降。长期暴露于矿山废水中的水生生物种群可能会逐渐消失，从而破坏水生生态系统的平衡。

2. 对人类健康的危害

矿山废水中的污染物，特别是重金属和有毒有害物质，可能通过食物链进入人体，对人体健康造成危害。长期饮用受到矿山废水污染的水可能导致重金属中毒以及肝病、癌症等疾病的发生。此外，矿山废水还可能污染饮用水源，影响人类的日常生活。

3. 对农业和渔业的危害

矿山废水中的污染物会降低水体的质量，影响农业灌溉和渔业养殖。受到污染的水体可能导致农作物和养殖产品的生长受到抑制，产量下降，品质降低。同时，污染物还可能通过食物链进入农业和渔业产品，对人类健康造成潜在威胁。

4. 对土壤环境的危害

矿山废水中的重金属和其他污染物在排放到地表水体后，可能会通过渗透作用进入土壤，导致土壤污染。受污染土壤不仅影响农作物的生长，其中的毒素还可能通过食物链进入人体，对人类健康造成危害。

5. 对环境景观的破坏

矿山废水中的污染物可能导致水体变色、发臭，严重影响环境景观的美观。同时，受到污染的水体还可能影响周边环境的生态平衡，破坏自然景观。

矿山废水对水生生态系统、人类健康、农业和渔业、土壤环境以及环境景观都造成了严重的危害。因此，必须加强对矿山废水的管理和治理工作，采取有效的措施减少废水的产生和排放，保护环境和人类健康。

【任务实施】

详细解释矿山水体环境的定义、组成和特点，帮助学生建立对矿山水体环境的整体认识。组织学生进行小组讨论，围绕矿山水体环境的问题展开讨论。讨论主题可以包括矿山水体污染的原因分析、防治措施的有效性评估、未来矿山环境保护的发展趋势等。

【思考与练习】

1. 请简述矿山水体环境的主要组成和特点，并说明其在矿山生态系统中的作用。

2. 分析矿山水体污染的主要来源，并讨论这些污染源对矿山水体环境造成的具体影响。

任务二　水质标准

【知识目标】

掌握水质标准的概念与重要性、国家及国际水质标准、水质监测与分析。

【技能目标】

熟悉常用的水质分析仪器和设备，掌握水质数据的处理方法；根据水质监测数据和分析结果，编制完整、准确的水质监测报告。

【任务导入】

假设你是一位矿山环境监测员，负责定期对矿山周边的水体进行水质监测。在一次监测中，你发现某处矿山水体的水质出现了异常，部分指标超过了国家规定的标准。作为矿山环境监测员，你需要及时找出问题所在，并提出相应的改善措施。

【任务分析】

1. 阐述水质标准的基本定义，解释其在矿山环境保护中的必要性和重要性。

2. 分析水质标准与矿山水体健康、生态安全及人类健康的关联。

【相关知识】

一、水质标准

水质标准是衡量水体质量的重要依据，对于保护水资源、维护生态平衡和人类健康具有重要意义。以下是水质标准重要性的几个主要方面：

第一，保障人类饮用水安全。水质标准规定了饮用水中各类污染物的最大允许限值，确保人们饮用的水符合健康安全标准，预防水源性疾病的发生。

第二，维护水生生态系统平衡。水质标准有助于保护水生生物的生存环境，避免水体受到过度污染，维护水生生态系统的健康和稳定。

第三，促进可持续发展。合理的水质标准能够指导水资源的合理利用和保护，促进经济社会的可持续发展，实现人与自然的和谐共生。

第四，提升环境管理水平。水质标准作为环境管理的重要依据，有助于推动环境管理的科学化和规范化，提高环境管理的效率和效果。

（一）水质标准的制定与修订

水质标准的制定与修订是一个科学、严谨的过程，需要综合考虑多种因素，确保标准的合理性和有效性。以下是水质标准制定与修订的主要步骤：

第一，收集资料与调研。收集国内外相关水质标准的资料，了解水质状况、污染来源及治理技术等方面的信息，为标准的制定提供科学依据。

第二，确定标准限值。根据水体功能、环境容量、人体健康需求等因素，科学确定各类污染物的最大允许限值。

第三，征求意见与专家评审。广泛征求社会各界意见，组织专家进行评审，确保标准的科学性和可操作性。

第四，发布与实施。经过审批后，正式发布水质标准，并制定相应的实施措施和监督机制，确保标准的贯彻执行。

第五，定期修订与更新。随着科学技术的进步和环境保护需求的变化，定期对水质标准进行修订和更新，以适应新形势下的需求。

（二）水质标准的应用范围

水质标准的应用范围广泛，涉及人类生产生活的各个方面。

1. 饮用水安全保障

水质标准用于评价和监测饮用水源的水质状况，确保饮用水安全供应。生活饮用水卫生标准见表 2-1。

表 2-1 生活饮用水卫生标准

指标类别	具体指标	标准值/要求
物理指标	色度	≤15 度
	浊度	≤5 度(NTU)
	水温	一般要低于 15 ℃
	电导率	根据具体水质情况而定
化学指标	pH 值	6.5～8.5
	硬度	根据具体水质情况而定
	氨氮	≤0.5 mg/L
	亚硝酸盐	≤0.001 mg/L
	硝酸盐	≤10 mg/L
	氯化物	≤250 mg/L
	铅	≤0.01 mg/L
	镉	≤0.005 mg/L
	汞	≤0.001 mg/L
微生物指标	总大肠菌群	不得检出
	菌落总数	≤100 CFU/mL
	大肠菌群	不得检出
放射性指标	总 α 放射性	≤0.5 Bq/L
	总 β 放射性	≤1 Bq/L

2. 工业用水管理

工业企业在生产过程中需要用到大量的水，水质标准有助于指导企业合理使用水资源，减少水污染。工业用水卫生标准见表 2-2。

表 2-2 工业用水卫生标准

指标类别	具体指标	标准值/要求
感官性状和一般化学指标	色度	≤15 度
	浊度	≤5 度(NTU)
	pH 值	6.5～9.0
	总硬度	根据具体水质情况和工艺需求而定
	铁	≤0.3 mg/L
	锰	≤0.1 mg/L
	氯化物	≤250 mg/L
	硫酸盐	≤250 mg/L
毒理学指标	铅	≤0.01 mg/L
	镉	≤0.005 mg/L
	汞	≤0.001 mg/L
	铬(六价)	≤0.05 mg/L
	砷	≤0.05 mg/L
	氰化物	≤0.05 mg/L
	氟化物	≤1.0 mg/L
微生物指标	菌落总数	≤100 CFU/mL
	大肠菌群	不得检出
放射性指标	总 α 放射性	≤0.1 Bq/L
	总 β 放射性	≤1.0 Bq/L

3. 农业灌溉与渔业养殖

水质标准可用于评估农业灌溉水和渔业养殖水的水质，确保农产品和水产品的质量安全。农业灌溉与渔业养殖用水卫生标准见表 2-3。

表 2-3 农业灌溉与渔业养殖用水卫生标准

指标类别	具体指标	农业灌溉标准值/要求	渔业养殖标准值/要求
感官性状和一般化学指标	色度	≤30 度	≤15 度
	浊度	≤5 度(NTU)	≤5 度(NTU)
	pH 值	5.5～8.5	6.5～9.0
	总硬度	根据作物和土壤需求而定	根据养殖生物需求而定
	氯化物	根据作物耐盐性而定	≤350 mg/L
	硫酸盐	根据作物需求而定	≤500 mg/L

表 2-3(续)

指标类别	具体指标	农业灌溉标准值/要求	渔业养殖标准值/要求
毒理学指标	铅	≤0.1 mg/L	≤0.01 mg/L
	镉	≤0.01 mg/L	≤0.005 mg/L
	汞	≤0.001 mg/L	≤0.001 mg/L
	铬(六价)	≤0.1 mg/L	≤0.05 mg/L
	砷	≤0.05 mg/L	≤0.05 mg/L
	氰化物	≤0.5 mg/L	≤0.05 mg/L
微生物指标	菌落总数	≤1 000 CFU/mL	≤100 CFU/mL
	大肠菌群	不得检出	不得检出
其他指标	水温	根据作物生长需求而定	≤35 ℃
	悬浮物	≤50 mg/L	≤100 mg/L
	阴离子表面活性剂(LAS)	根据具体情况而定	≤0.5 mg/L
	溶解氧	根据作物需求而定	连续 24 h 中,16 h 以上必须大于 5 mg/L

4. 环境监测与评价

水质标准作为环境监测的重要依据,可用于评估水体的污染程度和生态状况,为环境管理提供决策支持。

5. 水污染治理与生态修复

水质标准可用于指导水污染治理和生态修复工作,推动水环境的改善和提升。

水质标准在水资源保护、环境管理和人类健康保障等方面发挥着重要作用。我们应该加强水质标准的制定与修订工作,提高水质标准的科学性和可操作性,为水资源的可持续利用和生态环境的保护提供有力支持。

二、水质分类

水质的分类主要基于水体的使用功能和保护目标。根据不同的分类标准,水质可以分为多种类型。在我国,水质通常按照地表水、地下水、饮用水、工业用水、农业灌溉用水和渔业用水等进行分类,并制定相应的水质标准。

(一) 地表水水质标准

地表水是指覆盖在地表的河流、湖泊、水库等水体。我国根据地表水体的不同使用功能和保护要求,将地表水水质分为五类,即Ⅰ类、Ⅱ类、Ⅲ类、Ⅳ类和Ⅴ类。

1. Ⅰ类水质标准

Ⅰ类水质标准适用于源头水和国家自然保护区。这类水质要求极高,几乎不允许任何污染物的存在,以确保水源的纯净性和生态系统的完整性。

2. Ⅱ类水质标准

Ⅱ类水质标准适用于集中式生活饮用水地表水源地一级保护区、珍稀水生生物栖息地、鱼虾类产卵场、仔稚幼鱼的索饵场等。这类水质对污染物的控制较为严格,以保障饮用水安全和水生生物的生存环境。

3. Ⅲ类水质标准

Ⅲ类水质标准适用于集中式生活饮用水地表水源地二级保护区、鱼虾类越冬场、洄游通道、水产养殖区等渔业水域及游泳区。这类水质对污染物的限制适中，既要满足渔业和游泳等活动的需求，又要确保水体的基本生态功能。

4. Ⅳ类水质标准

Ⅳ类水质标准适用于一般工业用水区及人体非直接接触的娱乐用水区。这类水质允许存在一定程度的污染，但要求污染物浓度控制在一定范围内，以保障工业用水的安全和娱乐活动的正常进行。

5. Ⅴ类水质标准

Ⅴ类水质标准适用于农业用水区及一般景观要求水域。这类水质对污染物的限制较为宽松，但要求不得影响农业灌溉和景观的基本需求。

（二）地下水水质标准

地下水是指埋藏在地表以下的水体。地下水水质标准主要关注地下水的化学、物理和生物性质，以确保地下水的安全利用。

（三）饮用水水质标准

饮用水水质标准是针对人类直接饮用的水制定的，其要求极为严格。饮用水水质标准规定了水中各类污染物的最大允许浓度，以确保饮用水的安全和卫生。

（四）工业用水水质标准

工业用水水质标准根据工业生产的需要和废水处理的能力制定。不同工业行业对水质的要求不同，因此工业用水水质标准具有多样性和针对性。

（五）农业灌溉用水水质标准

农业灌溉用水水质标准主要考虑作物生长的需要和水体对土壤及作物的潜在影响。这类标准通常关注水中的盐分、重金属和有机物等污染物。

（六）渔业用水水质标准

渔业用水水质标准旨在保护水生生物的生存环境和繁殖条件。这类标准对水中的溶解氧、pH 值、营养盐等因素有明确要求，以确保渔业资源的可持续利用。

水质分类与标准是水资源管理和保护的重要依据。各类水质标准的制定和实施有助于推动水资源的合理利用和生态环境的保护，实现人与自然的和谐共生。

三、水质指标与限值

（一）物理指标

物理指标是描述水质状态的基本参数，反映了水体的基本物理性质。以下是一些常见的物理指标及其限值。

1. 水温

指标意义：水温影响水中生物的生理活动、溶解气体的含量及化学反应速率。

限值：根据不同水体功能和水生生物需求，水温的适宜范围有所差异，通常需维持在适宜生物生存的范围内。

2. 色度

指标意义：色度表示水的颜色深浅，通常由水中溶解或悬浮的物质引起。

限值：一般要求生活饮用水色度不超过 15 度，其他用途水体根据需求有所不同。

3. 浊度

指标意义：浊度反映水中悬浮颗粒物的多少，影响水的透明度和光穿透性。

限值：饮用水浊度通常要求低于 1 NTU（浊度单位），其他水体则根据用途和生态需求设定不同标准。

4. 透明度

指标意义：透明度表示光线穿透水体的深度，与浊度相关但含义不同。

限值：透明度的限值因水体而异，通常要求水体具有一定的透明度以保证水生态和景观效果。

（二）化学指标

化学指标反映了水中各种化学物质的含量，对评价水质至关重要。

1. pH 值

指标意义：pH 值表示水体的酸碱度，影响水中生物的生存和化学反应的进行。

限值：通常要求水体的 pH 值在 6.5～8.5 之间，以维持适宜的生态环境。

2. 溶解氧

指标意义：溶解氧是水中生物呼吸的必需物质，对维持水生生态至关重要。

限值：根据不同水体和水生生物的需求，溶解氧的限值有所不同，通常需保持在一定水平以上，以支持生物生存。

3. 重金属含量

指标意义：重金属是水体中的有毒物质，对生物体有潜在的危害。

限值：各种重金属的限值因其毒性不同而有所差异，通常要求远低于其对人体和环境的危害阈值。

4. 营养盐含量

指标意义：营养盐是水中植物生长所需的营养物质，但过量会导致水体富营养化。

限值：营养盐的限值旨在防止水体富营养化，通常要求控制在一定范围内，以保持水体的生态平衡。

5. 有机物含量

指标意义：有机物是水中常见的污染物，可能来自工业废水、生活污水等。

限值：有机物含量的限值取决于其种类和毒性，通常要求低于其对水生生物和人体健康产生负面影响的阈值。

（三）生物指标

生物指标用于反映水体的生物污染程度和生态状况。

1. 细菌总数

指标意义：细菌总数表示水中细菌的数量，是评价水体卫生状况的重要指标。

限值：饮用水中的细菌总数要求极低，其他水体则根据用途和卫生标准设定不同限值。

2. 大肠杆菌群

指标意义：大肠杆菌群是粪便污染的指示菌，用于评估水体的粪便污染程度。

限值：饮用水中的大肠杆菌群通常要求不得检出，其他水体则根据卫生要求设定不同限值。

3. 病毒及其他微生物

指标意义：病毒及其他微生物也是水体中的潜在污染源，对公共卫生有重要影响。

限值：饮用水中的病毒和其他微生物通常要求不得检出，其他水体则根据具体情况设定相应限值。

（四）放射性指标

放射性指标用于评价水体中放射性物质的含量和潜在风险。

1. 总 α 放射性

指标意义：总 α 放射性表示水体中所有 α 放射性核素的总活度。

限值：总 α 放射性的限值旨在保护人体免受放射性伤害，通常要求远低于其对人体产生负面影响的阈值。

2. 总 β 放射性

指标意义：总 β 放射性表示水体中所有 β 放射性核素的总活度。

限值：总 β 放射性的限值与总 α 放射性类似，旨在保护人体健康并防止放射性污染。

3. 特定放射性核素

指标意义：特定放射性核素是指某些具有特定放射性性质的元素或同位素。

限值：特定放射性核素的限值根据其种类、半衰期和毒性等因素设定，以确保水体安全和人体健康。

水质指标与限值是评价和管理水质的重要依据。通过对这些指标进行监测和分析，可以及时了解水体的污染状况和生态风险，为制定有效的水环境保护措施提供科学依据。

四、水质监测与评价

（一）水质监测方法

水质监测是评估水体质量和保护水资源的重要手段。根据监测地点和监测方式的不同，水质监测方法可分为现场监测和实验室分析两种。

1. 现场监测

现场监测主要利用便携式或在线监测设备，在水体现场直接进行水质参数的测量。这种方法具有快速、实时、连续的特点，适用于对水质进行初步评估或实时监测。常见的现场监测参数包括水温、pH 值、溶解氧、浊度等。

2. 实验室分析

实验室分析是将水样带回实验室，通过精密的仪器和复杂的化学、物理方法进行详细分析。这种方法可以得到更为准确、全面的水质数据，适用于对水质进行深入研究和评价。实验室分析通常包括重金属含量、营养盐含量、有机物含量、细菌总数等指标的测定。

（二）水质评价标准与程序

水质评价标准是评价水质状况的基准，而评价程序则是按照一定方法和步骤进行水质评价的过程。

1. 水质评价标准

水质评价标准通常根据水体的使用功能和保护目标制定，包括地表水、地下水、饮用水、工业用水、农业灌溉用水和渔业用水等各类水质标准。这些标准规定了各类水体中各种污染物的最大允许限值，以及水质类别的划分标准。

2. 水质评价程序

水质评价程序一般包括以下几个步骤:收集水质监测数据、确定评价标准和指标、选择评价方法、进行水质评价、编写评价报告。在评价过程中,需要综合考虑水体的物理、化学、生物等多方面因素,采用合适的数学模型和统计方法进行分析和判断。

(三) 水质监测网络建设与管理

水质监测网络是水质监测和评价工作的重要组成部分,其建设和管理对于提高水质监测数据的准确性和可靠性具有重要意义。

1. 水质监测网络建设

水质监测网络建设需要考虑监测点的布局、监测设备的选择、数据传输和处理等方面。监测点的布局应根据水体的地理分布、水流情况和使用功能进行合理规划,确保监测数据的代表性和全面性。监测设备的选择应满足现场监测和实验室分析的需求,具有高精度、高稳定性和易操作性等特点。数据传输和处理应采用先进的信息化技术,实现数据的实时传输、自动处理和智能分析。

2. 水质监测网络管理

水质监测网络管理包括监测设备的维护、数据的质量控制、监测人员的培训等方面。监测设备的维护应定期进行,确保设备的正常运行和数据的准确性。数据的质量控制应采用严格的质量控制措施,包括空白试验、平行样测定、加标回收等,以消除误差和提高数据的可靠性。监测人员的培训应针对监测设备的操作、数据处理和分析方法等方面进行,提高监测人员的专业素养和技能水平。

水质监测与评价是保护水资源和维护水环境健康的重要手段。通过合理选择和应用水质监测方法、制定科学的水质评价标准与程序以及加强水质监测网络的建设与管理,可以准确掌握水质状况,为水资源的合理利用和保护提供有力支持。

五、水质标准实施与管理

(一) 水质标准执行机构与职责

水质标准的实施与管理依赖于专门的执行机构,这些机构负责确保水质标准的严格执行和有效管理。

1. 执行机构

水质标准的执行机构通常包括环保部门、水利部门以及地方政府等。这些机构在水质标准的制定、实施和监督过程中发挥着关键作用。

2. 职责

执行机构的主要职责包括:制定和完善水质标准及相关法规,确保其与国家政策和法律法规相一致;组织开展水质监测与评价工作,确保监测数据的准确性和可靠性;对违反水质标准的行为进行查处和处罚,维护水环境的健康与安全;推广水质标准的宣传与教育,提高公众对水质保护的认识和参与度。

(二) 水质标准监督与检查

监督与检查是确保水质标准得到有效执行的重要环节。

1. 监督体系

建立完善的水质标准监督体系包括定期巡查、不定期抽查和专项检查等方式,确保水质标准的全面覆盖和有效执行。

2. 检查内容

检查内容主要包括企业排放情况、污水处理设施运行情况、水质监测数据等，以确保各项指标符合水质标准的要求。

3. 结果处理

对检查结果进行及时处理，对不符合水质标准的行为进行整改和处罚，同时加强后续跟踪和监督，确保问题得到根本解决。

（三）水质标准违反处理与处罚

对于违反水质标准的行为，必须依法进行严肃处理。

1. 处理方式

处理方式包括责令整改、限制生产、停产整顿等，根据违规行为的严重程度和影响范围进行相应处理。

2. 处罚措施

处罚措施包括罚款、吊销许可证等，对严重违法行为进行严厉打击，以维护水环境的健康与安全。

3. 公开曝光

对违反水质标准的典型案件进行公开曝光，提高社会对水质保护问题的关注度和重视程度。

（四）水质标准宣传与教育

宣传与教育是提高公众水质保护意识的重要途径。

1. 宣传方式

通过媒体宣传、公益活动等方式，广泛宣传水质标准的重要性、意义及实施情况，提高公众对水质问题的关注度。

2. 教育内容

教育内容包括水质标准的制定背景、主要内容、实施要求等，以及水质保护的基本知识和方法，帮助公众更好地理解和支持水质标准的实施。

3. 教育对象

针对不同群体制订不同的教育计划，包括学生、企业、政府人员等，确保水质标准宣传与教育的全覆盖。

水质标准的实施与管理是一项系统工程，需要各方面的共同努力和配合。通过明确执行机构的职责、加强监督与检查、严格处理违规行为以及加强宣传与教育等措施，可以确保水质标准得到有效执行，为水环境的健康与安全提供有力保障。

六、国际水质标准比较与借鉴

（一）世界卫生组织（WHO）水质标准

世界卫生组织作为全球公共卫生的权威机构，其制定的水质标准旨在保护全球公众的健康。WHO水质标准涵盖了广泛的水质参数，包括物理、化学和生物指标，以确保饮用水安全。这些标准不仅考虑了当前的科学技术水平，还反映了全球公共卫生的需求和关切。

（二）美国国家环境保护局（EPA）水质标准

美国国家环境保护局负责制定和实施美国的水质标准，其标准体系相对完善且具体。EPA 水质标准注重水体的多功能性和生态保护，同时考虑了不同地区的差异性和特殊性。该标准体系涵盖了地表水、地下水、饮用水等多个方面，具有较高的科学性和实用性。

（三）欧洲联盟（EU）水质标准

欧洲联盟的水质标准体现了欧盟在环境保护和可持续发展方面的理念。EU 水质标准注重水体的生态平衡和恢复，强调预防和综合治理。该标准体系不仅关注水质本身，还考虑了水体与生态系统的相互关系，体现了整体性和系统性。

（四）国际水质标准的发展趋势与启示

1. 发展趋势

（1）综合性增强

国际水质标准日益注重水体的多功能性和生态保护，强调水质、水量和生态的综合考量。

（2）科学性提升

随着科学技术的进步，水质标准的制定更加依赖科学数据和模型分析，以提高标准的准确性和可靠性。

（3）地区差异性考虑

不同国家和地区的水质标准开始更加注重地区差异性和特殊性，以适应不同地区的实际情况。

2. 启示

（1）加强国际合作与交流

借鉴国际先进经验和技术，提升我国水质标准的制定水平和实施效果。

（2）注重科学性和实用性

在制定水质标准时，应充分考虑科学数据和实际需求，确保标准的科学性和实用性。

（3）关注水体生态保护

在保护水质的同时，注重水体的生态平衡和恢复，实现水资源的可持续利用。

国际水质标准的比较与借鉴有助于我们更好地理解和应用水质标准，提升我国水质保护工作的水平和效果。通过借鉴国际先进经验和技术，我们可以不断完善我国的水质标准体系，为保护水资源和公众健康提供有力保障。

七、水质标准的发展趋势与展望

（一）水质标准面临的挑战与问题

随着全球工业化和城市化的快速发展，水质标准面临着日益严峻的挑战和问题。

1. 污染源的多样性与复杂性

工业废水、农业面源污染、城市生活污水等不同类型的污染源，使得水质管理变得复杂和困难。

2. 新型污染物的出现

新型化学物质、抗生素、微塑料等新型污染物在水体中被检出频率逐渐增加，对水质安全构成潜在威胁。

3. 跨界水体管理问题

跨界河流、湖泊等水体的水质管理涉及多个国家和地区，协调与合作成为一大难题。

（二）水质标准的创新与发展方向

面对这些挑战和问题，水质标准需要不断创新和发展。

1. 指标体系的完善与更新

根据新的科研成果和实际需求，不断完善和更新水质指标体系，确保标准的科学性和前瞻性。

2. 风险评估与管理

加强水质风险评估和预警机制建设，对潜在风险进行早期识别和管理，降低水质污染的风险。

3. 技术支撑与创新

利用现代信息技术和监测手段，提升水质监测的准确性和时效性，为水质标准的制定和实施提供有力支持。

（三）水质标准在生态文明建设中的作用

水质标准是生态文明建设的重要组成部分，发挥着不可替代的作用。

1. 保护水资源

通过制定和执行严格的水质标准，可以有效保护水资源，防止水体污染和生态破坏。

2. 促进可持续发展

水质标准的实施有助于推动产业结构调整和绿色生产方式的发展，实现经济与环境的协调发展。

3. 提升公众健康水平

符合水质标准的水体能够为公众提供安全可靠的饮用水和生活用水，保障公众的健康权益。

（四）未来水质标准的展望与期待

展望未来，我们对水质标准的发展充满期待。

1. 更加全面与科学

未来的水质标准将更加全面、科学，涵盖更多水质参数和评价指标，以便更好地反映水体的真实状况。

2. 更加注重生态保护

未来的水质标准将更加注重生态保护和水体生态平衡，推动水资源的可持续利用。

3. 更加强化国际合作

面对全球性的水质问题，未来的水质标准制定和实施将更加注重国际合作与交流，共同应对挑战。

水质标准的发展面临着诸多挑战和问题，但也孕育着无限的创新与发展机遇。我们期待通过不断努力和探索，推动水质标准的不断完善和发展，为保护水资源、促进生态文明建设做出更大的贡献。

【任务实施】

详细解释各项水质指标的含义、监测方法及评价标准，帮助学生掌握水质评价的基本技能。教师将学生分成若干小组，每组分配一个具体的矿山水体监测任务，包括监测点的选择、采样方法、数据分析等。各小组根据任务要求，讨论并制订监测方案，明确各自的任务分工和合作方式。

【思考与练习】

1. 制定水质标准时需要考虑哪些主要因素?

2. 如何理解水质标准与矿山水污染防治的关系?

3. 在矿山水污染防治中,如何更好地实施水质标准?

任务三　矿山水体污染及危害

【知识目标】

掌握矿山水体污染的基本概念、主要类型、形成机制。

【技能目标】

能识别和评估矿山水体污染的类型、程度和范围,分析矿山水体污染的原因。

【任务导入】

为什么矿山开采活动会对我们的水体环境造成污染?这种污染又会带来哪些严重的后果?

【任务分析】

1. 了解矿山水体污染的基本概念和类型,如酸性废水污染、重金属污染等。

2. 掌握矿山水体污染的形成机制,包括污染物进入水体的途径、水体自净能力的限制等。

【相关知识】

一、矿山水体污染

矿山水体污染是指含有各种污染物和有毒物质的采矿工业废水及生活污水,排入水体后改变了水体正常组成,超过了水的自净能力,从而使水体恶化,破坏水体原有用途的现象。

(一)矿山开采与水体污染的关系

矿山开采作为人类获取矿产资源的重要手段,在推动经济发展的同时,也对生态环境产生了深远影响。其中,水体污染是矿山开采活动带来的主要环境问题之一。在矿山开采过程中,矿石的开采、加工、运输等环节都可能产生大量废水、废渣和有毒有害物质,这些物质一旦进入水体,就会对水质造成严重污染。因此,矿山开采与水体污染之间存在着密切的关联,矿山开采活动的规模和方式直接影响着水体污染的程度和范围。

(二)矿山水体污染的主要来源

1. 矿山废水排放

矿山开采过程中产生的废水,如矿井水、选矿水等,通常含有高浓度的重金属、悬浮物、有毒有害物质等,这些废水若未经处理直接排放,将对周边环境的水体造成严重污染。

2. 尾矿库渗漏

尾矿库是矿山开采过程中用于存放尾矿的场所,尾矿中含有大量重金属和有毒有害物质,若尾矿库防渗措施不到位或发生泄漏,这些物质就会渗入地下水体或地表水体,造成水体污染。

3. 矿石运输与堆放

矿石在运输和堆放过程中,若防护措施不当,易产生粉尘和废水,这些粉尘和废水随风飘散或流入水体,也会对水质造成污染。

4. 矿山酸雨

某些矿山在开采过程中会排放大量含硫化合物，这些化合物在大气中氧化形成硫酸盐，进而引发酸雨。酸雨对地表水体和土壤造成酸性污染，破坏生态平衡。

（三）矿山水体污染的特点

1. 污染物质种类多、浓度高

矿山开采过程中产生的废水通常含有多种重金属、有毒有害物质等，且浓度较高，对水质的影响极为严重。

2. 污染范围广、影响深远

矿山开采活动通常涉及大面积区域，因此其造成的水体污染往往范围广、影响深远，不仅影响周边地区的水资源安全，还可能对下游地区的生态环境造成长期影响。

3. 治理难度大、成本高

矿山水体污染物质种类复杂、浓度高，治理起来难度较大，需要采用先进的技术和设备进行处理。同时，治理成本也相对较高，给企业和政府带来了一定的经济压力。

矿山开采与水体污染之间存在着密切的关系，矿山水体污染的主要来源多样且复杂，污染特点突出。因此，加强矿山开采过程中的环境保护和水体污染防治工作至关重要，需要采取切实有效的措施来降低矿山开采对水体环境的负面影响。

二、矿山水体污染的主要类型

（一）重金属污染

1. 铅、锌、镉等重金属的来源与影响

矿山开采、矿石加工和运输过程常常会释放出大量的重金属，如铅、锌、镉等。这些重金属主要来源于矿石中的原生矿物、冶炼废渣以及采矿过程中使用的化学试剂。这些重金属元素一旦进入水体，不仅难以自然降解，而且会通过食物链在生物体内富集，对水生生物和人体健康造成长期危害。

重金属对水生生物的影响主要表现为对其生长、繁殖和代谢的干扰。高浓度的重金属会导致水生生物中毒，甚至死亡。同时，重金属还会破坏水生生态系统的平衡，导致生物多样性降低。

2. 重金属在水体中的迁移与转化

重金属在水体中的迁移主要受到水流、扩散、吸附和沉淀等物理过程的影响。同时，重金属还会与水体中的其他物质发生化学反应，如氧化、还原、络合等，从而改变其存在形态和迁移能力。对矿山来说，至关重要的重金属元素有锌、铜、铅、镉和汞。生物越高级，对重金属污染越敏感，甚至某些金属在浓度极低时也是致命的。

重金属的转化主要涉及其价态和形态的变化。例如，某些重金属离子在水体中可以发生氧化还原反应，生成不同价态的离子，或者与水体中的无机或有机物质结合，形成络合物或沉淀物。这些转化过程会影响重金属在水体中的稳定性、迁移性和生物可利用性。

（二）有毒有害物质污染

1. 氰化物、硫化物等污染物的来源与毒性

氰化物和硫化物是矿山开采和加工过程中常见的有毒有害物质。它们主要源于矿石中的原生矿物，采矿过程中使用的炸药和冶炼过程中产生的废气、废水。这些物质具有强烈的

毒性,对水生生物和人体健康构成严重威胁。

氰化物可通过呼吸道、消化道和皮肤等途径进入生物体内,抑制细胞呼吸和能量代谢,导致生物体中毒甚至死亡。硫化物则会对水生生物的鳃部造成损伤,影响其呼吸功能,同时还会与水体中的其他物质发生反应,生成具有更高毒性的化合物。

2. 有毒有害物质对水生生物的毒性作用

有毒有害物质对水生生物的毒性作用主要表现为对其生理机能的破坏。这些物质会干扰水生生物的正常代谢过程,影响其生长、繁殖和免疫力。长期暴露于有毒有害物质中的水生生物可能会出现生长迟缓、繁殖能力下降、畸形和死亡率增加等现象。

此外,有毒有害物质还会通过食物链在水生生物体内富集,对高级消费者(如鱼类、鸟类等)造成更大的危害。这些高级消费者一旦受到污染物的侵害,其体内的污染物浓度可能会远超过环境中的浓度,从而对人类健康构成潜在威胁。

(三)酸碱度失衡

1. 矿山废水导致的酸碱度变化

矿山开采和加工过程中产生的废水往往具有不同的酸碱度。这些废水可能来源于矿石的溶解、化学试剂的使用以及尾矿库的渗漏等。这些废水若未经处理直接排入水体,会导致水体的酸碱度发生变化。

酸性废水主要来源于含有硫化物的矿石的氧化过程,而碱性废水则可能来自某些矿石的溶解或化学试剂的使用。这些酸碱废水会破坏水体的自然缓冲能力,导致水体的酸碱度失衡。酸性废水污染是矿山的一种普遍污染现象,特别是开采硫化矿床和煤层更是如此,其危害程度取决于 pH 值和排放量。矿山酸性水有两种污染危害,即限制或减少水中多种生物的生长、溶解重金属加剧水的毒性。

2. 酸碱度失衡对水生生态系统的影响

酸碱度失衡会对水生生态系统造成多方面的影响。首先,酸碱度的变化会影响水生生物的代谢过程和生理功能,导致生物体中毒或死亡。其次,酸碱度的变化还会改变水体的化学性质,影响水体中营养物质的循环和生物利用性。最后,酸碱度失衡还可能破坏水生生物的食物链和生态平衡,导致生物多样性降低和生态系统功能退化。

因此,矿山开采过程中应严格控制废水的排放和处理,避免对水体造成酸碱度失衡的污染。同时,还需要加强对水体的监测和治理,确保水体的酸碱度保持在适宜的范围内,以维护水生生态系统的健康和稳定。

三、矿山水体污染的危害

(一)对水资源的危害

1. 水质恶化与饮用水安全

矿山水体污染导致水质严重恶化,水中重金属、有毒有害物质等污染物含量超标,直接影响饮用水安全。长期饮用受污染的水可能导致人体出现各种健康问题,如肝肾功能异常、神经系统损伤等。此外,污染物的存在还可能影响水的口感和气味,降低饮用水的品质。

2. 水体功能退化与生态用水

矿山水体污染导致水体功能退化,原本可以用于灌溉、养殖等农业和生态用水的水体变得不再适用。这不仅影响了农业生产和生态系统的平衡,还可能导致水资源的浪费和短缺。同时,污染物的积累还可能对水体中的微生物和植物造成危害,进一步破坏水体的生态平衡。

（二）对水生生物的危害

1. 水生生物种群结构与数量的变化

矿山水体污染会破坏水生生物的生存环境，导致种群结构发生变化。一些对污染物敏感的物种可能会减少或消失，而一些耐污能力较强的物种则可能占据主导地位。这种变化可能导致生物多样性降低，生态系统的稳定性受到威胁。此外，污染物的存在还可能影响水生生物的繁殖和生长，导致种群数量减少。

2. 水生生物生理与行为的变化

矿山水体污染中的重金属和有毒有害物质对水生生物具有直接的毒性作用，影响其生理机能和行为习性。受污染的水体可能导致水生生物出现生长迟缓、畸形、行为异常等症状。这些变化不仅影响水生生物的正常生活，还可能通过食物链传递到更高层次的生物，对整个生态系统造成潜在威胁。

（三）对人类健康的潜在威胁

1. 污染物通过食物链进入人体的途径

矿山水体污染中的重金属和有毒有害物质会通过食物链进入人体。受污染水体中的污染物可能被水生生物吸收并积累在其体内，当人类食用这些受污染的水生生物时，污染物就会进入人体。此外，污染物还可能通过灌溉等方式进入农作物，最终通过食物链进入人体。这些污染物在人体内的积累可能导致各种健康问题。

2. 长期暴露于污染水体对人类健康的影响

如果长期暴露于矿山水体污染的环境中，人类可能面临多种健康风险。这些污染物可能对人体造成慢性损伤，影响肝肾功能、神经系统、免疫系统等多个方面。此外，一些污染物还具有致癌、致畸、致突变等潜在风险，长期暴露于其中可能增加患癌症等严重疾病的风险。因此，保护水资源、防治矿山水体污染对于维护人类健康至关重要。

四、矿山水体污染的防控措施

（一）矿山废水处理与排放标准

1. 废水处理技术的选择与应用

针对矿山废水处理，应综合考虑废水的水质、处理要求、成本及环境效益等因素，选择适宜的废水处理技术。常见的物理处理法包括沉淀、过滤等，能有效去除悬浮物和杂质；化学处理法通过中和、氧化还原等反应，去除废水中的有害物质；生物处理法则利用微生物的代谢作用分解有机物。此外，膜分离技术也是一种高效的处理手段，能有效去除悬浮物、有机物和无机盐等。制定并严格执行矿山废水排放标准至关重要，应明确对废水中悬浮物、化学需氧量（COD）、生化需氧量（BOD）、重金属、pH 值等指标的限值要求。同时，应加强废水排放的监管力度，对未达到排放标准的企业进行严厉处罚，确保废水处理设施的正常运行和废水排放的合规性。

2. 废水排放标准与监管

水污染物排放标准是为了控制和管理矿山废水排放而设定的，以确保矿山废水中的污染物质不会对环境和水体造成过度的危害。这些标准通常由政府或相关环境保护机构制定，并可能因地区、国家和矿山类型的不同而有所差异。

排放标准首要考虑的是保护环境和人类健康，确保矿山废水中的污染物不会对生态系统和人类造成危害。排放标准也会考虑到当前的技术水平和经济条件，确保矿山企业有能力达到这些标准。随着技术的发展和环境保护意识的提高，排放标准通常会逐步变得更加严格。常见的水污染物排放标准见表 2-4。

表 2-4　常见的水污染物排放标准

指标类别	具体指标	要求
重金属	铅(Pb)	通常限制为 0.1～1.0 mg/L
	汞(Hg)	通常限制为 0.001～0.01 mg/L
	镉(Cd)	通常限制为 0.01～0.1 mg/L
	铬(Cr)	根据其价态，限制为 0.1～1.0 mg/L
	铜(Cu)	通常限制为 1.0～5.0 mg/L
	锌(Zn)	通常限制为 5.0～30 mg/L
有毒有害物质	氰化物(CN)	通常限制为 0.1～0.5 mg/L
	硫化物(S)	通常限制为 1.0～5.0 mg/L
	砷(As)	通常限制为 0.05～0.5 mg/L
其他污染物	悬浮物(SS)	通常限制为 50～300 mg/L
	pH 值	通常限制为 6～9
	石油类和油脂	通常限制为 5.0～50 mg/L

矿山企业需要定期对其废水进行监测，确保污染物排放符合标准，并向相关环境保护机构报告其废水排放情况。如果矿山企业违反排放标准，可能会面临罚款、停产或其他处罚。

水污染物排放标准是确保矿山废水不会对环境和水体造成过度危害的重要工具。矿山企业需要遵守这些标准，并采取必要的措施减少废水中的污染物含量。同时，政府和相关环境保护机构也需要加强对矿山废水排放的监管和管理，确保环境保护工作的有效实施。

（二）其他标准与相关要求

1. 水质监测标准

监测项目和频率：矿山企业应定期对废水中的各项污染指标进行监测，包括重金属、有毒有害物质、pH 值、悬浮物等。监测频率应根据矿山规模、废水排放量和环境敏感性等因素确定。

监测方法：应采用国家和地方规定的标准方法进行监测，确保数据的准确性和可靠性。

监测记录：监测结果应详细记录并妥善保存，以备后续的环境影响评价和审计。

2. 废水处理标准

处理设施：矿山企业应建设符合要求的废水处理设施，确保废水在排放前达到国家和地方规定的排放标准。

处理效果：废水处理设施应确保处理后的水质稳定达标，减少对环境的污染。

运行管理：废水处理设施应定期维护，确保设施的正常运行和处理效果的稳定。

3. 环境风险评估标准

风险评估：矿山企业应定期进行环境风险评估，评估矿山废水对环境的影响程度和潜在风险。

风险控制：根据风险评估结果，制定相应的风险控制措施，减少矿山废水对环境的影响。

应急预案：应制订应急预案，以应对矿山废水污染突发事件，减少环境污染损失。

4. 信息披露和公众参与标准

信息披露：矿山企业应定期公开废水排放和环境治理情况，接受社会监督。

公众参与：应鼓励公众参与矿山环境保护，提供公众参与渠道，共同推动矿山废水污染的防治工作。

5. 法规遵守和法律责任

法规遵守：矿山企业应严格遵守国家和地方有关矿山废水污染防治的法律法规，确保废水排放符合规定。

法律责任：违反矿山废水污染防治规定的矿山企业，应依法承担相应的法律责任，包括罚款、停产整顿等。

在矿山环境保护中，水污染的其他标准相关要求涉及水质监测、废水处理、环境风险评估、信息披露和公众参与以及法规遵守和法律责任等方面。这些标准和要求共同构成了矿山废水污染防治的完整框架，旨在保护环境和人类健康，促进矿山的可持续发展。

（三）矿山水污染监测

矿山水污染监测是矿山环境保护工作的重要组成部分，它涉及对矿山废水、地表水、地下水等水体定期、系统地观察和测量，以评估矿山活动对水质的影响。通过监测，可以及时发现水污染问题，为污染防治和治理提供科学依据。

1. 监测目的

评估矿山活动对水质的影响：通过定期监测，了解矿山废水排放对周边水体（如河流、湖泊、地下水等）的影响程度。

及时发现水污染问题：通过监测，可以及时发现水体中的污染物超标情况，为及时采取应对措施提供依据。

为污染防治和治理提供科学依据：通过监测数据的分析，可以了解污染物的种类、浓度、排放规律等信息，为制定污染防治措施和治理方案提供科学依据。

2. 监测对象

矿山废水：对矿山废水进行定期监测，了解废水中的污染物种类、浓度和排放规律。

地表水：对矿山周边的河流、湖泊等地表水进行监测，评估矿山活动对地表水质的影响。

地下水：对矿山周边的地下水进行监测，了解矿山活动对地下水水质的影响。

3. 监测内容

常规指标：如 pH 值、悬浮物、化学需氧量、生化需氧量等。

重金属：如铅、汞、镉、铬等。

有毒有害物质：如氰化物、硫化物、砷等。

放射性物质：如铀、镭等。

4. 监测方法

矿山水污染监测的方法应根据监测对象和内容的不同而选择。

化学分析法：通过化学反应和仪器分析，测定水体中的污染物浓度。

生物监测法：利用生物对污染物的敏感性和指示作用，评估水体的污染程度。

遥感监测法：利用遥感技术，对矿山周边水体进行大范围、快速的监测。

5. 监测频率

矿山水污染监测的频率应根据矿山规模、废水排放量、环境敏感性等因素确定。一般情况下，应每季度至少进行一次监测，对于重点区域和敏感水体，应适当提高监测频率。

6. 监测数据管理

矿山水污染监测的数据应及时记录、整理和分析，形成监测报告。监测数据应真实、准确、完整，并妥善保存，以备后续的环境影响评价和审计。

矿山水污染监测是矿山环境保护工作的重要组成部分，通过定期、系统的监测，可以及时发现水污染问题，为污染防治和治理提供科学依据。矿山企业应高度重视矿山水污染监测工作，确保监测数据的准确性和可靠性。

（四）矿山环境修复与生态保护

1. 水体生态修复技术的应用

水体生态修复技术通过保护、种植、养殖、繁殖适宜的水生植物、动物和微生物，改善生物群落的结构和多样性，增强水体的自净能力。例如，可以选择合适的植物种类进行种植，创造适宜的生物生长环境；合理养殖水生动物，以维持生态平衡。这些措施有助于消除或减轻水体污染，恢复水体的生态功能。

2. 生态保护措施与长效机制

为确保矿山环境修复和生态保护的长期效果，需要建立长效机制。这包括定期监测和评估矿山环境状况，及时发现并解决环境问题；加强矿区生态系统的管理和维护，防止生态环境恶化；推动矿区生态产业的发展，实现经济、社会和环境的协调发展。

（五）法律法规与政策保障

1. 矿山环境保护法律法规体系

我国已建立了以《中华人民共和国矿产资源法》《中华人民共和国矿山安全法》《中华人民共和国环境保护法》为核心的矿山环境保护法律体系。这些法律明确规定了矿山开发单位的环境保护责任，要求采取必要措施预防和减少矿山环境污染。同时，也明确了政府在矿山环境保护中的职责和作用。

2. 政策激励与约束机制

政府应出台相关政策，鼓励和引导矿山企业采用先进的废水处理技术和环境修复技术。例如，可以通过财政补贴、税收优惠等方式，降低企业采用新技术的成本；对未能达到环保要求的企业进行处罚，形成有效的约束机制。此外，还应加强矿山环境保护的宣传和教育，提高公众的环保意识和参与度。

矿山水体污染的防控需要综合运用废水处理技术、环境修复技术、法律法规和政策手段等多方面的措施。只有通过全社会的共同努力，才能有效防治矿山水体污染，保护水资源和生态环境的安全。

【任务实施】

将学生分成若干小组，每组分配一个矿山水污染相关的议题进行深入研究。议题可以包括特定矿山的污染现状、污染原因分析、防治措施建议等。每个小组选派一名代表，向全班汇报本组的研究成果和结论。汇报内容应包括污染现状、原因分析、防治措施、建议等。

【思考与练习】

1. 矿山水体污染的主要来源是什么?
2. 酸性水污染对水体环境有哪些具体影响?
3. 结合你所在地区的实际情况,分析矿山环境保护的重要性。

任务四　矿山水体防治与利用

【知识目标】

掌握矿山水体污染防治的基本方法、矿山水资源的综合利用途径、矿山废水处理技术的原理与应用。

【技能目标】

能运用所学的矿山水体污染防治技术,分析矿山水体污染的主要原因。

【任务导入】

假设我们身处于一个繁荣但面临严重环境挑战的矿山区域。近年来,随着矿山开采活动的不断增加,周边水体环境逐渐受到威胁,水质下降、生态破坏等问题日益严重。作为矿山环境保护的专业人员,我们需要深入理解矿山水体污染的现状,学习有效的防治与利用方法,为矿山的可持续发展和环境保护贡献力量。

【任务分析】

1. 分析矿山开采活动对水体环境的污染状况,包括污染物的种类、浓度以及分布情况等。

2. 探讨污染对水生生态系统、人类健康以及社会经济的影响。

【相关知识】

一、矿山水体污染防治技术

(一) 矿山水体防治与利用的重要性

矿山水体防治与利用的重要性体现在多个层面,直接关系到矿山企业的可持续发展、区域生态环境的健康以及水资源的可持续利用。

首先,矿山水体防治是保障矿山企业可持续发展的重要前提。矿山开采过程中产生的废水如果不经过有效处理,不仅会严重污染周边环境,还可能对矿山企业的生产设备造成损害,影响企业的正常运营。因此,加强矿山水体防治,确保废水达标排放,对于矿山企业的长远发展至关重要。

其次,矿山水体防治与利用有助于保护区域生态环境。矿山水体污染不仅会对水体本身造成破坏,还可能通过食物链等途径对周边生物造成危害,进而破坏整个生态系统的平衡。通过采取有效的水体防治措施和合理利用矿山水资源,可以减轻生态环境的压力,促进生态系统的恢复和健康发展。

最后,矿山水体防治与利用也是实现水资源可持续利用的重要途径。水资源是人类生存和发展的重要基础,而矿山开采过程中产生的大量废水如果得到有效处理和利用,将成为一种宝贵的水资源。通过回收利用废水、雨水等,不仅可以减少新鲜水资源的消耗,还可以降低企业的用水成本,实现经济效益和环境效益的双丰收。

（二）当前矿山水体面临的问题与挑战

尽管矿山水体防治与利用的重要性日益凸显，但当前仍面临一系列问题和挑战。

首先，矿山水体污染问题依然严重。由于一些矿山企业环保意识薄弱，废水处理设施不完善或运行不规范，大量废水未经处理或处理不达标直接排放，严重污染周边环境。

其次，矿山水资源利用效率低下。一些矿山企业在开采过程中缺乏科学规划和合理利用水资源的意识，导致大量水资源被浪费或污染。同时，由于技术和管理水平的限制，废水回收利用率较低，难以实现水资源的循环利用。

最后，矿山水体防治与利用还面临着政策法规不完善、监管力度不足等问题。一些地区缺乏针对矿山水体防治的专项法规和标准，导致企业在防治过程中缺乏明确的指导和规范。同时，监管部门的执法力度和监管手段也有待加强，以确保矿山水体防治工作的有效实施。

矿山水体防治与利用的重要性不言而喻，但当前仍面临诸多问题和挑战。为了实现矿山企业的可持续发展、保护区域生态环境以及实现水资源的可持续利用，我们需要加强矿山水体防治工作，提高水资源利用效率，并不断完善相关政策法规和监管机制。

（三）废水处理技术概述

矿山水体污染防治的核心在于废水处理技术的选择与应用。废水处理技术通常可分为物理处理技术、化学处理技术和生物处理技术三类，每种技术都有其特点和适用范围。

物理处理技术主要通过物理作用，如沉淀、过滤、吸附等，去除废水中的悬浮物、胶体和大颗粒物质。沉淀法利用重力作用使悬浮物自然沉降；过滤法通过滤料层截留悬浮物；吸附法则利用吸附剂的吸附能力去除污染物。物理处理技术操作简单、成本低，但通常只能去除废水中的部分污染物。

化学处理技术通过化学反应去除废水中的溶解性污染物。常用的化学处理方法包括中和法、氧化还原法、混凝法等。中和法用于调节废水的酸碱度；氧化还原法利用氧化剂或还原剂将污染物转化为无害物质；混凝法则是通过添加混凝剂使污染物凝聚沉淀。化学处理技术处理效果较好，但成本较高，且可能产生二次污染。

生物处理技术利用微生物的代谢作用分解废水中的有机污染物。根据微生物的生长状态，生物处理技术可分为好氧处理和厌氧处理两大类。好氧处理如活性污泥法、生物膜法等，通过好氧微生物降解有机物；厌氧处理如厌氧消化、厌氧流化床等，适用于高浓度有机废水的处理。生物处理技术具有处理效果好、运行费用低等优点，但处理周期较长，对操作条件要求较高。

在实际应用中，矿山企业可根据废水的水质、处理要求及经济条件选择合适的废水处理技术。例如，某金矿采用混凝沉淀法去除废水中的重金属离子，再通过生物膜法进一步降解有机物，实现废水的达标排放；某煤矿则利用厌氧消化技术处理高浓度有机废水，有效降低了处理成本。

随着科技的进步和环保要求的提高，废水处理技术不断创新与发展。未来，废水处理技术将更加注重高效、环保和智能化。例如，高级氧化技术、膜分离技术等新型处理技术将逐渐应用于矿山水体污染防治领域；物联网、大数据等技术的应用也将推动废水处理技术的智能化发展。此外，废水处理技术的集成化、模块化也是未来的发展趋势，这将有助于降低处理成本、提高处理效率。

矿山水体污染防治技术是保障矿山环境安全和可持续发展的重要手段。通过合理选择和应用废水处理技术，并结合技术创新与发展趋势，可以有效防治矿山水体污染，保护水资源和生态环境的安全。

二、矿山水体生态修复

（一）水体生态修复技术介绍

矿山水体生态修复是指通过一系列技术手段，恢复受损水体的生态功能，提高水体的自净能力，实现水体的健康、稳定和可持续发展。以下是几种常用的水体生态修复技术。

1. 植物修复技术

植物修复技术是利用水生植物或湿地植物的吸收、转化和固定作用，去除水体中的污染物，改善水质。这些植物通过根系吸收水中的营养物质和重金属，同时释放氧气，促进水体中好氧微生物的生长，增强水体的自净能力。常见的植物修复技术包括人工湿地、生态浮床等方法。

2. 动物修复技术

动物修复技术主要利用水生动物对水体中的污染物质进行吸收、转化和排泄，从而达到净化水质的目的。例如，滤食性鱼类可以通过滤食水中的浮游生物和有机颗粒，减少水体中的有机物含量；底栖动物则可以通过扰动底泥，促进底泥中的有机物分解和营养元素的释放。

3. 微生物修复技术

微生物修复技术是利用微生物的代谢作用，降解水体中的有机污染物和有毒物质。通过向水体中投加特定的微生物菌剂或构建微生物群落，可以加速水体中污染物的分解和转化。此外，微生物还可以通过与植物、动物的协同作用，形成复合生态系统，提高水体生态修复的效果。

（二）水体生态修复实践案例

某矿山在废水处理过程中，采用了植物-微生物复合生态修复技术。通过构建人工湿地，种植具有吸收重金属和有机物能力的水生植物，同时投放具有高效降解能力的微生物菌剂，实现了废水的高效净化和生态修复。经过一段时间的修复，水体中的重金属和有机物含量显著降低，水质得到了明显改善。

（三）生态修复的长期效益与监测评估

水体生态修复的长期效益主要体现在水质的持续改善、生态功能的恢复和生物多样性的增加等方面。为了评估生态修复的效果，需要定期对修复后的水体进行监测和评估。监测指标包括水质指标（如 pH 值、溶解氧、营养盐等）、生物指标（如生物多样性、种群结构等）以及生态指标（如生态系统稳定性、自净能力等）。通过对比修复前后的数据变化，可以客观评价生态修复的效果，并为后续的修复工作提供科学依据。

同时，为了保持生态修复的长期效益，还需要加强后期的管理和维护工作。这包括定期清理修复区域、补充必要的营养物质和微生物菌剂、防止新的污染源进入等。通过科学的管理和维护，可以确保生态修复效果的持久性和稳定性。

矿山水体生态修复是一项复杂而重要的工作。通过选择合适的生态修复技术、实施科学的修复方案并加强后期的管理和维护，我们可以有效恢复受损水体的生态功能，实现水资源的可持续利用和生态环境的健康发展。

三、矿山水资源合理利用

（一）矿山水资源利用现状

当前，矿山水资源的利用情况呈现出一种复杂且多元的状态。一方面，矿山开采过程中会产生大量的废水，这些废水如果不经过处理直接排放，不仅会污染环境，而且也是水资源的极大浪费。另一方面，经过适当处理的矿山水资源，其实可以被有效地利用于多个领域，如工业、农业和生态补水等。然而，目前矿山水资源的利用率普遍偏低，主要原因是缺乏高效的利用技术和科学的管理策略。

（二）矿山水资源利用途径与模式

1. 工业用水

工业用水是矿山水资源利用的亘要途径之一。经过处理的矿山水资源可以用于矿山生产过程中的冷却、洗涤、稀释等用途，有效减少新鲜水资源的消耗。同时，工业废水经过处理后也可以循环使用，实现水资源的闭路循环。

2. 农业灌溉

矿山水资源也可以用于农业灌溉。在干旱和半干旱地区，经过处理的矿山水资源可以成为宝贵的农业用水资源。科学合理的灌溉方式不仅可以满足农作物的生长需求，还可以提高农作物的产量和品质。

3. 生态补水

生态补水是矿山水资源利用的又一重要方向。通过向湖泊、河流、湿地等生态系统补水，可以改善生态环境，维护生态系统的平衡。

矿山水资源的利用不仅可以缓解水资源短缺的问题，还可以促进生态环境的恢复和保护。

（三）水资源高效利用技术与管理策略

为了实现矿山水资源的高效利用，需要采取一系列的技术和管理策略。

在技术方面，应加强废水处理技术的研发和应用，提高废水处理效率和水质标准。同时，推广节水技术和设备，减少水资源的消耗和浪费。此外，还应探索水资源循环利用的技术模式，实现水资源的最大化利用。

在管理策略方面，应建立健全水资源管理制度和监管体系，确保水资源的合理利用和有效保护。加强水资源规划和调配，优化水资源配置结构，实现水资源的供需平衡。同时，加强宣传教育，提高公众对水资源保护和合理利用的意识，形成全社会共同参与的良好氛围。

矿山水资源的合理利用是实现可持续发展和生态环境保护的重要举措。通过加强技术研发、推广节水技术、优化水资源配置和加强管理策略的实施，可以有效提高矿山水资源的利用率和效益，为经济社会发展和生态环境保护做出积极贡献。

四、矿山可持续发展与水环境保护战略

随着矿山资源的持续开发和利用，矿山可持续发展与水环境保护已成为当前亟待解决的问题。本书旨在探讨矿山开发与水环境保护之间的平衡，以及矿山循环经济与水资源循环利用的重要性，并提出政策法规与监管机制的完善建议。

（一）矿山开发与水环境保护的平衡

矿山开发与水环境保护之间存在天然的矛盾。矿山开采过程往往会对周边水环境造成

污染，包括水体污染、地下水位下降、水生态系统破坏等。因此，实现矿山开发与水环境保护的平衡至关重要。

为实现这一平衡，我们需要采取一系列措施。首先，加强矿山开采前的环境影响评价，预测和评估矿山开采对水环境的影响，制定针对性的预防措施。其次，推广先进的矿山开采技术，减少废水、废渣的产生和排放。再次，加强废水治理，确保废水达标排放。最后，还应加强水环境监测，及时发现和处理水环境问题。

（二）矿山循环经济与水资源循环利用

矿山循环经济和水资源循环利用是实现矿山可持续发展的重要途径。通过构建矿山循环经济体系，实现资源的减量化、再利用和循环化，可以有效降低矿山开采对环境的负面影响。

在水资源循环利用方面，可以通过建立雨水收集系统、废水回用系统等措施，提高水资源的利用效率。同时，加强水资源管理，制订合理的用水计划和节水措施，减少水资源的浪费。此外，还应加强矿山生态修复和水环境整治，通过植树造林、湿地修复等措施，改善矿山生态环境和水环境质量。

（三）政策法规与监管机制的完善

为实现矿山可持续发展和水环境保护，政策法规与监管机制的完善至关重要。首先，制定和完善矿山开发和水环境保护的相关法律法规，明确责任主体和处罚措施。其次，加强监管力度，建立健全监管体系，确保各项措施得到有效执行。再次，加强跨部门协作和信息共享，形成合力推动矿山可持续发展和水环境保护工作。最后，还应加强宣传教育，提高公众对矿山可持续发展和水环境保护的认识和参与度。通过媒体宣传、科普教育等方式，普及相关知识，引导公众积极参与矿山环境保护工作。

矿山可持续发展与水环境保护战略是一项系统工程，需要政府、企业和社会各方共同努力。通过加强矿山开发与水环境保护的平衡、推广矿山循环经济与水资源循环利用、完善政策法规与监管机制等措施，我们可以实现矿山资源的可持续利用和水环境的有效保护，为经济社会可持续发展做出贡献。

五、国内外矿山水体防治与利用经验

（一）国外矿山水体防治与利用经验

1. 先进的废水处理技术

国外在矿山水体污染防治方面已经形成了多种成熟的废水处理技术。例如，美国某大型矿山采用了高级氧化技术，通过使用强氧化剂，有效降解废水中的有机物和有毒物质，确保废水达标排放。此外，膜分离技术也在国外矿山废水处理中得到广泛应用，其高效、节能的特点受到广泛认可。

2. 严格的环境监管制度

欧洲国家普遍建立了严格的环境监管制度，对矿山废水排放实行严格的监控和管理。例如，德国制定了严格的矿山废水排放标准，并配备了先进的监测设备，确保废水排放符合环保要求。同时，政府还加大了对违规排放行为的处罚力度，形成了有效的约束机制。

3. 水资源循环利用模式

澳大利亚某矿山在水资源利用方面实施了循环利用模式。通过收集雨水、处理废水等措施，实现了水资源的最大化利用。该矿山还建立了完善的水资源管理制度，确保水资源的合理分配和高效利用。

（二）国内矿山水体防治与利用案例

1. 废水处理与生态修复相结合

我国某大型矿山在废水处理方面采用了物理、化学和生物相结合的处理技术，有效去除了废水中的污染物。同时，该矿山还开展了生态修复工作，通过种植水生植物、投放水生动物等措施，恢复了水体的生态功能。

2. 循环经济与水资源高效利用

国内某铁矿在发展过程中注重循环经济的理念，实现了废水、废渣的资源化利用。该铁矿建立了废水回用系统，将经过处理的废水用于生产过程中的冷却、洗涤等环节，降低了新鲜水资源的消耗。此外，该铁矿还通过技术改进，提高了水资源的利用效率，实现了经济效益和环境效益的双赢。

（三）启示

1. 技术创新是关键

国内外矿山水体防治与利用的成功经验表明，技术创新是解决问题的关键。我们应该加强废水处理、水资源循环利用等领域的技术研发，推广先进技术的应用，提高矿山水体防治与利用的水平。

2. 严格监管是保障

严格的环境监管制度对于矿山水体防治与利用至关重要。政府应加大监管力度，制定严格的排放标准和管理制度，确保矿山企业按照要求开展水体防治工作。同时，还应加强执法力度，对违规行为进行严厉打击。

3. 综合治理是方向

矿山水体防治与利用需要综合考虑多个方面，包括废水处理、生态修复、水资源循环利用等。我们应该采取综合治理的措施，形成多部门协同、多技术集成的治理模式，推动矿山水体防治与利用工作的深入开展。

通过借鉴国内外的成功经验和案例分析，我们可以得到宝贵的启示和教训。在未来的矿山水体防治与利用工作中，我们应该注重技术创新、加强监管和综合治理，为实现矿山的可持续发展和水环境的保护做出更大的贡献。

六、未来展望与研究方向

在矿山水体污染防治、生态修复与资源利用以及矿山可持续发展与水环境保护等领域，未来的发展趋势和创新方向无疑是走更为绿色、高效和可持续的矿业发展道路。

（一）矿山水体污染防治技术发展趋势

智能化与自动化：借助物联网、大数据、人工智能等先进技术，矿山水体污染防治将实现智能化和自动化。通过实时监测和预警系统，可以及时发现并处理水体污染问题，提高防治效率。

高效化与低成本化：研发高效且成本较低的废水处理技术，如生物处理、膜分离技术等，将成为未来矿山水体污染防治的重要方向。同时，通过优化处理流程和设备，降低能耗和物耗，实现防治成本的降低。

资源化利用：将废水中的有用物质进行提取和回收，实现资源化利用。这不仅可以减少污染物的排放，还可以为企业带来经济效益。

（二）矿山水体生态修复与资源利用创新方向

生态修复技术的多元化：结合植物修复、动物修复、微生物修复等多种技术手段，形成综合生态修复体系。通过恢复水体的生态功能，提高水体的自净能力。

资源循环利用：通过构建水体资源循环利用系统，实现水资源的最大化利用。例如，将经过处理的废水用于农业灌溉、生态补水等领域。

生态补偿与绿色发展：在矿山开采过程中，注重生态补偿和绿色发展。通过恢复和重建受损的生态系统，实现矿山开采与生态环境保护的和谐共生。

（三）矿山可持续发展与水环境保护的战略思考

坚持绿色发展理念：将绿色发展理念贯穿于矿山开发的全过程，注重生态环境保护和资源节约利用。

加强政策引导与监管：制定和完善相关政策法规，引导矿山企业走绿色、可持续发展之路。同时，加强监管力度，确保企业依法依规开展生产活动。

推动科技创新与产业升级：加大科技研发投入，推动矿山开采和废水处理技术的创新升级。通过引进先进技术和设备，提高矿山开采的效率和安全性，降低对环境的负面影响。

加强国际合作与交流：借鉴国际先进经验和技术，加强与国际社会的合作与交流，共同推动矿山可持续发展与水环境保护事业的发展。

未来矿山水体污染防治、生态修复与资源利用以及矿山可持续发展与水环境保护等领域将呈现更为绿色、高效和可持续的发展趋势。通过不断的技术创新和政策引导，我们可以期待一个更加美好的未来。

【任务实施】

要求学生撰写一篇关于矿山水体污染防治与利用的报告，包括现状分析、防治措施、水资源利用情况等方面。报告内容要具体、详细，并结合实际案例进行分析和讨论。

【思考与练习】

1. 简述矿山水体污染防治的基本原则和策略。
2. 论述矿山水体污染防治在矿山环境保护中的重要性。
3. 分析当前矿山水体污染防治存在的挑战和困难，并提出相应的对策和建议。

习　　题

一、选择题

1. 矿山水污染的主要来源是(　　)。

A. 尾矿坝渗漏

B. 采矿设备清洗

C. 矿区生活污水

D. 地下水自然流动

2. 矿山水污染中最常见的重金属污染物包括(　　)。

A. 铁(Fe)

B. 锌(Zn)

C. 铜(Cu)

D. 钠(Na)

二、填空题

1. 矿山水污染的主要防治原则包括________和________。
2. 矿山水污染中，酸性废水的主要危害是________和________。

三、简答题

1. 简述矿山水污染对环境和生态系统的主要影响。
2. 列举两种矿山水污染防治的主要技术措施，并简要说明其原理。

四、论述题

1. 讨论矿山水污染与矿山可持续发展的关系，并提出相应的防治策略。
2. 分析矿山水污染防治中面临的技术挑战和经济压力，并提出解决方案。

五、案例分析题

1. 某金矿因尾矿坝渗漏导致周边水体污染，请分析该金矿在矿山水污染防治方面存在的问题，并提出改进措施。

2. 查阅相关资料，分析一个成功实施矿山水污染防治的案例，总结其成功经验。

项目三　矿山大气污染与防治

任务一　大气环境概述

【知识目标】

掌握大气环境的基本概念、组成和特性、对人类和生态系统的影响。

【技能目标】

能识别和分类矿山活动及其他来源的大气污染物，如工业排放、交通运输等，并理解它们对大气环境的具体影响。

【任务导入】

“你们在日常生活中有没有遇到过空气质量不好的情况？当时你们有什么感受？你们认为这些空气质量问题是如何产生的？”通过这些问题，引导学生思考空气质量问题的普遍性和严重性，以及寻找问题产生的原因。

【任务分析】

1. 了解大气环境的基本概念、组成、特性，以及大气污染的来源、类型、危害和防治措施。

2. 识别和分析大气污染的主要来源，理解大气环境监测的基本方法。

【相关知识】

一、大气层与大气环境

大气层指的是包围在地球周围的空气层，是地球自然环境的重要组成部分。大气由多种气体和悬浮颗粒物组成，其中氮气(N_2)和氧气(O_2)是其主要成分，分别约占大气总体积的78%和21%。除此之外，大气中还包含少量的二氧化碳(CO_2)、稀有气体以及微量水汽、尘埃等。

(一) 大气层的划分与特点

大气的结构并非均匀一致的，而是随高度变化而呈现出不同的层次特征。从地面开始，大气层依次可分为对流层、平流层、中间层、热层和散逸层。每一层都有其独特的物理和化学特性，如温度、密度、气体成分和电离程度等。

对流层是大气层中最为活跃的一层，与人类生活的关系最为密切。它受地球表面加热影响，温度随高度增加而降低，空气对流运动显著，天气变化复杂。

平流层位于对流层之上，空气流动相对稳定，温度随高度的增加而升高，是飞机飞行的理想区域。这一层内的臭氧层对地球生物具有重要的保护作用，能够吸收大部分来自太阳的紫外线。

中间层、热层和散逸层则依次向上分布，随着高度的增加，大气逐渐变得稀薄，温度也发生剧烈变化。热层内的空气分子因吸收太阳紫外线和 X 射线而处于高度电离状态，形成电离层，对无线电通信具有重要意义。

（二）大气环境的基本要素

大气环境的基本要素主要包括气压、气温、湿度、风向和风速等。这些要素的变化直接影响着大气的运动状态和天气现象的发生。

气压是大气的压强，用单位横截面积上所承受的铅直气柱的重量来表示，是描述大气运动状态的重要物理量。气温则表示大气的温度，其变化与季节、纬度、海拔等因素密切相关。湿度描述的是大气中水汽的含量，对云雨的形成和分布起着决定性作用。风向和风速则反映了大气的水平运动状态。风向是空气流动的方向，风速则是空气流动的速度。这两者的变化直接影响着天气的变化和气候的形成。

大气环境是一个复杂而多变的系统，其组成、结构和基本要素共同影响着地球的气候和生态环境。了解和掌握大气环境的基本概念，对于我们认识自然、保护环境、预测天气和应对气候变化具有重要意义。

（三）大气环境对地球生态系统的影响

大气环境是地球生态系统的重要组成部分，为地球上的生物提供了生存所需的空气、水分和能量。它参与地球的水循环、碳循环和能量传递等关键过程，维持着生态系统的平衡与稳定。

首先，大气中的水汽参与水循环，通过蒸发、凝结、降水等过程，影响全球水资源的分布和可利用性。此外，大气中的二氧化碳等温室气体对地球气候起着调节作用，通过温室效应保持地球表面温度的适宜性。其次，大气中的氧气是生物呼吸作用的基础，对维持生物的生命活动至关重要。最后，大气中的氮、硫、磷等元素通过干湿沉降等方式进入土壤和水体，为植物的生长提供养分。

因此，大气环境的健康直接关系到地球生态系统的稳定和繁荣。任何对大气环境的破坏都可能引发连锁反应，导致生态系统的失衡和生物多样性的丧失。

（四）大气环境对人类生活的影响

大气环境对人类生活的影响无处不在，直接关系到我们的健康、舒适度和生存质量。

首先，空气质量的好坏直接影响人们的呼吸健康。大气污染会导致呼吸道疾病、心血管疾病等健康问题的加剧，严重时甚至威胁生命。因此，保持大气环境的清洁对人类健康至关重要。

其次，大气环境还影响人们的日常生活和出行。例如，雾霾天气会降低能见度，影响交通安全；高温天气会增加人们的体力消耗和不适感；而清新的空气和宜人的气候则能提升人们的生活质量和幸福感。

最后，大气环境还对农业生产、建筑材料、能源利用等方面产生影响。例如，大气污染可能导致农作物减产、建筑材料腐蚀加速、能源利用效率降低等问题。

（五）大气环境对气候变化的影响

大气环境对气候变化起着决定性的作用。温室气体如二氧化碳、甲烷等的排放是导致全球气候变暖的主要原因之一。这些气体在大气中积累，形成温室效应，导致地球表面温度升高，引发一系列气候变化现象。

气候变化带来的后果是严重而深远的。它可能导致海平面上升、极端天气事件增多、冰川融化、生物多样性减少等问题。这些变化不仅影响人类的生存环境和经济发展，也对整个地球生态系统的稳定构成威胁。

因此，保护大气环境、减少温室气体排放是应对气候变化的关键措施之一。通过发展清洁能源、提高能源利用效率、推广低碳生活方式等手段，可以有效降低大气中温室气体的浓度，降低气候变化的速度和程度。

大气环境对地球生态系统、人类生活和气候变化都具有深远的影响。我们应该充分认识大气环境的重要性，加强对其保护和治理的力度，为构建一个美丽、宜居的地球家园贡献力量。

二、大气环境污染问题

（一）大气污染物的种类与来源

大气污染物是指那些进入大气环境后，其数量或浓度增加，导致大气环境发生恶化，直接或间接对人们健康、生态系统和气候产生不良影响的物质。

1. 种类

颗粒物：可吸入颗粒物（PM_{10}）和细颗粒物（$PM_{2.5}$），主要源于工业排放、交通运输、建筑施工等活动。

气态污染物：如二氧化硫、氮氧化物、一氧化碳和挥发性有机化合物等，主要源于化石燃料的燃烧和工业生产过程。

放射性物质：某些核设施或核事故产生的放射性物质也可能进入大气，对人类和生态系统构成潜在威胁。

2. 来源

固定源：工厂、电厂、冶炼厂等工业设施的排放。

移动源：汽车、飞机、船舶等交通工具的尾气排放。

农业源：农药使用、秸秆焚烧以及畜禽养殖产生的氨气等。

生活源：居民日常生活中的燃煤、燃气以及垃圾焚烧等都会产生大气污染物。

（二）大气污染的危害与影响

对人类健康的影响：长期暴露于高浓度的污染物中，会导致呼吸系统和心血管系统疾病发病率上升，如哮喘、慢性阻塞性肺病、肺癌和心脏病等。

对生态系统的影响：大气污染物会破坏植被，影响光合作用，导致农作物减产；同时，污染物还会通过食物链进入动物体内，对生物多样性构成威胁。

对气候的影响：大气污染物中的某些成分（如二氧化碳和甲烷）会加剧温室效应，导致全球气候变暖；颗粒物还会影响太阳辐射，改变云的形成和降水模式，从而影响气候变化。

（三）当前面临的大气环境问题与挑战

污染物排放总量大：随着工业化和城市化的快速发展，大气污染物排放量不断增加，导致空气质量恶化。

复合污染严重：大气污染物种类繁多、相互作用复杂，导致复合污染问题突出，治理难度加大。

区域传输影响：大气污染物的跨区域传输现象普遍，需要加强区域联防联控，共同应对大气污染问题。

气候变化与大气污染相互作用：气候变化和大气污染之间存在密切的相互作用关系，需要综合考虑二者的治理策略。

为应对这些挑战，我们需要加强大气环境保护与治理力度，制定更加严格的环保政策和标准，推广清洁能源和低碳技术，加强国际合作与交流，共同构建美丽、宜居的生态环境。

三、大气环境保护与治理

（一）大气环境保护政策与法规

为了有效应对大气环境问题，各国政府纷纷出台了一系列的大气环境保护政策与法规，以规范和指导大气污染防治工作。这些政策与法规主要包括排放标准制定、污染控制规划、环境影响评价以及环保税收和补贴政策等。

排放标准是大气环境保护的基石，它规定了各种大气污染物排放的限量要求，以确保污染物的排放量在环境可承受范围内。污染控制规划则是对大气污染防治工作进行整体部署和安排，明确治理目标、任务和措施。环境影响评价制度要求在进行重大工程项目建设前，必须对可能产生的环境影响进行评估，以确保项目的环保可行性。此外，政府还可通过环保税收和补贴政策，鼓励企业采用清洁生产技术，减少污染物排放。

（二）大气污染控制技术与方法

针对大气污染问题，科技界和工业界也积极探索和研发了一系列有效的污染控制技术与方法。这些技术与方法涵盖了源头控制、过程控制以及末端治理等多个环节。

源头控制技术主要是通过改进生产工艺、提高能源利用效率等方式，减少污染物的产生。例如，采用清洁能源替代传统化石燃料，可以降低二氧化硫和氮氧化物的排放量。过程控制技术则是在生产过程中采取一定的措施，防止或减少污染物的扩散。例如，在工业生产中安装除尘设备，可以有效减少颗粒物的排放。末端治理技术则是对已经产生的污染物进行处理，使其达到排放标准后再排放，包括烟气脱硫脱硝、挥发性有机物治理等技术。

此外，还有一些新型的大气污染控制技术正在不断研发和应用中，如生物法治理大气污染、等离子体技术处理挥发性有机物等。这些新技术的出现，为大气环境保护与治理提供了更多的选择和可能性。

（三）大气环境监测与评估

大气环境监测与评估是大气环境保护与治理工作的重要组成部分。通过监测，我们可以及时掌握大气环境质量状况，为制定和调整环保政策提供依据。评估则是对大气环境质量和污染治理效果进行客观评价，为进一步提高治理水平提供指导。

大气环境监测主要包括空气质量监测、污染源监测以及气象监测等内容。空气质量监测通过设立监测站点，对空气中的污染物浓度进行连续测量，以反映大气环境质量状况。污染源监测则是对排放污染物的企业和设施进行监测，确保其排放符合标准。气象监测则提供气象数据支持，帮助分析大气污染物的扩散和传输规律。

大气环境评估则是对监测数据进行综合分析，评估大气环境质量状况、污染程度以及变化趋势等。通过评估，我们可以发现大气环境存在的问题和不足，为制定针对性的治理措施提供依据。同时，评估结果也可以作为政府考核环保工作成效的重要依据之一。

四、矿山大气污染物的分类与性质

矿山大气污染物是指矿山在开采、加工、运输等过程中，向大气中排放的各种有害物质，这些物质对大气环境造成了污染，对人类健康、生态系统和气候产生了不良影响。为了更好地了解矿山大气污染及其防治，首先需要了解矿山大气污染物的分类与性质。

（一）矿山大气污染物的分类

矿山大气污染物可以根据其来源和性质进行分类。

粉尘和颗粒物：这是矿山大气中最常见的污染物，主要来源于矿石的破碎、筛分、运输等过程。粉尘和颗粒物不仅会降低大气能见度，还会对人类呼吸系统和环境造成损害。

有害气体：包括二氧化硫、氮氧化物、一氧化碳等。这些气体主要源于矿山的燃烧过程，如燃煤、燃油等，对人体健康和环境都有很大的危害。

放射性物质：部分矿山在开采过程中会接触到放射性物质，如铀矿、镭矿等。这些物质如果未经处理直接排放到大气中，会对人类健康和生态环境造成长期影响。

挥发性有机物(VOCs)：主要源于矿山使用的涂料、油漆、溶剂等化学品。VOCs 不仅会对大气环境造成污染，还会参与光化学反应，形成二次污染物。

（二）矿山大气污染物的性质

毒性：部分矿山大气污染物具有毒性，如二氧化硫、氮氧化物等。人体长期暴露在这些污染物中，可能导致呼吸道、心血管疾病。

持久性：一些矿山大气污染物在大气中可以存在很长时间，如放射性物质，这些物质会长期影响人类健康和生态环境。

扩散性：大气污染物具有很强的扩散性，可以随气流传播到很远的地方，造成更大范围的污染。

复合性：矿山大气污染物往往不是单一的，而是多种污染物的复合体。这些污染物之间可能会相互作用，形成更复杂的污染物，对人类健康和环境造成更大的危害。

了解矿山大气污染物的分类与性质，对于制定有效的污染防治措施具有重要意义。通过控制污染源、提高污染治理技术、加强环境监管等手段，可以有效减少矿山大气污染物的排放，保护大气环境和人类健康。

五、矿山大气污染物造成的危害

矿山大气污染物不仅影响大气环境质量，还会对人类健康、生态系统以及气候产生多方面的影响。

（一）矿山大气污染物对人类健康的危害

呼吸系统疾病：矿山排放的粉尘和颗粒物可以被人体吸入，长期暴露于高浓度的粉尘环境中，可能导致慢性阻塞性肺病、哮喘等呼吸系统疾病。

心血管疾病：大气中的有害气体，如二氧化硫和氮氧化物，能够刺激呼吸道，引起炎症，长斯暴露于其中可能增加患心血管疾病的风险。

癌症风险：某些矿山大气污染物，如多环芳烃和某些重金属，已被证实具有致癌性，长期暴露于其中可能增加患癌风险。

神经系统影响：某些矿山大气污染物可能对神经系统产生不良影响，导致头痛、眩晕、记忆力下降等症状。

（二）矿山大气污染物对生态系统的危害

植被损害：粉尘和颗粒物附着在植物叶片上会影响植物的光合作用，导致生长受阻甚至死亡。

土壤污染：大气污染物通过沉降作用进入土壤，可能导致土壤酸化、重金属积累等问题，影响土壤质量和生物多样性。

水体污染：大气污染物随雨水进入水体，可能导致水体富营养化、水生生物死亡等问题。

（三）矿山大气污染物对气候的影响

温室效应：矿山排放的某些气体，如二氧化碳和甲烷，是温室气体的重要组成部分，会导致全球气候变暖。

酸雨：矿山排放的二氧化硫和氮氧化物在大气中经过化学反应形成酸雨，会破坏森林、腐蚀建筑物，并对水生生态系统造成损害。

大气能见度降低：矿山排放的粉尘和颗粒物会降低大气能见度，影响交通和人们的日常生活。

矿山大气污染物对人类健康、生态系统和气候都造成了严重的危害。因此，加强矿山大气污染防治工作，减少污染物排放，对于保护人类健康和生态环境具有重要意义。

【任务实施】

分组让学生讨论矿山大气污染的主要来源和防治措施。每组选择一名代表，分享讨论结果。提供一个具体的矿山大气污染案例，让学生分析污染源、污染物种类和浓度，以及污染对环境和人类的影响。学生分组进行案例分析，并准备展示报告。

【思考与练习】

1. 描述大气环境的组成，并解释每种成分在大气中的作用。

2. 分析矿山开采活动如何影响大气环境质量，并提出可能的防治措施。

任务二　矿山常见大气污染源及污染物

【知识目标】

掌握矿山环境污染源的基本概念、矿山常见的大气污染源、矿山大气污染物的主要种类。

【技能目标】

能识别和分类矿山活动中常见的大气污染源，如采矿作业、矿石加工、矿石运输、废弃物处理等；能够区分不同污染源可能产生的主要大气污染物类型。

【任务导入】

描述一个矿山周边的居民因为矿山大气污染而遭受健康威胁的情境，并邀请学生扮演居民、环保工作者、政府官员等角色，共同探讨如何解决这个问题。引导学生思考以下几个问题：

① 矿山开发过程中可能产生哪些大气污染源？

② 这些污染源会产生哪些大气污染物？

③ 这些大气污染物对环境和人体健康有哪些危害？

【任务分析】

1. 分析矿山大气污染典型案例，使学生更直观地了解污染源和污染物的特性及影响。

2. 列举矿山常见的大气污染源，如采矿作业、矿石加工、矿石运输、废弃物处理等。

【相关知识】

一、矿山环境污染源

矿山环境污染源是造成矿山环境污染的发生源，其来源主要有三方面：① 矿山排污，如矿石、尾矿或废石堆的淋滤水、渗出水，选矿废水和工业生活废水等；② 矿山的固体废弃物，如矿石、废石、细粒粉尘、尾矿、煤矸石和放射性物质等；③ 采矿作业，如凿岩掘进爆破产生的粉尘、烟尘、噪声等。

碳、氢、氧是煤炭中有机物质的主体，占 95% 以上；煤化程度越深，碳的含量越高，氢和氧的含量越低。碳和氢是煤炭燃烧过程中产生热量的元素，氧是助燃元素。煤炭燃烧时，氮不产生热量，在高温下转变成氮氧化合物和氨，以游离状态析出。硫、磷、氟、氯和砷等是煤炭中的有害成分，其中以硫最为主要。煤炭燃烧时绝大部分的硫被氧化成二氧化硫，随烟气排放，污染大气，危害动植物生长及人类健康，腐蚀金属设备；当含硫多的煤用于冶金炼焦时，还影响焦炭和钢铁的质量。所以，“硫分”含量是评价煤质的重要指标之一。煤炭中的无机物质含量很少，主要有水分和矿物质，它们的存在降低了煤的质量和利用价值。矿物质是煤炭的主要杂质，如硫化物、硫酸盐、碳酸盐等，其中大部分属于有害成分。

矿山大气污染有以下表现：

① 煤炭开采导致废气排放，危害大气环境。煤炭开采形成的废气主要指矿井瓦斯和地面矸石山自燃施放的气体。矿井瓦斯的主要成分是甲烷，一种重要的温室气体，其对温室效应的影响为二氧化碳的 21 倍。据统计，中国每年从矿井开采中排放甲烷 70 亿～90 亿 m^3，约占世界甲烷总排放量的 30%，除 5%左右集中回收利用外，其余全部排放到大气中。矿区地面矸石山自燃施放出大量含二氧化碳、二氧化硫、一氧化碳等有毒有害气体，严重污染大气环境并直接损害周围居民的身体健康。煤矸石产出量很大，其排放量一般占煤矿原煤产量的 15%～20%。据不完全统计，中国国有煤矿现有矸石山 1 500 余座，历年堆积量达 30 亿 t，占地 5 000 hm^2。另外根据 1994 年的矿山环境调查，淮河以北半干旱地区的 1 072 座矸石山中，有 464 座发生过自燃，自燃率达 43.3%。

② 为满足社会对洁净煤的需求，我国原煤入洗比例连年提高。1999 年，原煤入洗量为 3.17 亿 t，入洗比例为 30%，其中国有重点煤矿入洗比例达到 48%。洗煤的同时，大量的煤泥水污染土壤、植被及河流水系。据调查，全国每年因洗煤排出洗矸 4 500 万 t，洗煤废水 4 000 万 t，煤泥 200 万 m^3。

③ 我国煤炭生产与消费之间存在巨大的空间差异，导致“北煤南运、西煤东输”的长距离运煤格局。运输中产生的煤尘飞扬既造成了大量煤炭的损失，又污染了沿线的生态环境。据统计，1999 年全国铁路运煤量为 64 917 万 t，平均运距为 550 km；经公路运输或中转到铁路的煤炭量达 6 亿 t，平均运距为 80 km。若以 0.5%的扬尘损失计算，因运输而向大气中排放的煤尘达 600 多万吨，直接经济损失超过 6 亿元人民币。

④ 我国长期以煤炭为主的能源消费结构，不仅会形成以酸雨、二氧化硫和烟尘为主要危害的煤烟型大气污染，也是污染物排放量居世界第二的主要原因。我国 85%的煤炭是通过直接燃烧使用的，主要包括火力发电、工业锅(窑)炉、民用取暖和家庭炉灶等。在

“高耗低效”的燃烧过程中，煤炭向空气中排放出大量二氧化硫、二氧化碳和烟尘，造成以煤烟型为主的大气污染。统计资料显示，2000 年，全国废气中的二氧化硫排放总量为 1 995 万 t，其中工业来源的排放量为 1 612 万 t，生活来源的排放量为 383 万 t；烟尘排放总量为 1 165 万 t，其中工业烟尘排放量为 953 万 t，生活烟尘排放量为 212 万 t；酸雨区面积约占国土面积的 30%。

二、矿山常见的大气污染与防治

（一）露天矿污染源及污染物

1. 露天矿大气污染源

露天矿大气污染源主要来自矿山的开采、加工、运输和废弃物处理等过程。这些过程产生的废气、粉尘和颗粒物直接排放到大气中，造成大气污染。

（1）矿石开采和加工

在矿石的开采和加工过程中，岩石的破碎、筛分和运输会产生大量的粉尘和颗粒物，这些粉尘和颗粒物不仅会影响大气能见度，还会对周边环境和居民健康造成危害。

（2）运输车辆

露天矿山的运输车辆，如卡车等，在运输矿石和废弃物的过程中，会排放大量的废气，包括一氧化碳、氮氧化物、碳氢化合物等有害气体以及颗粒物。

（3）废弃物处理

矿山废弃物处理过程中，如废石堆场的排放和废弃物的燃烧，会产生大量的粉尘、有害气体和颗粒物，对大气环境造成污染。

2. 露天矿大气污染物

（1）粉尘和颗粒物

粉尘和颗粒物是露天矿最常见的大气污染物。这些颗粒物不仅会对大气能见度产生影响，还会对人类呼吸系统和环境造成损害。长期暴露于高浓度的粉尘环境中，可能引发呼吸道疾病和心血管疾病。

（2）有害气体

有害气体主要包括二氧化硫、氮氧化物、一氧化碳等。这些气体主要来源于矿山燃烧过程和运输车辆的排放。有害气体对人体健康和环境都有很大的危害，可能导致呼吸道、心血管疾病。

（3）放射性物质

部分露天矿在开采过程中可能会接触到放射性物质。这些物质如果未经处理直接排放到大气中，会对人类健康和生态环境造成长期影响。

3. 露天矿大气污染的防治措施

（1）优化开采工艺

采用先进的开采工艺和设备，减少矿石破碎和筛分过程中产生的粉尘和颗粒物。

（2）加强运输车辆管理

对运输车辆进行定期维护和检查，确保其符合环保标准。同时，推广使用清洁能源车辆，减少有害气体的排放。

（3）废弃物处理

对废弃物进行合理处理和利用，避免废石堆场的排放和废弃物的燃烧，减少粉尘和有害气体的产生。

(4) 建立监测系统

建立露天矿大气环境监测系统,实时监测大气中污染物的浓度和排放情况,为污染防治提供科学依据。

(二) 井巷大气污染源及污染物

1. 井巷大气中污染源

(1) 井下开采活动

在井下的开采过程中,岩石的切割、破碎以及矿石的装载和运输都会产生大量的粉尘。这些粉尘主要源于岩石和矿石的破碎过程,以及矿石在运输过程中与空气摩擦产生的颗粒物。

(2) 通风系统

为了维持井下的空气质量,矿山通常会设置通风系统。然而,通风系统本身也可能成为污染源。当风流通过井巷时,会携带粉尘、有害气体以及井下的其他污染物。如果通风系统设计不合理或者维护不当,就会导致污染物在井巷中积聚。

(3) 井巷内设备的使用

井巷内使用的各种设备,如钻孔机、装载机、运输车等,在运行过程中会产生废气、噪声和振动。这些废气中可能含有有害气体和颗粒物,对井巷大气环境造成污染。

2. 井巷大气污染物

(1) 粉尘

粉尘是井巷大气中最主要的污染物之一。这些粉尘不仅会降低井巷的能见度,还会对工人的呼吸系统造成损害,长期暴露于其中可能导致尘肺病等职业病。

(2) 有害气体

井巷中的有害气体主要源于井下开采活动和设备使用过程中产生的废气。常见的有害气体包括一氧化碳、二氧化碳、氮氧化物和甲烷等。这些气体对人体健康有害,可能导致中毒或窒息。

(3) 放射性物质

部分矿山在开采过程中可能会接触到放射性物质。这些物质如果泄漏到井巷中,会对工人的健康造成长期影响,甚至可能引发辐射病。

3. 井巷大气污染的防治措施

(1) 优化通风系统

合理设计通风系统,确保风流能够有效地带走井巷中的粉尘和有害气体。同时,定期对通风系统进行维护和检查,确保其正常运行。

(2) 使用除尘设备

在井下开采活动中使用除尘设备,如湿式除尘器、旋风除尘器等,减少粉尘的产生和扩散。

(3) 选择低排放设备

在井巷内使用低排放的设备,如电动或液压驱动的设备,减少有害气体的排放。

(4) 加强个人防护

为工人配备合适的个人防护装备,如防尘口罩、防护服等,减少污染物对工人的直接暴露。

(5) 建立监测系统

在井巷中建立大气环境监测系统，实时监测粉尘、有害气体和放射性物质的浓度与排放情况，为污染防治提供科学依据。

【任务实施】

展示案例的相关数据和信息，引导学生分析污染源、污染物及其影响。讨论案例中采取的防治措施及其效果，思考其可借鉴之处。将学生分成若干小组，每组选择一个矿山大气污染问题进行讨论。讨论内容包括污染源、污染物、影响及可能的防治措施。

【思考与练习】

1. 描述一种矿山开采中常见的废气处理设备，并解释其工作原理。
2. 分析矿山大气污染对当地生态环境可能产生的长期影响。

任务三　矿山大气污染的影响

【知识目标】

掌握矿山大气污染的概念和成因、主要污染物、对环境的直接影响。

【技能目标】

能识别和评估矿山大气污染源及其排放的主要污染物，并能够对不同污染源的污染程度进行初步评估。能运用环境监测数据或相关指标，评估矿山大气污染对环境和人体健康的影响程度。

【任务导入】

“你们是否注意过矿山附近的空气质量与其他地方有所不同？你们知道这种差异可能是什么原因造成的吗？”通过这些问题，引导学生思考矿山活动可能对环境产生的影响，特别是空气质量方面。

【任务分析】

1. 分析矿山大气污染对空气质量、气候、生态系统（包括植被、水体和土壤）等环境因素的直接影响。
2. 探讨矿山大气污染对人体健康的潜在威胁，包括引发呼吸道疾病、心血管疾病等健康风险。

【相关知识】

一、矿山大气污染的特点与危害

矿山大气污染是指矿山开采、加工、运输等过程中，由于各种原因而导致大气中的污染物浓度超过环境质量标准，对人类健康、生态环境和气候产生不良影响的现象。

（一）矿山大气污染的特点

1. 源头多样性

矿山大气污染的源头众多，包括矿石开采、加工、运输和废弃物处理等各个环节，每个环节都可能产生不同类型的污染物。

2. 污染物复杂

矿山大气污染物种类繁多，包括粉尘、颗粒物、有害气体、放射性物质等，这些污染物可能单独存在，也可能相互结合形成更复杂的污染物。

3. 影响范围广

矿山大气污染不仅影响矿山周边的局部环境，还可能通过气流扩散到更远的地区，造成更大范围的污染。

4. 持续时间长

矿山开采是一个长期的过程，因此矿山大气污染也可能持续很长时间，对环境和人类健康造成长期的影响。

（二）矿山大气污染的危害

1. 对人类健康的危害

矿山大气污染物中的粉尘、颗粒物等可吸入性污染物会对人体呼吸系统造成损害，引发呼吸道疾病；有害气体如二氧化硫、氮氧化物等会对人体造成中毒、刺激等危害；放射性物质则可能引发辐射病等严重的健康问题。

2. 对生态系统的危害

矿山大气污染物会对周边的植被、土壤和水体造成污染，破坏生态平衡。粉尘和颗粒物会附着在植物叶片上，影响光合作用；有害气体和放射性物质会进入土壤和水体，导致土壤污染和水体富营养化等问题。

3. 对气候的影响

矿山大气污染物中的温室气体如二氧化碳、甲烷等会导致全球气候变暖；颗粒物则会降低大气能见度，影响太阳辐射；一些污染物还会参与大气化学反应，形成酸雨等环境问题。

二、井巷大气污染的特点与危害

井巷大气污染是矿山大气污染的一个重要组成部分，具有其独特的特点和危害。

（一）井巷大气污染的特点

1. 封闭性

井巷是一个相对封闭的空间，空气流通受限，导致污染物不易扩散，容易在井巷内积聚，形成高浓度的污染环境。

2. 污染源集中

井巷内的污染源相对集中，主要来自矿石开采、设备运行和通风系统等方面，这些污染源会释放大量的粉尘、有害气体和放射性物质等污染物。

3. 污染物种类多

井巷大气污染物种类繁多，包括粉尘、颗粒物、有害气体、放射性物质等，这些污染物可能单独存在，也可能相互结合形成更复杂的污染物。

4. 危害严重

由于井巷空间狭小、人员密集，高浓度的污染物对工人的健康和安全构成严重威胁，可能导致尘肺病、中毒、窒息等健康问题。

（二）井巷大气污染的危害

1. 对工人健康的危害

井巷大气污染物中的粉尘、颗粒物等可吸入性污染物会对工人的呼吸系统造成损害，长期暴露于其中可能导致尘肺病等职业病；有害气体和放射性物质则可能引发中毒、辐射病等严重的健康问题。

2. 对安全生产的威胁

井巷大气污染可能导致能见度降低，影响工人的视线和操作，增加事故发生的可能性；高浓度的污染物还可能对设备造成损害，影响生产安全。

3. 对井下环境的破坏

井巷大气污染会对井下的生态环境造成破坏，同时，污染物还可能进入地下水体，对水资源造成污染。

三、储煤场灰尘对大气环境的影响

在矿山环境中，储煤场是产生大气污染的重要区域。在煤炭的储存、转运和装卸过程中，由于风力、机械振动和运输车辆的运动，会产生大量的煤尘和颗粒物，这些灰尘对大气环境产生显著的影响。

（一）储煤场灰尘的特点

1. 颗粒物浓度高

储煤场中的煤炭通常呈松散状态，容易在风力作用下产生扬尘，特别是在干燥、多风的季节，颗粒物浓度可能达到很高水平。

2. 颗粒物粒径小

储煤场灰尘中的颗粒物往往较小，易于悬浮在空气中，难以沉降。这些小颗粒物能够深入人体肺部，对健康造成危害。

3. 成分复杂

储煤场灰尘中含有多种成分，如煤粉、矿物质、微生物等，部分颗粒物还可能含有有害化学物质，如多环芳烃、重金属等。

（二）储煤场灰尘对大气环境的影响

1. 降低大气能见度

储煤场灰尘中的颗粒物会吸收和散射太阳光，导致大气能见度降低，影响人们的视觉感知和交通安全。

2. 影响空气质量

储煤场灰尘中的颗粒物是大气污染物之一，会导致空气质量下降，影响人们的呼吸健康。长期暴露在高浓度的颗粒物环境中，可能引发呼吸道疾病、心血管疾病等健康问题。

3. 参与大气化学反应

储煤场灰尘中的某些成分，如多环芳烃、重金属等，可能参与大气化学反应，形成二次污染物，如光化学烟雾等，进一步加剧大气污染。

4. 对周边环境的污染

储煤场灰尘可能随风飘散至周边地区，对农田、水体和居民区造成污染，影响生态环境和居民生活。

（三）储煤场灰尘的防治措施

1. 建设封闭式储煤场

通过建设封闭式储煤场，减少煤炭与外部环境的接触，降低灰尘的产生。

2. 喷洒抑尘剂

在储煤场表面喷洒抑尘剂，增加煤炭表面的湿润性，减少风力作用下的扬尘。

3. 定期清扫和洒水

定期对储煤场进行清扫和洒水，减少灰尘的积累和飘散。

4. 使用环保型运输工具

推广使用低排放、低扬尘的运输工具，减少运输过程中灰尘的产生。

四、废石临时堆放场对大气环境的影响

在矿山开采过程中，会产生大量的废石，通常需要临时堆放在特定的场地中。这些场地称为废石临时堆放场，如果管理不当，会对大气环境产生严重的影响。

（一）废石临时堆放场的特点

1. 废石量大

矿山开采过程中产生的废石量通常很大，有时可达数百万吨甚至更多。

2. 堆放不规范

在一些矿山，废石的堆放可能不规范，缺乏有效的防尘措施，导致废石中的粉尘容易随风飘散。

3. 含有有害物质

废石中可能含有多种有害物质，如重金属、放射性物质等，这些物质在堆放过程中可能会释放到大气中。

（二）废石临时堆放场对大气环境的影响

1. 产生粉尘污染

废石临时堆放场中的粉尘是主要的污染源。当风力较大时，粉尘容易随风飘散，对周边大气环境造成污染。长期吸入这些粉尘对人体健康有害，可能引发呼吸道疾病。

2. 释放有害气体

废石中可能含有一些有害气体，如硫化氢、甲烷等。这些气体在堆放过程中可能会释放到大气中，对空气质量造成影响。

3. 影响周边生态环境

废石临时堆放场中的粉尘和有害物质可能随风飘散至周边地区，对农田、水体和居民区造成污染，影响生态环境和居民生活。

（三）废石临时堆放场的污染防治措施

1. 规范堆放

废石应规范堆放，尽量减小堆放高度和面积，避免形成大面积裸露的废石堆。

2. 建设防尘设施

在废石堆放场周围建设防尘网、挡风墙等设施，减少粉尘的飘散。

3. 定期洒水

定期对废石堆放场进行洒水，增加废石表面的湿润性，减少粉尘的产生。

4. 加强监测

定期对废石堆放场周边的空气质量进行监测，及时发现并处理污染问题。

五、运输过程扬尘对大气环境的影响

在矿山开采和加工过程中，物料运输是一个不可或缺的环节。然而，这个环节往往伴随着大量扬尘的产生，对大气环境造成显著影响。

（一）运输过程扬尘的特点

1. 扬尘量大

在矿山运输过程中，特别是使用露天运输工具（如自卸车、火车等）时，由于物料的堆积和运输车辆的高速行驶，会产生大量的扬尘。

2. 影响范围广

扬尘不仅影响运输路线沿线的环境，还可能因风的作用扩散到更远的区域，对更大范围的大气环境造成影响。

3. 持续时间长

运输活动通常是持续进行的，因此扬尘污染也可能是持续存在的，对大气环境造成长期影响。

（二）运输过程扬尘对大气环境的影响

1. 降低空气质量

扬尘中的颗粒物会严重降低空气质量，影响人们的呼吸健康。长期暴露在高浓度的颗粒物环境中，可能增加患呼吸道疾病和心血管疾病的风险。

2. 影响大气能见度

扬尘中的细颗粒物可以吸收和散射太阳光，从而降低大气能见度，影响交通安全和人们的日常出行。

3. 参与大气化学反应

扬尘中的某些成分，如硫酸盐、硝酸盐等，可以参与大气化学反应，形成二次污染物，如光化学烟雾，进一步加剧大气污染。

4. 对生态环境的影响

扬尘还可能随风飘散至周边农田、水体等，对生态环境造成污染，影响生物多样性和生态平衡。

（三）运输过程扬尘的防治措施

1. 使用封闭式运输工具

推广使用封闭式运输工具（如集装箱、封闭式货车等），减少物料在运输过程中的暴露和扬尘产生。

2. 优化运输路线

合理规划运输路线，避开人口密集区和敏感环境区域，减少扬尘对居民和环境的影响。

3. 加强车辆维护

定期对运输车辆进行维护，确保车辆状态良好，减少因车辆故障而导致的扬尘扩散。

4. 洒水降尘

在运输路线沿线定期洒水，增加地面湿润性，减少扬尘的产生和扩散。

5. 建设防风抑尘设施

在运输起点和终点建设防风抑尘设施（如挡风墙、防尘网等），减少扬尘的飘散和扩散。

【任务实施】

选择一个典型的矿山大气污染案例，详细介绍案例背景、污染源、污染物及影响范围等。组织学生分组讨论，分析案例中的矿山大气污染是如何形成的，对环境和人体健康造成了哪些影响。邀请每组学生代表汇报讨论成果，全班共同交流和分析。

【思考与练习】

1. 矿山大气污染的主要来源是什么？请列举并解释其中三种主要来源。

2. 分析矿山大气污染对生态系统的影响，并举例说明。

3. 矿山大气污染对人体健康有哪些潜在威胁？请列举并解释。

任务四　大气污染排放标准

【知识目标】

掌握大气污染排放标准的概念、种类、主要内容。

【技能目标】

能够阅读和理解大气污染排放标准的相关文件，包括排放限值、监测要求、管理规定等，并能够根据这些标准判断企业或个人的排放行为是否合规。

【任务导入】

随着工业化和城市化进程的加快，环境问题日益凸显，其中大气污染问题尤为突出。矿山作为重要的资源开采地，其大气污染问题也不容忽视。为了有效控制和减少矿山大气污染，保障人民群众生态环境权益，制定和执行严格的大气污染排放标准显得尤为重要。

【任务分析】

1. 阐述大气污染排放标准的定义，解释其在矿山环境保护中的作用和意义。

2. 介绍大气污染排放标准的种类，包括国家排放标准、地方排放标准、行业排放标准等。

【相关知识】

随着工业化进程的加快和矿产资源的不断开发，矿山大气污染问题日益突出，成为制约矿山可持续发展的瓶颈之一。矿山生产过程中产生的大量废气，如颗粒物、硫氧化物、氮氧化物等，不仅严重污染大气环境，还对周边居民的健康造成潜在威胁。

矿山大气污染排放标准的制定，是矿山环境保护工作的重要组成部分。通过设定合理的排放限值，可以规范矿山企业的生产行为，推动其采取先进的环保技术和措施，减少废气排放。同时，排放标准还可以作为政府监管的依据，对超标排放的企业进行处罚和整改，保障环保法律法规的有效实施。此外，矿山大气污染排放标准的制定和实施，还有助于推动矿山行业的绿色转型和可持续发展。通过限制废气排放，可以促进矿山企业改进生产工艺、提高资源利用效率以及减少环境污染和生态破坏。同时，这也符合当前全球绿色发展的潮流和趋势，有助于提升矿山行业的国际竞争力。

因此，矿山大气污染排放标准的制定和实施具有重要的背景和意义，它不仅关乎矿山行业的健康发展，更关系到人类生存环境的改善和可持续发展目标的实现。

一、矿山大气污染排放标准概述

（一）制定依据

1. 法律法规要求

矿山大气污染排放标准的制定必须遵循国家和地方环保法律法规的规定，确保标准的合法性和有效性。这些法律法规为标准的制定提供了明确的法律框架和指导原则。

2. 环境保护需求

矿山大气污染排放标准的制定应充分考虑环境保护的需求，包括改善空气质量、保护生态环境和人类健康等方面的要求成果。这些需求是制定标准的基本出发点和落脚点。

3. 科学研究成果

矿山大气污染排放标准的制定需要依据科学研究成果，包括大气环境容量、污染物扩散规律、排放控制技术等方面的研究。这些研究成果为标准的制定提供了科学依据和技术支撑。

4. 实践经验总结

矿山大气污染排放标准的制定还应借鉴国内外矿山大气污染防治的实践经验，总结成功经验和教训，为标准的制定提供有益的参考。

（二）制定原则

1. 科学性原则

标准的制定应基于科学研究和实际监测数据，确保标准的合理性和可行性。同时，应充分考虑矿山生产的特点和废气排放的实际情况，避免制定过于严格或过于宽松的标准。

2. 保护性原则

标准的制定应以保护大气环境、生态环境和人类健康为首要目标，确保矿山废气排放不会对环境和人体健康造成不良影响。

3. 经济性原则

标准的制定应充分考虑矿山企业的经济承受能力，避免制定过高的排放标准导致企业无法承受。同时，应鼓励企业采用先进的环保技术和措施，实现经济效益和环境效益的双赢。

4. 可操作性原则

标准的制定应具有可操作性和可实施性，方便企业进行废气治理和监测。同时，应明确标准的执行要求和监测方法，确保标准的有效执行。

5. 动态调整原则

随着科技进步和环保要求的提高，矿山大气污染排放标准应适时进行修订和调整，以适应新的环保需求和技术水平。

（三）标准的主要内容和适用范围

1. 主要内容

大气污染排放标准的主要内容包括矿山在生产过程中废气排放的限值和控制要求。具体来说，它涵盖了以下几个方面：

（1）污染物种类和排放限值

标准明确规定了矿山废气中需要控制的污染物种类，如颗粒物（包括 PM_{10} 和 $PM_{2.5}$）、硫氧化物（如二氧化硫）、氮氧化物（如 NO_x）、挥发性有机物（VOCs）以及重金属等。对于每种污染物，标准都设定了相应的排放限值，这些限值通常以单位时间或单位产量的排放量来表示（表 3-1）。

表 3-1　矿山废气排放的限值和控制要求

污染物种类	排放限值/(mg/m³)	控制要求
二氧化硫(SO_2)	≤ 500	安装脱硫设备,确保废气中的二氧化硫浓度不超过限值
氮氧化物(NO_x)	≤ 400	使用低氮燃烧技术,安装脱硝设备,控制氮氧化物排放
颗粒物(PM)	≤ 100	安装除尘设备,确保颗粒物排放浓度符合标准
挥发性有机物(VOCs)	≤ 120	采用密封、收集和处理措施,控制挥发性有机物的排放
重金属	依具体种类而定	根据重金属种类和含量,采取针对性的控制和治理措施
其他有毒有害物质	≤ 相应标准限值	根据具体污染物的种类和毒性,采取相应的控制和治理措施

(2) 排放控制技术和措施

标准不仅规定了排放限值,还提出了一系列排放控制技术和措施,指导矿山企业达到限值。这些技术和措施包括采用先进的生产工艺、安装高效的废气治理设施、实施废气回收利用等。

(3) 监测与报告要求

标准规定了矿山企业需要进行的废气排放监测项目和频率,以及监测数据的报告和公开要求。这有助于确保企业遵守排放标准,并为政府监管提供数据支持。

2. 适用范围

(1) 矿山类型

标准适用于各种类型的矿山,包括金属矿山、非金属矿山、煤矿等。不同类型的矿山可能因生产工艺和原料性质的差异,在排放标准和控制要求上有所不同。

(2) 生产环节

标准适用于矿山生产过程中的各个环节,包括采矿、选矿、运输等。这些环节都可能产生废气排放,因此都需要受到标准的约束。

(3) 地理区域

标准的适用范围通常覆盖全国,但不同地区应根据当地环境容量、气候条件和经济发展水平等因素,制定更为严格或灵活的地方性排放标准。

需要注意的是,大气污染排放标准并非一成不变,随着环保要求的提高和技术的进步,标准会进行修订和更新。因此,矿山企业应密切关注相关法规和政策的变化,及时调整生产和管理措施,确保符合最新的排放标准要求。

(四) 标准的分类与等级

大气污染排放标准具有多种分类方式,这些分类与等级共同构成了大气污染排放标准的体系,为矿山大气污染防治提供了有力的法规依据和技术指导。

1. 大气污染排放标准的分类

(1) 按污染物种类分类

颗粒物排放标准针对矿山生产过程中产生的颗粒物,如 PM_{10} 和 $PM_{2.5}$,设定相应的排放限值。

气态污染物排放标准针对二氧化硫、氮氧化物、挥发性有机物等气态污染物,设定不同的排放控制要求。

（2）按污染源分类

工业排放标准主要适用于矿山企业的生产活动，规定了矿山废气排放的具体要求和限值。

移动源污染控制标准针对矿山内的运输车辆等移动污染源，规定了其废气排放的控制措施。

（3）按用途分类

环境质量标准用于衡量和评价大气环境质量，为制定排放标准提供依据。

排放标准直接规定污染物排放的限量，用于控制矿山废气排放对大气环境的影响。

2. 大气污染排放标准的等级

大气污染排放标准的等级主要根据地区的环境质量需求、经济技术条件以及污染控制目标来划分。

国家一级标准通常是最严格的排放标准，适用于环境质量要求高、经济发达、技术条件成熟的地区。国家一级标准对矿山废气排放的要求非常严格，旨在最大限度地保护大气环境。

国家二级标准相对于一级标准稍为宽松，适用于环境质量要求一般、经济技术条件适中的地区。国家二级标准在保证大气环境质量基本满足人体健康要求的同时，也考虑到企业的经济承受能力。

地方标准是根据地方实际情况制定的排放标准，可能严于或宽于国家标准。地方标准旨在更好地适应地区环境特点和经济发展需求，实现大气环境的精细化管理。

需要注意的是，随着环保要求的不断提高和技术的不断进步，大气污染排放标准的等级可能会进行调整和升级。矿山企业应密切关注相关法规和政策的变化，确保符合最新的排放标准要求。

二、主要污染物排放标准

（一）颗粒物排放标准

颗粒物排放标准是大气污染排放标准中的重要组成部分，它规定了矿山在生产过程中颗粒物排放的限制和要求。颗粒物是大气污染的主要来源之一，对环境和人体健康具有显著影响。因此，制定和执行严格的颗粒物排放标准对于改善大气质量、保护生态环境和人类健康具有重要意义。

1. PM_{10} 排放标准

PM_{10} 排放标准的制定主要依据的是国家大气污染防治法律法规、环境保护政策以及相关的科学研究成果。在制定过程中，需要遵循科学性、保护性、经济性和可操作性等原则，确保标准的合理性和有效性。同时，还需要考虑不同地区、不同行业的特点和差异，制定具有针对性的排放标准。PM_{10} 排放标准的限值要求根据环境容量、污染状况以及治理技术等因素进行设定。在我国，PM_{10} 的日均浓度标准值和年均浓度标准值都有明确规定。例如，一些地区的日均浓度标准值可能设定为 150 $\mu g/m^3$，而年均浓度标准值可能为 50 $\mu g/m^3$ 或 70 $\mu g/m^3$。这些限值旨在确保大气中 PM_{10} 的浓度保持在较低水平，减少对环境和人体健康的影响。

2. $PM_{2.5}$排放标准

$PM_{2.5}$排放标准是指对大气中直径≤2.5 μm 的颗粒物($PM_{2.5}$)的排放进行限制和规定。这种颗粒物由于其粒径微小,能够悬浮在空气中较长时间,对人体健康和环境造成较大的危害,因此其排放标准备受关注。

不同国家和地区根据自身的环境状况、技术水平以及治理需求,制定了相应的 $PM_{2.5}$ 排放标准。这些标准通常包括日均浓度限值和年均浓度限值,以控制 $PM_{2.5}$ 的排放水平。例如,美国的 $PM_{2.5}$ 日均浓度上限为 35 μg/m^3,年均浓度上限为 15 μg/m^3。而在中国,$PM_{2.5}$ 的年均和 24 小时平均浓度限值分别为 35 μg/m^3 和 75 μg/m^3。

(二) 硫氧化物排放标准

《火电厂大气污染物排放标准》(GB 13223—2011)对二氧化硫的排放标准做出了明确规定。对于燃煤锅炉,标准规定了不同规模的锅炉在不同地区的二氧化硫排放限值以及相应的排放浓度要求。《中华人民共和国大气污染防治法》规定,各地区政府应当根据实际情况,制定本行政区域内大气污染物排放标准。同时,《大气污染物综合排放标准》中对二氧化硫的排放标准也有详细规定,要求不同行业的企业在生产过程中严格控制二氧化硫的排放。一些地方政府也会根据当地的环境状况和产业结构,制定更为严格的二氧化硫排放标准。此外,国家还对二氧化硫排放进行了监测和监控,各地环保部门会定期对工业企业的排放进行监测,确保其排放符合国家标准。

在国际上,各国也对二氧化硫排放标准提出了严格要求。例如,欧盟规定工业企业的二氧化硫排放标准不得超过 200 mg/m^3。此外,全球范围内自 2020 年 1 月 1 日起,燃料硫含量上限为 0.5%,而在指定的排放控制区域内,硫含量上限标准更是低至 0.1%。

(三) 氮氧化物排放标准

我国氮氧化物的排放标准根据不同的场景和设备有所不同。例如,对于烟囱排放,新设备的氮氧化物排放量不得超过 50 mg/m^3。对于工业炉窑,新设备的排放量不得超过 3.2 g/kW,老设备的排放标准为 4.5 g/kW。对于汽车排放,新车的氮氧化物排放量不得超过 50 mg/m^3。在标准大气压下,我国的氮氧化物排放标准为 150 mg/m^3。另外,不同类型的锅炉(燃煤、燃气、燃油)也有各自的排放标准。

需要注意的是,氮氧化物排放标准可能会随着技术进步和环保要求的提高而发生变化。为了获得最新、最准确的信息,建议直接查阅生态环境部或地方政府相关部门发布的最新的氮氧化物排放标准。此外,各个行业和地区可能根据自身特点和环境状况制定更为严格的氮氧化物排放标准。因此,在实际应用中,还需结合具体的行业规定和地方政策进行考虑。

在国际上,各国也制定了相应的氮氧化物排放标准,以共同应对全球环境问题。这些国际标准有助于加强全球氮氧化合物排放的控制和管理。

(四) 其他有害气体排放标准

1. 一氧化碳

一氧化碳(CO)是一种无色、无臭、无刺激性的气体,其相对分子质量为 28.01,密度为 1.25 g/L,冰点为－205.1 ℃,沸点为－191.5 ℃,在水中的溶解度低,极难溶于水,与空气混合爆炸极限为 12.5%～74.2%。一氧化碳对人体有害,因此在许多领域都设定了严格的排放标准。

在中国，一氧化碳的国家标准规定，在居住区大气中一次值不得超过 3.00 mg/m^3，日均值不得超过 1.00 mg/m^3。在国际上，不同的国家和地区也制定了自己的一氧化碳排放标准。例如，欧盟规定汽车尾气排放的一氧化碳浓度不得超过 0.5%，美国环保署则规定汽车在行驶过程中排放的一氧化碳浓度不得超过 1.0%。这些标准有助于在全球范围内控制一氧化碳的排放。

2. 挥发性有机物（VOCs）

挥发性有机物（VOCs）排放标准是根据不同地区和国家的环保法规和政策制定的，用于限制和控制 VOCs 的排放量。这些标准旨在保护大气环境，减少对人体健康的潜在危害，并推动可持续发展。

在中国，国家和地方都出台了相应的 VOCs 排放标准。例如，《大气污染物综合排放标准》中规定了苯、甲苯、二甲苯、酚类、甲醛、乙醛等挥发性有机污染物的最高允许排放浓度、最高允许排放速率以及无组织排放监控浓度限值。

在国际上，各国和地区也都有自己的 VOCs 排放标准。这些标准可能因行业、工艺和地区差异而有所不同。美国、欧洲等地都有严格的 VOCs 排放标准，以控制空气污染和保护环境。

3. 重金属及其化合物

重金属及其化合物的排放标准在不同国家和地区可能有所不同，具体取决于各自的环保法规和政策。这些标准旨在限制和控制重金属及其化合物的排放量，以减轻对环境和人体健康的潜在危害。

在中国，重金属及其化合物的排放标准通常由环境保护部门制定，并随着技术进步和环保要求的提高而不断更新。这些标准可能涉及多个方面，包括废水排放、废气排放以及固体废物处理等。例如，对于废水中的重金属含量，会规定其最大允许排放浓度；对于废气中的重金属及其化合物，也会设定相应的排放限值。

此外，针对不同行业，重金属及其化合物的排放标准也可能有所不同。一些特定行业，如冶金、化工、电镀等，由于其生产过程中可能产生大量的重金属废物，因此需要遵守更为严格的排放标准。

在国际上，重金属及其化合物的排放标准也备受关注。一些国际组织和地区性组织，如联合国环境规划署、欧盟等，都制定了相应的环保标准和法规，以控制重金属及其化合物的全球排放。

三、排放标准的执行与监测

（一）排放标准的执行要求

污染物排放浓度限制：对矿山作业中产生的各种污染物，如二氧化硫、氮氧化物、一氧化碳、颗粒物（PM）等主要大气污染物，都设定了严格的排放浓度限制。这些限制通常基于单位体积或单位时间的排放量来设定。

空气质量监测：矿山需要定期进行空气质量监测，包括颗粒物浓度、气态污染物浓度等，以确保达标排放，并及时发现和处理超标问题。

通风和排气系统要求：矿山的通风和排气系统需按照规定进行设计和运行，以确保污染物的有效控制和减少散发。这通常包括优化通风路径、提高通风效率以及定期维护通风设备等。

技术和设备要求：要求矿山使用符合标准的技术和设备来控制废气排放。这包括采用先进的除尘设备、脱硫脱硝装置等，以减少污染物的产生和排放。

记录和报告：矿山需要记录和报告其污染物的排放情况，包括排放量、排放浓度等信息，以便监管部门进行核查和管理。

（二）监测设备与方法的规定

1. 监测设备的规定

设备选择：矿山应根据大气污染物的种类和浓度范围，选择适合的监测设备。这些设备应具备高精度、高稳定性以及良好的抗干扰能力。

设备校准：所有监测设备都需要定期校准，以确保其测量结果的准确性。校准周期和校准方法应符合国家或地方的相关规定。

设备维护：矿山应建立完善的监测设备维护制度，包括定期保养、清洁、检查等，确保设备的正常运行。

2. 监测方法的规定

方法选择：矿山大气污染监测应选择经过验证的、准确可靠的监测方法。不同的污染物可能需要采用不同的监测技术和方法。

布点要求：监测点的选择和布局应充分考虑矿山的实际情况和污染特征，确保监测结果能够真实反映矿山大气污染状况。

监测频率：监测频率应根据污染物的排放特点和环境管理要求确定，一般应保证足够的监测频次，以便及时发现污染问题。

四、矿山大气污染排放标准案例分析

（一）案例背景

某矿山位于工业发达区域，其生产过程中产生的废气包括颗粒物、二氧化硫、氮氧化物等多种污染物。近年来，该地区的空气质量逐渐恶化，政府加强了对矿山大气污染排放的监管力度。

（二）排放标准与要求

根据国家和地方环保法规，该矿山需要遵守严格的大气污染排放标准。这包括限制颗粒物、二氧化硫、氮氧化物等污染物的排放量，并要求矿山进行定期的空气质量监测，以确保达标排放。

（三）案例分析

1. 排放控制措施

矿山采取了多种措施来控制大气污染物的排放，如安装高效除尘设备、采用脱硫脱硝技术等。这些措施在一定程度上降低了污染物的排放量，但仍有部分时段存在超标排放的情况。

2. 监测与报告

矿山按照要求进行了空气质量监测，并定期向环保部门报告监测结果。然而，在某次监测中发现二氧化硫排放浓度超过了限值，矿山立即采取了应急措施，如加强脱硫设备运行、减少生产负荷等，以尽快恢复正常排放。

3. 合规性评估

环保部门对该矿山的排放情况进行了合规性评估。除了上述的超标排放事件外，矿山在大部分时间内能够遵守排放标准。环保部门要求矿山加强内部管理，确保长期稳定达标排放。

4. 政策影响与改进建议

随着环保政策的不断收紧，矿山面临着更大的减排压力。为了进一步提高空气质量，矿山可以考虑采用更先进的减排技术、加强员工培训、优化生产流程等。同时，政府也可以提供政策支持和资金补贴，鼓励矿山进行环保技术升级和改造。

5. 结论

通过本案例可以看出，矿山大气污染排放标准的执行对于改善空气质量具有重要意义，然而，在实际操作中仍存在一些问题和挑战，需要矿山和政府共同努力加以解决。通过加强监管、技术升级和政策支持等措施，可以推动矿山实现更加环保和可持续的发展。每个案例会因为实际情况、地域差异、政策变化等因素而有所不同。因此，在进行具体的矿山大气污染排放标准案例分析时，需要综合考虑各种因素，并结合实际情况进行分析和判断。

【任务实施】

选择具有代表性的矿山大气污染控制案例，介绍其背景、挑战及解决方案。引导学生分析在案例中如何根据大气污染排放标准进行排放控制、监测与评估，并讨论其成功之处和存在的问题。总结案例中的经验教训，提炼出可借鉴的矿山大气污染控制方法和策略。

【思考与练习】

1. 请简述大气污染排放标准中“排放限值”的含义，并举例说明如何确定某一污染物的排放限值。

2. 某矿山企业因为大气污染排放超标被环保部门处罚。请分析该企业可能存在的问题，并提出改进措施。

任务五　大气污染防治措施

【知识目标】

掌握大气污染防治的基本概念、法律法规以及大气污染的主要来源和污染物。

【技能目标】

能够分析矿山大气污染的主要来源和污染物种类，识别出污染的关键环节和因素，并能够掌握大气污染的监测方法和技术，对矿山大气污染进行定期监测和数据分析。

【任务导入】

让我们先来看一个真实的案例。某矿山因为长期开采，导致大气中二氧化硫、氮氧化物等污染物浓度超标，严重影响了周边居民的生活质量和生态环境。为了解决这个问题，该矿山采取了一系列大气污染防治措施，并取得了显著的成效。提出问题：

① 为什么这个矿山会出现大气污染问题？

② 你认为造成这些污染的主要原因是什么？

③ 如果你是该矿山的环保负责人，你会如何解决这个问题？

【任务分析】

1. 了解矿山大气污染的现状和危害，掌握大气污染防治的基本原则、技术和方法以及相关的法律法规和政策。

2. 分析矿山大气污染的原因，提出有效的防治措施。

【相关知识】

大气污染防治方法是对大气污染物或由它转化成的二次污染物实行预防与综合治理的科学技术方法。大气环境是一个整体，在一定区域内统一规划能源结构、工业发展与城市建设布局，综合运用各种防治技术措施、充分利用环境自净能力以求改善环境质量，已成为大气污染综合防治的基本途径。

一般采取的规划管理措施主要有：① 采用无污染或低污染能源；② 对燃料进行预处理（如脱硫），减少燃烧时有害物质的产生；③ 改造燃烧装置和改进燃烧技术；④ 采用无污染或低污染工艺。大气污染防治的总目标是控制污染物排放总量、降低环境中污染物的浓度，人们采取了一些工程技术措施，如用各种除尘器消除烟尘和工业粉尘，采用碱性溶液吸收塔处理有害气体 SO_2 和 NO_x，用催化分解法处理废气，用超高压静电法抑制盐酸雾。在城镇工业地区扩大绿地、发展植物净化（截留粉尘、吸收有害气体），也是综合防治中具有长效性和多功能的措施。利用大气环境的物理、化学自净作用（扩散、稀释、氧化、还原、降水洗涤等），根据不同地区、不同高度大气层的空气动力学和热力学规律合理确定烟囱高度，都可以起到降低大气污染物浓度的作用。

一、露天矿粉尘污染防治

露天矿开采作业中，粉尘污染是一个不可避免的问题。这些粉尘不仅严重影响矿区的空气质量，还对周边环境和人体健康构成威胁。因此，采取有效的粉尘污染防治措施对于保护生态环境和人体健康具有重要意义。

（一）粉尘污染来源及危害

露天矿粉尘主要来源于矿石开采、破碎、运输等过程。这些粉尘中含有大量的有害物质，如重金属、硫化物等，长期吸入会对人体呼吸系统造成损害，甚至引发尘肺病等职业病。此外，粉尘还会对矿区周围的植物生长和土壤质量产生负面影响。

（二）粉尘污染防治措施

1. 湿式抑尘

在矿石开采、破碎、运输等关键环节采用湿式抑尘技术，喷洒水雾或设置水幕，使粉尘颗粒与水分子结合，从而有效降低空气中的粉尘浓度。这种方法简单、经济、实用，被广泛应用于露天矿粉尘治理中。

2. 封闭作业

对于容易产生粉尘的作业区域，如破碎机、筛分机等设备的周围，应设置封闭式的作业空间，减少粉尘向外界的扩散。同时，定期对封闭空间进行清扫和除尘，保持作业环境的清洁。

3. 绿化防尘

在矿区周边种植具有吸尘能力的植物，如松树、柏树等，通过植物的叶片吸附空气中的粉尘，达到减少粉尘污染的目的。此外，还可以设置绿化带或防护林带，形成有效的粉尘屏障。

4. 合理规划布局

在露天矿开采过程中，应合理规划开采区域和运输路线，避免在风力较大或气象条件不利的时段进行作业。同时，优化采矿工艺和设备，减少粉尘的产生量。

5. 强化监管与监测

建立健全粉尘污染防治的监管机制，加强对矿区粉尘污染情况的监测和评估。对于粉尘污染超标的区域，应及时采取措施进行整改，确保粉尘污染防治工作落到实处。

二、井巷大气污染防治

（一）井巷大气污染来源及特点

井巷大气污染主要来源于矿石开采、运输、爆破等作业过程中产生的粉尘、有害气体等。这些污染物在井巷这一封闭空间中不易扩散，容易造成空气质量恶化，对作业人员的身体健康产生威胁。此外，井巷内的湿度、温度等环境因素也可能影响污染物的扩散和转化。

（二）井巷大气污染防治措施

1. 加强通风管理

通风是改善井巷空气质量的关键措施。通过合理设置通风设施，如风机、风筒等，确保井巷内有足够的新鲜空气流入，能够稀释并排出有害气体和粉尘。同时，定期检查和维修通风设备，确保其正常运行。

2. 湿式作业与洒水降尘

在井巷作业过程中，采用湿式作业方式，如湿式凿岩、湿式运输等，减少粉尘的产生。同时，定期对井巷地面和墙壁进行洒水降尘，保持井巷内的湿度，降低粉尘浓度。

3. 有害气体治理

对于井巷内产生的有害气体，如硫化氢、一氧化碳等，应采取相应的治理措施。例如，设置有害气体监测报警系统，及时发现并处理有害气体超标情况；采用化学吸收、吸附等方法去除有害气体；加强作业人员个人防护，佩戴防毒面具等防护用品。

4. 合理规划作业时间与强度

根据井巷内的空气质量状况，合理安排作业时间和强度，避免在空气质量较差的时段进行高强度作业。同时，制订科学的作业计划，减少不必要的作业活动，降低大气污染物的产生量。

5. 加强环境监测与评估

建立健全井巷大气环境监测体系，定期对井巷内的空气质量进行监测和评估。根据监测结果，及时调整污染防治措施，确保井巷内的空气质量符合相关标准和要求。

三、储煤场灰尘污染防治

储煤场是煤炭存储和转运的重要场所，但由于煤炭本身易产生粉尘，加之风力、运输等外部因素的影响，储煤场常常成为灰尘污染的主要源头。这些灰尘不仅影响周边环境质量，还可能对人体健康造成危害。因此，采取有效的灰尘污染防治措施对于保护环境和人体健康具有重要意义。

（一）储煤场灰尘污染来源及影响

储煤场的灰尘主要来源于煤炭的装卸、运输和堆存过程。当煤炭受到风力吹拂或机械作用时，细小的煤尘颗粒便会飘散到空气中，形成灰尘污染。这些灰尘不仅影响空气质量，还可能对周边植被和建筑物造成损害。同时，人长期吸入煤尘还可能引发呼吸道疾病等健康问题。

（二）储煤场灰尘污染防治措施

1. 封闭管理

对储煤场进行封闭管理，建设挡风抑尘墙或挡风抑尘网，减少风力对煤炭的吹拂作用。同时，在煤炭装卸和运输过程中，应设置封闭式的输送系统和作业区域，避免煤尘的扩散。

2. 洒水降尘

定期对储煤场进行洒水降尘，保持煤炭表面的湿润，减少煤尘的产生。在风力较大或气候干燥的时期，应增加洒水频次和水量，确保降尘效果。

3. 堆存管理

合理规划煤炭的堆存方式和高度，避免形成过高的煤堆，减少风力对煤堆的影响。同时，应定期对煤堆进行整形和压实，减少煤尘的产生和飘散。

4. 车辆管理

加强进出储煤场车辆的管理，要求车辆在进入和离开储煤场前进行清洗和除尘，减少车辆携带的煤尘对环境的污染。

5. 绿化防尘

在储煤场周边种植具有吸尘能力的植物，形成绿化带，通过植物的叶片吸附空气中的煤尘颗粒，达到减少灰尘污染的目的。

6. 加强监测与监管

建立健全储煤场灰尘污染监测体系，定期对储煤场的灰尘污染情况进行监测和评估。同时，加强监管力度，对未采取有效防尘措施或防尘措施不到位的储煤场进行整改和处罚。

四、废石临时堆放场污染防治措施

废石临时堆放是矿山开采过程中的重要环节，其大气污染防治工作对于环境保护和人体健康具有重要意义。废石在堆放过程中，由于风吹日晒等自然因素以及装卸、运输等人为活动的影响，容易产生大量的粉尘和有害气体，对周边环境造成污染。因此，采取有效的污染防治措施、降低废石临时堆放场对大气环境的影响，是矿山企业必须面对的重要问题。

（一）废石临时堆放场污染来源及特点

废石临时堆放场的污染主要来源于废石的装卸、运输和堆存过程中产生的粉尘以及废石中可能含有的有害气体。这些污染物在风力作用下容易飘散到空气中，对周边环境和人体健康造成危害。此外，废石堆放场的规模和管理水平也会影响污染的程度和范围。

（二）废石临时堆放场污染防治措施

1. 合理规划布局

废石临时堆放场应选在远离居民区、水源地等敏感区域的地方，并合理规划堆放场的规模和布局。同时，应充分考虑风向、风速等气象条件，避免在风力较大时进行废石的装卸和运输活动。

2. 封闭管理与防风抑尘

采用封闭式的堆放方式，建设挡风抑尘墙或挡风抑尘网，以减少风力对废石的吹拂作用。同时，在堆放场的周边设置围挡和屏障，防止废石粉尘的扩散。

3. 洒水降尘与定期清扫

定期对废石堆放场进行洒水降尘，保持废石表面的湿润，减少粉尘的产生。同时，定期清扫堆放场内的积尘和杂物，保持场地的清洁。

4. 废石覆盖与绿化

对于暂时不使用的废石堆，应采用篷布、草帘等材料进行覆盖，减少风吹日晒对废石的影响。同时，在堆放场周边种植绿化带或植被，利用植物的吸附作用降低空气中的粉尘含量。

5. 废气治理与监测

对于废石中可能含有的有害气体，应采取相应的治理措施，如安装废气处理设施，对排放的废气进行处理。同时，加强废气排放的监测和监管，确保废气排放符合相关标准和要求。

6. 提高管理水平

加强废石临时堆放场的管理，建立健全管理制度和操作规范。定期对员工进行环保培训，提升员工的环保意识和操作技能。同时，加强与环保部门的沟通与协作，共同推进废石临时堆放场的污染防治工作。

五、运输过程扬尘污染防治

在各类物料的运输过程中，特别是煤炭、矿石、砂石等易产生扬尘的物料，运输车辆和方式的选择、运输路线的规划以及运输过程中的管理措施，都对大气扬尘污染的控制具有重要影响。因此，制定并严格执行有效的运输过程扬尘污染防治措施，是保障大气环境质量、维护公众健康的重要一环。

（一）运输过程扬尘污染来源及特点

运输过程中的扬尘污染主要来源于物料在装卸、运输和堆存等环节中的散落、飞扬。这些扬尘不仅直接影响空气质量，还可能对周边环境和人体健康造成潜在威胁。扬尘污染的特点包括瞬时性、扩散性和难以控制性，因此，需要采取针对性的防治措施。

（二）运输过程扬尘污染防治措施

1. 车辆选择与改造

选用密闭性良好的运输车辆，确保物料在运输过程中不会散落。对于敞篷车辆，应加装帆布或硬质顶盖等遮盖物，以减少扬尘的产生。同时，定期对车辆进行维护和检查，确保其处于良好的工作状态。

2. 装载与卸载控制

在物料装载过程中，应控制装载高度，避免物料超高装载；卸载时，应采用机械或自动化装置进行，减少人工操作，降低扬尘的产生。对于易产生扬尘的物料，可在装卸点设置喷水装置，对物料进行预湿处理，减少扬尘。

3. 运输路线规划

合理规划运输路线，尽量避免穿越人口密集区、敏感生态区等区域。同时，选择路况良好、车速稳定的道路进行运输，以减少因车辆颠簸而导致的物料散落和扬尘扩散。

4. 运输过程管理

在运输过程中，应严格控制车速，避免急加速、急刹车等行为，以减少扬尘的产生。同时，加强运输车辆的监管，确保车辆按照规定的路线和时间进行运输，避免随意更改路线或超时运输。

5. 扬尘监测与应急响应

在运输路线周边设置扬尘监测点，实时监测空气质量状况。一旦发现扬尘污染超标，应立即启动应急响应机制，采取洒水降尘、清扫等措施，及时控制扬尘污染。

【任务实施】

阐述源头控制、综合治理、科学管理和公众参与等基本原则。结合矿山实际，解释这些原则在矿山大气污染防治中的应用。要求学生撰写一篇关于矿山大气污染及其防治措施的论文，内容需包括案例分析、防治措施建议等。

【思考与练习】

1. 分析矿山大气污染的主要来源，并讨论这些污染源对大气环境的影响。
2. 思考如何结合矿山实际情况，选择最适合的大气污染防治技术。
3. 思考如何进一步完善法律法规和政策，以更好地促进矿山大气污染防治工作。

习　　题

一、填空题

1. 矿山大气污染的主要来源包括________和________。
2. 大气中的污染物通常以________和________两种状态存在。
3. 矿山开采过程中产生的________________是大气污染的主要成分。

二、选择题

1. 下列哪项不是矿山大气污染的特点？（　　）

A. 污染物种类多

B. 污染范围小

C. 污染浓度高

D. 治理难度大

2. 在矿山大气污染中，硫氧化物的主要来源是（　　）。

A. 矿石破碎

B. 矿石运输

C. 矿石冶炼

D. 尾矿堆放

三、判断题

1. 矿山大气污染只对矿区周边环境造成影响，不会对全球气候产生作用。（　　）
2. 采用先进的除尘设备可以有效降低矿山大气污染。（　　）

四、简答题

1. 描述矿山大气污染的主要危害。
2. 列举几种矿山大气污染防治的常用技术或方法。

五、论述题

1. 论述矿山大气污染防治的必要性和紧迫性。
2. 分析当前矿山大气污染防治面临的挑战及可能的解决策略。
3. 简述矿山开采过程中产生大气污染的主要来源。

4. 矿山大气污染通常包含哪些有害物质?

5. 矿山大气污染防治的主要技术手段有哪些?

6. 分析矿山大气污染防治政策与法规在减少污染排放方面的作用。

7. 在矿山开采过程中,如何实现矿产资源开发与大气环境保护的协调发展?

8. 矿山大气污染与区域气候变化之间存在怎样的关系?请结合实例分析矿山大气污染对区域气候的影响。

9. 矿山企业如何加强大气污染防治的自我管理?

10. 结合国内外矿山大气污染防治的典型案例,分析其在防治策略、技术应用和效果评估等方面的经验和教训。

11. 矿山大气污染防治需要政府、企业和公众共同参与,请讨论各方在防治过程中的角色和责任。

12. 展望未来,你认为矿山大气污染防治的发展趋势和研究方向是什么?请提出你的看法和建议。

六、案例分析题

1. 选取一个具体的矿山大气污染案例,分析其污染来源、污染程度及采取的防治措施。

2. 结合实际,讨论矿山企业在日常生产中应如何加强大气污染防治工作。

项目四 矿山固体废物与资源化利用

矿山固体废物与资源化利用是一个涵盖环境保护、资源循环和可持续发展等多个领域的综合性议题。随着全球矿业活动的日益频繁，矿山固体废物的产生量呈现出迅猛增长的趋势，对自然环境和生态系统构成了严峻挑战。因此，探索矿山固体废物的资源化利用途径，不仅有助于缓解环境压力，还能实现资源的有效回收和再利用，推动矿山行业的绿色转型。

矿山固体废物主要包括采矿过程中产生的废石、尾矿以及矿石加工后的残渣等。这些废物不仅占用了大量土地，还可能引发地质灾害，如滑坡、泥石流等。同时，矿山固体废物中的有害物质在雨水冲刷和风化作用下，容易进入水体和大气，对水质和空气质量造成污染，进而威胁人类健康和生态安全。

资源化利用是解决矿山固体废物问题的关键所在。通过采用先进的物理、化学和生物处理技术，我们可以从矿山固体废物中提取出有价值的金属元素、非金属矿物和建筑材料等。这些资源不仅可以用于生产新的产品，还可以替代传统的自然资源，降低对自然环境的破坏。此外，一些矿山固体废物还可以作为能源进行利用，如煤矸石发电、废石热能利用等，实现废物的能源化转化。

在资源化利用的过程中，科技创新发挥着至关重要的作用。通过研发新的处理技术和设备，提高矿山固体废物的处理效率和资源回收率，可以进一步降低处理成本，提高经济效益。同时，加强矿山固体废物资源化利用的技术研发和推广，可以推动矿业行业的技术进步和产业升级，提升行业的整体竞争力。

除了科技创新，政策引导和市场机制也是推动矿山固体废物资源化利用的重要因素。政府可以通过制定相关政策法规，明确矿山固体废物资源化利用的目标和要求；通过提供财政补贴、税收优惠等激励措施，引导企业积极开展资源化利用工作；通过建立健全市场机制，推动矿山固体废物资源化利用产业的健康发展，形成良性循环。

此外，加强社会参与也是解决矿山固体废物问题的重要途径。通过宣传教育、科普活动等方式，提高公众对矿山固体废物资源化利用的认识和重视程度，形成全社会共同参与的良好氛围。同时，鼓励企业、科研机构和社会组织等各方力量积极参与矿山固体废物资源化利用的研究和实践，共同推动这一领域的发展。

任务一 固体废物的概念和分类

【知识目标】

掌握固体废物的概念、分类方法以及各类固体废物的特性、来源。

【技能目标】

能够准确识别矿山环境中产生的各类固体废物，掌握按不同标准（如来源、危险性等）对固体废物进行分类的技能，能够分析不同类别固体废物的物理、化学和生物特性。

【任务导入】

假设我们身处一个繁忙的矿山区域，各种采矿和加工活动正在进行。随着这些活动的进行，我们不难发现，除了有价值的矿石被开采出来外，还有大量的副产品或剩余物产生并被堆积在一旁。这些副产品或剩余物就是我们今天要探讨的主题——矿山固体废物。

【任务分析】

1. 分析不同类别固体废物的物理、化学和生物特性。

2. 探讨应对矿山固体废物问题的措施，如减量化、资源化和无害化等。

【相关知识】

一、固体废物的概念

（一）定义

固体废物，简称固废，是指人类在生产、生活和其他活动中产生的，不再具备其原有使用价值或虽未丧失使用价值但被丢弃的固态或半固态物质，以及法律、行政法规规定纳入固体废物管理的物品、物质。这些废物可能源于工业生产、农业生产、日常生活、建筑活动等各个领域。

（二）来源

工业生产过程是产生固体废物的主要来源之一。例如，矿山开采产生的废石、尾矿，冶炼过程中产生的炉渣、烟尘，化工生产中的废弃催化剂、反应残渣等。

农业生产中产生的固体废物主要包括农作物秸秆、畜禽粪便、废弃农膜等。这些废物若处理不当，可能对环境造成污染。

日常生活中产生的固体废物是我们最熟悉的一类，包括厨余垃圾、废纸、废塑料、废金属、废旧纺织品等。随着城市化进程的加快，生活垃圾的产生量迅速增加。

建筑活动如房屋拆迁、道路修建等过程中产生的建筑垃圾也是固废的重要来源。建筑垃圾主要包括废砖、废混凝土、废木材等。

（三）特性

多样性：固体废物种类繁多、形态各异，包括固态、半固态以及部分液态和气态物质。

潜在危害性：固体废物中可能含有有毒有害物质，如重金属、有机溶剂、放射性物质等，若处理不当可能对环境和人体健康造成危害。

资源性：许多固体废物具有潜在的资源价值，可以通过技术处理实现资源化利用。例如，废纸可以回收造纸，废塑料可以回收分解，废金属可以回炉冶炼等。

二、固体废物的分类

（一）按来源分类

工业固体废物是产生于工业生产过程中的固体废物，包括废渣、废屑、废料等。这类废物往往含有较高的污染物质，如重金属、有毒化学物质等，对环境和人体健康构成潜在威胁。

农业固体废物主要来源于农业生产活动，如农作物秸秆、畜禽粪便等。这类废物在管理和处理过程中需特别关注其对水体和土壤环境的污染风险。

生活垃圾是居民在日常生活中产生的固体废物，包括厨余垃圾、废纸、废塑料等。生活垃圾的管理和处理对于维护城市环境、提高居民生活质量具有重要意义。

（二）按危险性分类

危险废物指列入国家危险废物名录或者根据国家规定的危险废物鉴别标准和鉴别方法

认定的具有危险特性的固体废物。这类废物通常具有易燃性、腐蚀性、毒性等特性，对环境和人体健康构成严重威胁。

一般固体废物指除危险废物以外的其他固体废物。虽然这类废物通常不具有显著的危险性，但也需要进行合理的处理和处置，以避免对环境和人体健康造成不良影响。

（三）按化学性质分类

有机固体废物是以有机物为主要成分的固体废物，如厨余垃圾、废纸等。这类废物可以通过生物降解等方式进行处理，转化为肥料等资源。

无机固体废物是以无机物为主要成分的固体废物，如废石、尾矿等。处理这类废物需要关注其对环境和生态的潜在影响。

（四）按形态分类

固态废物具有固定的形状，如废塑料、废纸等。处理这类废物需要关注其体积和重量对运输和处置的影响。

半固态废物是介于固态和液态之间的废物，如污泥等。处理这类废物需要关注其流动性和稳定性对处理过程的影响。

（五）按处理要求分类

可回收物指适宜回收和资源化利用的固体废物，如废纸、废塑料等。这类废物应进行分类收集，并送至相关企业进行再生利用。

有害垃圾指对人体健康或自然环境造成直接或潜在危害的固体废物，如废电池、废灯管等。这类废物需要进行特殊处理，以防止其对环境和人体健康造成危害。

湿垃圾指易腐烂的生物质垃圾，如厨余垃圾等。这类废物可以通过生物降解等方式进行处理，使其转化为肥料等资源。

干垃圾指除可回收物、有害垃圾、湿垃圾以外的其他固体废物。这类废物通常需要进行填埋或焚烧等无害化处理。

【任务实施】

举例说明不同来源的矿山固体废物，如废石、尾矿、冶炼渣等。选取典型的矿山固体废物管理案例，引导学生分析案例中的固体废物类型、处理方法以及环境影响。

【思考与练习】

1. 简述你对固体废物定义的理解，并举例说明矿山环境中可能产生的固体废物。

2. 讨论矿山固体废物资源化利用的意义和重要性，以及如何通过资源化利用实现环境保护和资源节约的双重目标。

任务二　矿山固体废物的来源和危害

【知识目标】

掌握矿山固体废物的来源、矿山固体废物的危害。

【技能目标】

能识别并分析矿山固体废物的主要来源，根据矿山固体废物的来源和危害评估结果，提出初步的管理和处置策略。

【任务导入】

我们可以为学生呈现一个矿山环境的模拟场景，场景中有采矿区、选矿区、冶炼区等，同时也有大量的矿山固体废物被随意堆放。让学生身临其境地感受矿山固体废物带来的环境问题和挑战。提出问题：

① 你看到的这些固体废物是从哪里来的？它们是如何产生的？

② 这些固体废物对环境和生态造成了哪些危害？它们是如何影响我们的生活的？

③ 如果你是矿山管理者，你会如何处理这些固体废物？你有哪些好的建议或想法？

【任务分析】

1. 了解矿山固体废物在采矿、选矿、冶炼等过程中的产生过程和原因。

2. 理解矿山固体废物对土地、水体、空气等环境要素的危害，以及对生态系统和人类健康的潜在影响。

【相关知识】

一、矿山固体废物的来源

在矿产资源开发的过程中，除了获取有价值的矿石外，还会不可避免地产生一些固体废物。这些固体废物，我们称之为矿山固体废物。它们不仅占据了大量的土地资源，还可能对环境和人类健康造成严重的危害。因此，了解矿山固体废物的来源，对于其有效管理和处置至关重要。

（一）采矿过程

1. 露天采矿

在露天采矿作业中，矿石的开采往往伴随着大量的剥离物和废石的产生。这些剥离物主要是覆盖在矿石上方的土壤、岩石等，而废石则是与矿石一同被挖掘出来的、品质较低、含有杂质、无法直接利用的部分。

2. 地下采矿

地下采矿同样会产生大量的废石和废渣。这些废石可能是在掘进、支护、通风等过程中产生的，而废渣则可能来自矿石的破碎、运输等环节。

（二）矿石加工

1. 选矿过程

选矿是矿石加工的重要环节，其目的是通过物理或化学方法将矿石中的有用成分与杂质分离，在这个过程中会产生大量的尾矿和矿泥。尾矿是选矿后剩余的矿石，其品质较低，难以继续利用；而矿泥则是选矿过程中产生的泥状物质，含有较高的水分和杂质。

2. 冶炼过程

经过选矿后的矿石会进入冶炼环节，通过高温还原等过程提取出金属，在这个过程中会产生炉渣、冶炼烟尘等固体废物。炉渣是冶炼过程中产生的固体残渣，而冶炼烟尘则是冶炼过程中产生的含有金属颗粒的烟尘。

（三）矿山设施与设备

1. 矿山建设

矿山在建设过程中会产生大量的建筑垃圾，如废砖、废混凝土、废钢材等。这些建筑垃圾在矿山建设完成后往往被视为废物。

2. 废旧设备

随着矿山设备的老化或更新换代，会产生大量的废旧设备、废旧管道等。这些废旧设备在失去使用价值后，也成了矿山固体废物的一部分。

（四）矿山辅助活动

1. 运输活动

矿山运输过程中可能会产生废轮胎、废旧车辆等固体废物。这些废物主要是由于运输设备的磨损和更新所产生的。

2. 供水、供电

供水、供电等辅助活动中也会产生一些固体废物，如废旧的电缆、水管、泵等。这些废物在失去使用价值后，同样成了矿山固体废物的一部分。

矿山固体废物的来源广泛且复杂，涵盖了采矿、加工、设施建设等多个环节。了解这些废物的来源，有助于我们制定更加科学有效的管理和处置策略，减少其对环境和人类健康的危害。同时，也提醒我们在矿产资源开发过程中要更加注重环境保护和资源节约利用。

二、矿山固体废物的危害

矿山固体废物作为矿产资源开发过程中的必然产物，如果处理与处置不当，会给环境、生态以及人类健康带来诸多危害。

（一）占用土地资源

矿山固体废物通常会被大量堆积，从而占用大量的土地资源。这不仅影响了土地的正常使用，还可能破坏原有的自然景观和生态环境。在一些地区，废石堆、尾矿库等矿山固体废物堆积区域甚至成了当地的“地标”，严重影响了当地的环境形象。

（二）污染土壤和水体

矿山固体废物中的重金属、有毒有害物质等可能通过淋溶、渗透等方式进入土壤，导致土壤污染。这些污染物会降低土壤的肥力和质量，影响农作物的生长和产量。同时，污染土壤还可能通过食物链进入人体，对人类健康造成潜在威胁。

矿山固体废物中的有害物质还可能通过雨水冲刷、地下水渗透等方式进入水体，导致水体污染。这些污染物会改变水体的化学性质，降低水体的质量，影响水生生物的生存和繁殖。同时，污染水体还可能成为人类饮用水的来源，对人类健康造成直接威胁。

（三）影响空气质量

矿山固体废物中的细微颗粒和有害物质可能随风飘散，进入大气环境，造成空气污染。这些污染物会降低空气质量，影响人类的呼吸健康。同时，一些有害物质还可能通过大气沉降等方式进入土壤和水体，进一步加剧环境污染。

（四）危害生物多样性

矿山固体废物的堆积和排放会破坏原有的生态系统和生物多样性。首先，废物的堆积会改变地表的形态和结构，破坏植被和土壤环境，影响动植物的生存和繁殖。其次，废物中的有害物质会对动植物的生理和生化过程产生负面影响，导致生物多样性的降低。最后，一些矿山固体废物还可能含有放射性物质，对生态环境和人类健康造成长期危害。

（五）诱发地质灾害

不合理的矿山固体废物堆放可能诱发地质灾害，如滑坡、泥石流等。这些地质灾害不仅会对矿山周边地区造成威胁，还可能对下游地区造成严重的生态环境破坏和人员伤亡。

矿山固体废物的危害是多方面的，不仅占用了大量的土地资源，还污染了土壤、水体和空气，影响了生物多样性，甚至诱发了地质灾害。因此，我们必须高度重视矿山固体废物的处理与处置问题，采取科学有效的措施减少其产生和危害，保护环境和生态安全。

【任务实施】

详细介绍矿山固体废物的来源，包括采矿过程、矿石加工、矿山设施与设备、矿山辅助活动等各个环节。

分析矿山固体废物对土地、水体、空气等环境要素的危害，以及对生态系统和人类健康的潜在影响。可以结合具体的案例和数据，使学生更加深入地了解矿山固体废物的危害。将学生分成若干小组，给每个小组分配一个具体的矿山案例，要求他们分析该矿山固体废物的来源和危害，并提出可能的解决方案或建议。在小组讨论过程中，教师可以提供适当的指导，引导学生从多个角度分析问题，鼓励他们提出创新性的想法和解决方案。

【思考与练习】

1. 分析矿山固体废物的主要来源，包括采矿、选矿、冶炼等过程中产生的废物。请详细描述每个过程中废物产生的环节和原因。

2. 评估矿山固体废物对环境、生态和人类健康的潜在危害，分别分析其对土壤、水体、空气等环境要素的影响，并讨论对生态系统的破坏和对人类健康的潜在风险。

任务三　矿山固体废物的综合防治

【知识目标】

掌握矿山固体废物综合防治的基本原则、综合防治措施。

【技能目标】

能识别矿山固体废物的种类、来源及其特性，能够针对矿山固体废物管理过程中的实际问题，提出有效的解决方案和创新思路。

【任务导入】

通过一段描述性的文字或图片，向学生展示矿山开采过程中产生的固体废物现状。这些废物不仅堆积如山，占用了大量土地资源，还可能对土壤、水体和空气造成污染，对环境和生态系统构成严重威胁。然而，这些看似无用的固体废物实际上也蕴藏着丰富的资源，如果能够得到合理的利用，就能转化为宝贵的财富。引导学生思考以下问题：

① 你认为矿山固体废物的主要来源是什么？它们对环境有哪些潜在的危害？

② 矿山固体废物中是否含有可回收利用的资源？如果有，如何进行有效的资源化利用？

③ 矿山固体废物的综合防治需要采取哪些措施？这些措施在实际操作中可能会遇到哪些困难？

【任务分析】

1. 理解矿山固体废物综合防治的复杂性和系统性，掌握不同防治策略的选择和应用。

2. 探讨矿山固体废物对土壤、水体、空气等环境要素的影响，分析其可能引发的生态问题和社会问题。

【相关知识】

在矿山开采、选矿、冶炼等过程中，不可避免地会产生大量的固体废物。这些废物如果处理不当，不仅会对环境造成严重的污染和破坏，还会浪费大量的资源。因此，矿山固体废物的综合防治成为矿山环境保护的重要组成部分。

一、矿山固体废物的综合防治原则

（一）预防为主，源头控制

1. 原理

从矿山开采、选矿、冶炼等活动的源头出发，通过改进生产工艺、优化设计方案、加强管理等措施，减少矿山固体废物的产生量，实现废物的减量化。

2. 实施策略

推广清洁生产技术，提高资源利用效率，减少废物产生；加强矿山规划和设计，优化废物产生和处理流程；建立废物减量化管理制度，明确责任和任务，确保减量化措施的有效实施。

（二）资源化利用，变废为宝

1. 原理

将矿山固体废物视为一种资源，通过物理、化学、生物等方法，将废物转化为有价值的资源或产品，实现废物的资源化利用。

2. 实施策略

深入研究矿山固体废物的性质和利用途径，开发适合的资源化利用技术；建立资源化利用体系，推动矿山固体废物的资源化利用产业发展；加强资源化利用技术的推广和应用，提高矿山固体废物的资源化利用率。

（三）无害化处理，确保安全

1. 原理

对于无法资源化利用的矿山固体废物，采用物理、化学、生物等方法进行处理，确保废物在处理过程中不对环境和生态造成危害。

2. 实施策略

选择合适的处理技术和方法，确保废物处理过程的安全性和有效性；建立废物处理设施和管理制度，加强废物处理过程的监督和管理；加强对废物处理过程的环境监测和评估，确保废物处理后的环境安全。

（四）全程管理，责任落实

1. 原理

对矿山固体废物的产生、收集、运输、储存、处理、处置等全过程进行管理，明确各环节的责任和任务，确保废物管理的连续性和有效性。

2. 实施策略

建立矿山固体废物管理责任制度，明确各环节的责任和任务；加强废物管理过程的监督和检查，确保各项管理制度的有效执行；建立健全废物管理档案和信息系统，实现废物管理的信息化和智能化。

矿山固体废物的综合防治原则是实现矿山固体废物减量化、资源化、无害化的重要保障。通过实施源头控制、资源化利用、无害化处理和全程管理等措施，可以最大限度地减少矿山固体废物的产生量,实现废物的资源化利用和环境保护的双重效益。因此,矿山企业应高度重视矿山固体废物的综合防治工作,加强技术创新和管理创新,不断提高矿山固体废物的综合防治水平。

二、矿山固体废物的综合防治措施

矿山固体废物作为矿山开采和冶炼过程中不可避免的产物,其合理处理与利用对于环境保护和资源节约至关重要。

(一) 源头控制

技术创新:引进先进的采矿、选矿和冶炼技术,降低单位产品能耗和废物产生量。

工艺优化:优化采矿、选矿和冶炼工艺,减少矿石破碎、磨碎和筛分等过程中的废物产生。

清洁生产:推广清洁生产技术,减少生产过程中的废水、废气和固体废物的排放。

(二) 分类收集与存储

分类收集:根据矿山固体废物的性质和用途进行分类收集,便于后续的资源化利用或无害化处理。

规范存储:建立规范的固体废物存储设施,确保废物在存储过程中不发生泄漏、自燃等环境问题。

(三) 资源化利用

金属回收:利用物理、化学或生物方法,从矿山固体废物中提取有价值的金属元素。

建材生产:将矿山固体废物加工成建筑材料,如砖块、水泥等。

能源利用:利用矿山固体废物发电、供热等。

(四) 无害化处理

填埋处理:对于无法资源化利用的矿山固体废物,选择安全、规范的填埋场进行填埋处理。

焚烧处理:对于可燃性较好的矿山固体废物,可以采用焚烧处理,减少废物体积和有害物质含量。

生物处理:利用微生物对矿山固体废物进行降解和转化,减少有害物质含量。

(五) 监管与监测

建立监管体系:建立矿山固体废物监管体系,明确监管责任和监测要求。

定期监测:对矿山固体废物的产生、处理、处置等过程进行定期监测,确保各项措施的有效执行。

信息公开:向公众公开矿山固体废物的相关信息,接受社会监督。

(六) 法律与政策保障

完善法律法规:制定和完善矿山固体废物管理的相关法律法规,明确管理责任和处罚措施。

政策扶持:对矿山固体废物的资源化利用和无害化处理给予政策扶持和资金支持。

矿山固体废物的综合防治措施是一个系统工程,需要源头控制、分类收集与存储、资源化利用、无害化处理、监管与监测以及法律与政策保障等多方面的措施。通过实施这些综合防治措施,可以有效减少矿山固体废物的产生量,提高资源利用效率,降低环境污染风险,实现矿山可持续发展。

【任务实施】

选择具有代表性和启示性的矿山固体废物管理案例。通过多媒体展示案例的背景、问题、解决方案及效果，引导学生分组讨论，运用所学知识分析问题的原因和影响因素，并提出针对性的综合防治方案，包括源头控制、资源化利用、无害化处理等措施。

【思考与练习】

1. 请简述矿山固体废物的综合防治策略，并说明每种策略的主要作用。

2. 某矿山因为开采过程中产生的尾矿堆积严重，对周边环境造成污染。该矿山采取了一系列综合防治措施，包括建设尾矿库、实施尾矿资源化利用等。请分析该矿山采取的综合防治措施是否有效，并说明理由。

任务四　矿山固体废物的处理与资源化利用

【知识目标】

掌握矿山固体废物的资源化利用原理、技术。

【技能目标】

掌握矿山固体废物资源化利用的主要技术，包括物理法、化学法、生物法等根据固体废物的特性和资源化利用的目标，合理选择并操作相应的资源化利用技术。

【任务导入】

通过视频或图片展示矿山开采和加工过程中产生的固体废物堆积如山的场景，强调这些废物对环境和生态的潜在威胁。引导学生思考：这些固体废物是如何产生的？它们对环境有哪些影响？我们应该如何处理这些废物？

【任务分析】

1. 了解矿山固体废物的来源、分类、成分及特性，包括物理性质、化学性质和生物性质等。

2. 探讨矿山固体废物在处理过程中可能遇到的难点和挑战，如技术限制、经济成本、环境影响等。

【相关知识】

一、固体废物处理技术

固体废物处理技术是针对矿山固体废物特性而开发的一系列技术方法，旨在实现废物的减量化、无害化和资源化。这些技术不仅涉及物理、化学和生物等多个领域，而且在处理过程中需要综合考虑废物的成分、性质、处理成本以及环境影响等因素。

（一）物理处理技术

物理处理技术主要依赖物理手段对固体废物进行处理，包括分类与筛分、压实与破碎以及固化与稳定化等。

分类与筛分技术是通过人工或机械方式，根据废物的粒度、密度、磁性等特性进行分离。这一技术可以有效地将有价值的成分从废物中分离出来，为后续的资源化利用提供便利。同时，筛分出的不同粒径的废物还可以根据其特性进行针对性的处理。

压实与破碎技术主要用于减小废物的体积和重量，便于运输和储存。压实技术通过机械力将废物压缩成密实的块状物体，减小其体积；破碎技术则通过破碎机械将大块废物破碎成较小的颗粒，便于后续处理。

固化与稳定化技术则是将固体废物与固化剂混合，通过物理或化学作用使其转化为具有稳定结构的固化体。这一技术可以降低废物的浸出毒性，防止其对环境造成污染。固化后的废物还可以作为建筑材料等资源进行利用。

（二）化学处理技术

化学处理技术主要通过化学反应改变固体废物的性质，包括溶解与沉淀、氧化与还原以及化学中和等。

溶解与沉淀技术利用化学试剂将固体废物中的有害物质溶解或沉淀出来。例如，对于含有重金属的固体废物，可以通过添加适当的化学试剂，使重金属离子转化为不溶性的沉淀物，从而实现废物的无害化处理。

氧化与还原技术则是通过氧化还原反应改变固体废物中某些物质的化学性质。例如，对于含有有机物的固体废物，可以通过氧化反应将其转化为无害的二氧化碳和水；对于含有硫化物等有害物质的废物，则可以通过还原反应将其转化为稳定的化合物。

化学中和技术则是通过添加中和剂，调节固体废物的 pH 值，使其达到中性或接近中性，减少对环境的腐蚀性。这一技术常用于处理酸性或碱性废物，降低其对土壤和水体的污染风险。

（三）生物处理技术

生物处理技术主要利用微生物对固体废物进行降解和转化，包括生物降解、生物沥滤和微生物修复等。

生物降解技术利用微生物的代谢活动，将有机固体废物转化为无害的物质。这一技术具有环保、经济、高效的特点，适用于处理大量有机废物。通过控制微生物的种类和条件，可以实现对不同种类有机废物的有效降解。

生物沥滤技术则是利用特定的微生物将固体废物中的重金属或其他有毒有害物质转化为可溶性的离子态，便于后续的回收和处理。这一技术对于处理含有重金属的矿山固体废物具有重要意义。

微生物修复技术则是通过微生物的代谢活动，修复被固体废物污染的土壤或水体。通过引入具有降解能力的微生物，可以加速污染物的降解和转化，恢复生态系统的功能。

固体废物处理技术涵盖了物理、化学和生物等多个领域，每种技术都有其适用的范围和优势。在实际应用中，需要根据矿山固体废物的特性、处理成本以及环境要求等因素，选择适合的技术进行处理。同时，随着科技的不断进步和环保要求的提高，未来固体废物处理技术将朝着更加高效、环保和经济的方向发展。

二、资源化利用途径

资源化利用途径是将矿山固体废物转化为有价值资源的重要方法，旨在实现废物的最大化利用，降低环境污染，推动可持续发展。

（一）能源化利用

矿山固体废物中的可燃成分可以通过能源化利用转化为热能或电能，实现废物的高效利用。一方面，固体废物中的可燃物质如煤矸石、碳质页岩等，可以通过燃烧产生热能，用于供暖或工业生产过程。另一方面，利用现代技术，如气化、热解等技术，可以将固体废物转化为可燃气体或液体燃料，这些燃料可用于发电或作为化工原料，进一步拓宽废物的应用领域。

（二）建材化利用

矿山固体废物经过适当处理后，可以制备成各种建筑材料，实现废物的建材化利用。例如，利用煤矸石、废石等作为原料，通过破碎、筛分、成型等工艺，可以生产出建筑用砖块、砌块等。这些建材不仅具有良好的力学性能，而且成本较低，能够满足建筑市场的需求。此外，一些矿山固体废物还可以作为水泥掺合料、路基材料等，提高建筑材料的性能并降低成本。

（三）土壤改良剂

矿山固体废物中的某些成分经过处理后，可以作为土壤改良剂使用，改善土壤的结构和肥力。例如，含有丰富矿物质的固体废物可以作为土壤的补充材料，增加土壤的有机质含量和微生物活性，提高土壤的保水保肥能力。同时，一些经过处理的固体废物还可以用于修复被污染的土壤，通过吸附、固定或降解污染物，恢复土壤的生态功能。

（四）提取有价值元素

矿山固体废物中往往含有一些有价值的金属元素、非金属元素或化合物，通过特定的提取技术，可以实现对这些元素的回收和利用。例如，采用物理分离、化学浸出或生物提取等方法，可以从固体废物中提取出铜、铁、铝等金属元素，这些金属元素可以进一步加工成各种金属制品，实现资源的循环利用。此外，一些非金属元素或化合物，如硅、铝等也可以通过提取技术得到利用，用于制备陶瓷、玻璃等工业产品。

（五）制备环保型材料

利用矿山固体废物制备环保型材料，是实现资源高效利用和环境保护的重要途径。通过特定的工艺和技术，可以将固体废物转化为具有特定功能的环保型材料，如环保型建筑板材、隔音材料、吸附材料等。这些材料不仅具有良好的性能，而且可以降低生产成本，减少对自然资源的依赖，推动绿色建材产业的发展。

资源化利用途径为矿山固体废物的处理提供了广阔的应用前景。通过能源化利用、建材化利用、土壤改良、提取有价值元素以及制备环保型材料等多种方式，可以将固体废物转化为有价值的资源，实现废物的减量化、无害化和资源化。这不仅有助于解决矿山固体废物带来的环境问题，还能推动资源的循环利用和可持续发展。随着科技的进步和环保意识的提高，相信未来资源化利用途径将会更加多样化和高效化，为矿山产业的绿色发展做出更大的贡献。

三、矿山固体废物的处理与资源化利用技术创新

随着科技进步和环保意识的提高，矿山固体废物的处理与资源化利用技术也在不断创新和发展。这些创新不仅提高了处理效率，也降低了处理成本，而且使得资源化利用途径更加广泛和高效。

（一）处理技术创新

1. 智能化与自动化技术

在固体废物处理过程中引入智能化和自动化技术可以大大提高处理效率。例如，利用传感器和数据分析技术，实现对固体废物的实时监控和智能分类，使得分类与筛分过程更加精准和高效。同时，通过自动化控制系统，可以实现处理设备的远程操作和监控，减少人力成本，提高处理效率。

2. 高效分离技术

针对矿山固体废物中复杂多样的成分，研发高效分离技术是实现资源最大化利用的关键。例如，利用物理分离技术（如重选、磁选、电选等）或化学分离技术（如溶剂萃取、离子交换等），可以有效地将固体废物中的有价值成分与无用成分进行分离，为后续的资源化利用提供便利。

3. 生物处理技术

生物处理技术在固体废物处理中具有环保、经济、高效的特点。近年来，随着微生物学和基因工程技术的发展，生物处理技术也在不断创新。例如，通过基因工程改造微生物，使其具有更强的降解能力或特定的代谢途径，从而提高生物降解的效率和效果。

（二）资源化利用技术创新

1. 高值化利用技术

传统的资源化利用方式往往只能实现废物的低值化利用，而高值化利用技术则可以将固体废物转化为高附加值的产品。例如，通过特定的化学或物理处理过程，将固体废物中的有用元素转化为高纯度的化学品或新材料，这些产品具有广泛的应用领域和较高的市场价值。

2. 绿色建材制备技术

利用矿山固体废物制备绿色建材是资源化利用的重要途径。近年来，随着绿色建筑和可持续发展理念的推广，绿色建材制备技术也在不断创新。例如，研发新型环保型黏合剂和添加剂，提高固体废物制备建材的性能和耐久性；通过优化制备工艺和参数，降低能耗和排放量，实现绿色生产。

3. 能源化利用技术

在能源化利用方面，技术创新主要集中在提高燃烧效率和降低污染排放上。例如，研发高效燃烧器和尾气处理装置，提高固体废物燃烧的热效率和环保性能；探索新的能源转化途径，如气化、热解等技术，将固体废物转化为更加清洁和高效的能源形式。

（三）技术创新驱动与政策支持

技术创新在推动矿山固体废物的处理与资源化利用方面发挥着关键作用。为了促进技术创新的发展和应用，需要加大科研投入，加强产学研合作，推动技术创新成果的转化和应用。同时，政府也应出台相关政策措施，如提供税收优惠、资金扶持等，鼓励企业积极采用新技术和新工艺，推动矿山固体废物处理与资源化利用行业的健康发展。

处理与资源化利用技术创新在矿山固体废物管理中具有重要地位。通过引入智能化与自动化技术、高效分离技术、生物处理技术等处理技术创新，以及高值化利用技术、绿色建材制备技术、能源化利用技术等资源化利用技术创新，可以实现对矿山固体废物的高效处理和资源化利用，推动矿山产业的绿色转型和可持续发展。

四、处理与资源化利用的政策与标准

随着全球经济的发展和城市化进程的加速，矿山固体废弃物的产生量呈现出不断增加的趋势。为了应对这一挑战，各国政府纷纷出台了一系列处理与资源化利用的政策与标准，旨在促进固体废物的减量化、无害化和资源化，推动可持续发展。

（一）政策层面

政策是推动处理与资源化利用工作的重要驱动力。我国政府高度重视处理与资源化利用，近年来出台了一系列相关政策，如《“十四五”循环经济发展规划》《关于“十四五”大宗固体废弃物综合利用的指导意见》等。这些政策不仅为固体废物的处理与资源化利用提供了明确的指导方向，还提供了有力的政策支持，包括税收优惠、财政补贴等，鼓励企业和个人积极参与。

此外，政府还通过制定固体废物分类和分拣标准，确保各类废物能够得到有效处理和资源化利用。例如，对可回收物、有害废物、生物可降解废物等进行了明确分类，并制定了相应的处理标准。这些政策的实施，不仅提高了废物处理的效率，也促进了资源的循环利用。

（二）标准层面

标准是处理与资源化利用工作的技术支撑。在固体废物的处理和处置方面，政府制定了一系列严格的技术标准，包括废物转运、储存、处置和处理等各个环节的技术要求。这些标准旨在确保废物处理的安全性和有效性，防止对环境和人体造成危害。

为了推动资源化利用的发展，政府还制定了一系列资源化利用的标准和指标。这些标准不仅规定了资源化利用的技术要求和产品质量，还提供了评估和监测的方法，确保资源化利用工作的顺利进行。此外，政府还加强了对资源化利用技术的研发和推广，通过加大对相关企业和科研机构的支持力度，推动技术创新和产业升级。同时，政府还鼓励企业采用先进的资源化利用技术，提高资源利用效率，降低环境污染。

（三）政策与标准的协同效应

政策与标准在处理与资源化利用工作中相互补充、相互促进。政策为标准化工作提供了指导和支持，而标准则是政策实施的重要依据和保障。通过制定和执行严格的政策和标准，政府可以引导与规范企业和个人的行为，推动固体废物的处理与资源化利用工作向更高水平发展。

此外，政策与标准还可以促进国际合作与交流。在全球化背景下，各国在处理与资源化利用方面面临着相似的挑战和问题。通过分享经验和技术，加强国际合作与交流，可以促进全球固体废物处理与资源化利用水平的提高。

未来，随着环保意识的不断提高和技术的不断进步，处理与资源化利用的政策与标准将不断完善和优化。政府将继续加大政策支持和投入力度，推动固体废物处理与资源化利用行业的发展。同时，企业和个人也应积极响应政府号召，加强技术创新和产业升级，共同推动固体废物的处理与资源化利用工作向更高水平迈进。

五、处理与资源化利用技术的实际应用

处理与资源化利用技术在矿山固体废物管理领域的应用日益广泛，不仅有助于减少环境污染，还能实现资源的有效循环利用。下面将结合具体案例，对处理与资源化利用技术的实际应用进行详细分析。

（一）案例背景

某大型矿山企业每年产生大量固体废物，主要包括废石、尾矿以及生产过程中产生的其他废弃物。这些废物如果不经过妥善处理，不仅占用大量土地，还可能对周边环境造成污染。因此，该企业决定引进先进的处理与资源化利用技术，对这些固体废物进行综合处理。

1. 处理技术应用

（1）物理分离技术

该企业首先采用物理分离技术，通过破碎、筛分等工艺，将固体废物中的不同成分进行有效分离。这一过程中，废石和尾矿被分别处理，为后续的资源化利用提供了便利。

（2）生物处理技术

对于某些含有有机物的固体废物，该企业采用了生物处理技术，通过添加特定的微生物菌剂，加速有机物的分解和转化，减少了对环境的污染。

（3）固化稳定化技术

针对含有重金属等有害物质的固体废物，该企业采用了固化稳定化技术，通过添加固化剂，将有害物质固定在废物中，防止其迁移和扩散，降低了对环境的潜在风险。

2. 资源化利用途径

（1）建材制备

经过处理的废石和尾矿可用作制备建材的原料，通过破碎、成型等工艺，制成具有一定强度和耐久性的建筑用砖、砌块等产品，实现了废物的资源化利用。

（2）土壤改良

部分经过生物处理的固体废物可用作土壤改良剂，这些废物中含有丰富的有机质和微量元素，能够改善土壤的结构和肥力，提高农作物的产量和品质。

（3）能源化利用

将含有可燃成分的固体废物送往能源化利用设施进行焚烧发电，通过高效的燃烧技术，废物中的化学能转化为电能，实现废物的能源化利用。

（二）案例分析

该案例展示了处理与资源化利用技术在矿山固体废物管理中的实际应用效果。物理分离、生物处理、固化稳定化等处理技术有效地解决了固体废物的处理和处置问题。同时，建材制备、土壤改良、能源化利用等资源化途径实现了废物的最大化利用和减量化排放。

这一案例的成功不仅减少了土地占用和环境污染，还为企业带来了经济效益和社会效益。它证明了处理与资源化利用技术在矿山固体废物管理中的可行性和有效性，为其他类似企业提供了可借鉴的经验和参考。

处理与资源化利用技术是解决矿山固体废物问题的关键手段。通过引入先进的处理技术和探索多元化的资源化利用途径，可以实现对固体废物的有效处理和高效利用。未来，随着技术的不断进步和环保意识的提高，处理与资源化利用技术将在矿山固体废物管理中发挥更加重要的作用，推动矿山行业的绿色可持续发展。

【任务实施】

将学生分成若干小组，每个小组选择一个矿山固体废物资源化利用的案例进行分析和讨论。讨论内容包括案例的背景、资源化利用技术的实施效果以及存在的问题等。每个小组将讨论结果整理成案例分析报告，并在课堂上进行汇报和交流。通过案例分析，学生能深入了解矿山固体废物资源化利用的实际操作和问题解决过程。

【思考与练习】

1. 请阐述矿山固体废物资源化利用的重要性。

2. 请评估某种资源化利用技术对环境可能产生的影响。

习　　题

一、选择题

1. 矿山固体废物的主要来源不包括(　　)。

A. 开采过程产生的废石

B. 矿石加工产生的尾矿

C. 矿山废水处理产生的污泥

D. 矿山员工的生活垃圾

2. 下列哪项措施不属于矿山固体废物资源化利用的范畴?(　　)

A. 尾矿再选回收有用矿物

B. 废石用于道路建设

C. 矿坑水直接排放

D. 矿山固体废物制作建筑材料

二、填空题

1. 矿山固体废物资源化利用的主要目标是________和________。

2. 常见的矿山固体废物处理方法包括________、________和________。

三、简答题

1. 描述矿山固体废物对环境的主要影响,并简述其处理方法。

2. 列举几种矿山固体废物资源化利用的途径,并简述其优点。

四、论述题

1. 分析矿山固体废物资源化利用的重要性,并讨论其在循环经济中的作用。

2. 讨论矿山固体废物处理与资源化利用中的技术难题和挑战,并提出相应的解决方案。

五、案例分析题

1. 某矿山产生大量尾矿,请设计一个尾矿资源化利用方案,包括利用途径、技术选择和经济分析。

2. 某矿区废石堆积严重,占用大量土地并造成环境污染。请提出一个废石综合利用的方案,并说明其可行性和预期效果。

项目五　矿山噪声污染与控制

任务一　矿山噪声来源及其危害

【知识目标】

掌握矿山噪声的主要来源、特点、危害。

【技能目标】

能识别和分析矿山噪声的主要来源，理解不同来源噪声的特点和影响因素；分析矿山噪声的特点，理解这些特点对环境和人体健康的影响及具体危害。

【任务导入】

“想象一下，你身处一座矿山，周围是机器的轰鸣声和矿石的破碎声，这些声音震耳欲聋，几乎掩盖了其他所有声音。”提出一个问题来引起学生的思考：“这样的环境对你们来说意味着什么？你们认为这些声音是否会对我们的健康和环境产生影响？”

【任务分析】

1. 矿山噪声的主要来源，包括采矿生产环节和设备运行产生的噪声。

2. 矿山噪声的特点，特别是其频谱特性、强度及作用时间。

3. 矿山噪声对人体健康和环境的具体危害。

【相关知识】

矿山噪声的来源多样，其危害也极为严重。为了减少这些危害，需要采取有效的措施来控制噪声的产生和传播，保护作业人员的健康和安全。

一、矿山噪声的来源

（一）设备噪声

设备噪声是矿山生产过程中不可避免的一部分，它源于各种机械设备在运转时产生的声音。这些设备在矿山开采、破碎、运输、选矿等各个环节中扮演着关键角色，但同时也带来了噪声污染的问题。

首先，矿山开采设备是设备噪声的主要来源之一。在矿山开采过程中，需要使用大型机械设备进行岩石的破碎和挖掘。这些设备如破碎机、挖掘机、装载机等，在运行时会产生高强度的机械噪声。破碎机在工作时，其破碎齿与物料之间的撞击和摩擦会产生巨大的声音；挖掘机和装载机在挖掘和装载过程中，其发动机、液压系统和传动装置等部件也会产生不同频率和强度的噪声。

其次，运输设备也是设备噪声的重要来源。在矿山中，矿石和废料的运输通常依靠矿车、带式输送机等设备完成。矿车在轨道上行驶时，车轮与轨道之间的摩擦和碰撞会产生连续的噪声；带式输送机在运行时，胶带与滚筒之间的摩擦、物料在胶带上的滚动和撞击也会产生一定的噪声。这些噪声不仅影响了矿山工作人员的身心健康，还可能对周边居民的生活造成干扰。

最后，选矿设备在矿山生产中也产生了大量的噪声。在选矿过程中，需要使用振动筛、离心机、球磨机等设备对矿石进行分选和破碎。这些设备在运行时，由于其内部机械部件的高速旋转和振动，会产生强烈的噪声。例如，振动筛在工作时，筛网上的物料在振动力的作用下分离，产生连续的振动噪声；离心机在高速旋转时，其内部物料与转鼓之间的摩擦和碰撞也会产生较大的噪声。

设备噪声对矿山工作人员和周边环境的影响不容忽视。长期在高噪声环境下工作，不仅会导致听力下降、耳鸣等耳部疾病，还可能引发头痛、失眠、神经衰弱等全身性疾病。此外，噪声还会干扰人们的思维和判断能力，降低工作效率，增加安全事故的风险。对于周边居民来说，设备噪声会破坏宁静的生活环境，影响人们休息，降低生活质量。

为了降低设备噪声对人员和环境的危害，矿山企业应采取一系列措施。首先，选用低噪声设备或进行噪声治理，如安装消声器、隔声罩等装置，减少噪声的传播和扩散。其次，对工作人员进行噪声防护培训，提高他们的噪声防护意识，并佩戴耳塞、耳罩等个人防护用品。最后，定期进行噪声监测和评估，及时发现和处理噪声污染问题，确保工作环境符合噪声标准。

设备噪声是矿山生产过程中不可忽视的问题。通过采取有效的措施降低设备噪声强度和传播范围，可以保护矿山工作人员和周边居民的身心健康，提高矿山生产的安全性和效率。未来，随着科技的不断进步和环保意识的提高，相信设备噪声问题将得到更好地解决和控制。

（二）非设备噪声

非设备噪声在矿山生产中同样占据着不可忽视的地位，它指的是那些并非直接由机械设备运转产生的噪声，但同样会对矿山作业环境和工作人员造成影响。这些噪声的来源多种多样，包括地质活动、物料处理过程以及环境风等自然因素产生的声音。

首先，地质活动是非设备噪声的重要来源之一。矿山作为地质活动的频发区域，经常会出现各种自然现象，如片帮、冒顶等。这些地质活动伴随着岩石的移动、断裂和碰撞，产生巨大的声响。这些声音往往突然而强烈，不仅给工作人员带来心理上的压力，还可能掩盖重要的安全警示信号，增加工作风险。

其次，物料处理过程也是非设备噪声的重要组成部分。在矿山生产中，矿石的开采、运输和加工都涉及大量的物料处理。例如，矿石在倾倒、筛分、运输等过程中，物料之间的摩擦、碰撞和滚动都会产生噪声。这些声音虽然不如机械设备产生的噪声那样持续和强烈，但长时间暴露在这种环境下也会对工作人员的听力造成损害。

最后，环境因素也是非设备噪声的重要来源。矿山往往位于自然环境复杂、气候条件多变的地区，风、雨、雷电等自然现象都会对矿山噪声产生影响。例如，强风刮过矿山时，会引起岩石、树木等物体的振动和碰撞，产生连续的风声；雷雨天气时，雷电的轰鸣声和雨水的冲刷声也会加入矿山噪声的行列。这些环境因素虽然难以控制，但通过合理的规划和布局，可以在一定程度上减少它们对矿山噪声的贡献。

非设备噪声对矿山工作人员和周边环境的影响同样不容忽视。长时间暴露在高强度的非设备噪声中，工作人员的听力会逐渐下降，甚至出现耳鸣、耳聋等严重症状。此外，非设备噪声还可能引发工作人员的烦躁、焦虑等负面情绪，影响工作效率和安全生产。对于周边居民来说，非设备噪声也会干扰他们的正常生活，降低生活质量。

为了降低非设备噪声对矿山工作人员和周边环境的影响，矿山企业应采取一系列措施。首先，通过合理的规划和布局，减少物料处理过程中物料之间的摩擦和碰撞，降低噪声的产生概率。例如，采用更平缓的输送线路、优化物料堆放方式等。其次，加强矿山安全管理，及时发现和处理地质活动等安全隐患，减少由此产生的非设备噪声。最后，对于环境因素产生的噪声，可以通过建设隔音屏障、种植绿化带等方式进行隔离和吸收，降低其对矿山噪声的“贡献”。

非设备噪声是矿山生产中不可忽视的一部分。虽然其来源多样且难以完全消除，但通过合理的规划和布局、加强安全管理以及采取适当的降噪措施，可以有效地降低非设备噪声对矿山工作人员和周边环境的影响。随着科技的不断进步和环保意识的提高，相信未来会有更多有效的手段来解决非设备噪声问题，为矿山生产创造一个更加安静、健康的工作环境。

二、矿山噪声的特点

（一）强度大、声级高

矿山噪声的强度通常较大，声级也高，远超过人耳的舒适范围。这主要是因为矿山生产活动中使用的各种机械设备，如凿岩机、空压机、通风机等，在运行时会产生高强度的噪声。这些设备的噪声声级通常在95～110 dB(A)之间，甚至可能超过110 dB(A)，对工人的听力健康构成严重威胁。

（二）来源多、干扰时间长

矿山噪声的来源非常广泛，包括采矿、掘进、运输、排土等生产环节中使用的各种机械和设备。这些噪声源数量众多，且分布广泛，使得矿山噪声的干扰时间非常长。工人往往需要长时间暴露在噪声环境中，这对他们的听力健康和生产安全都构成了极大的威胁。

（三）频率高、频带宽、频谱较复杂

矿山噪声的频率通常较高，频带宽度也较大，频谱较为复杂。由于矿山生产活动中使用的机械设备种类繁多，不同设备的噪声频率和频谱特性也各不相同。因此，矿山噪声的频谱范围非常广泛，既有低频噪声，也有高频噪声，这使得矿山噪声的治理和控制变得更加复杂。

（四）反射能力强、衰减能力弱

由于矿山井下空间狭小且基本封闭，噪声在井下传播时容易产生反射和共鸣，导致噪声强度进一步增强。同时，井下空间的衰减能力较弱，噪声在传播过程中衰减速度较慢，这使得井下噪声污染问题更加严重。

（五）对环境和人员健康造成严重影响

矿山噪声不仅会对工人的听力健康造成损害，还可能引起神经系统、心血管系统异常等健康问题。此外，矿山噪声还会对周围环境造成干扰，影响周围居民的生活质量。因此，矿山噪声污染问题已经成为矿山环境保护的重要议题之一。

三、矿山噪声的危害

（一）听力损伤

矿山噪声的主要危害之一是听力损伤。矿山噪声的声级通常较高，长期暴露在这种环

境下会导致内耳听觉组织受到损伤，进而引发听力下降甚至耳聋。这种听力损伤有急性和慢性之分，但无论哪种类型的损伤，都会严重影响工人的生活和工作质量。

（二）神经系统损害

矿山噪声会对工人的神经系统造成损害。长期暴露在强噪声环境下会使人的大脑皮层兴奋和抑制平衡失调，导致条件反射异常。矿山噪声可能导致工人出现头痛、头晕、失眠、记忆力减退等症状，严重影响他们的身心健康和工作效率。

（三）心血管系统损害

矿山噪声还会对工人的心血管系统产生影响。噪声会使交感神经紧张，从而引发心跳加剧、心律不齐、血管痉挛和血压升高等症状。这些症状不仅会影响工人的身体健康，还可能增加他们患心血管疾病的风险。

（四）其他健康问题

除了上述危害外，矿山噪声还可能引起其他健康问题，如消化不良、胃肠黏膜溃疡等消化系统疾病。此外，长期暴露在强噪声环境下还会引起疲劳、头晕及记忆力衰退等症状，甚至可能诱发神经衰弱等精神疾病。

（五）对生产活动的影响

矿山噪声不仅会对工人的身心健康造成危害，还会对生产活动造成干扰。噪声会影响工人的听觉和注意力，降低他们的工作效率和质量。同时，噪声还可能对机器设备的正常运行造成干扰，提高设备故障率和维修成本。

（六）对环境的影响

矿山噪声还会对周围环境造成影响。噪声污染会干扰周围居民的正常生活和工作，降低他们的生活质量。此外，噪声还可能对野生动植物造成干扰和损害，破坏生态环境的平衡。

【任务实施】

详细讲解矿山噪声对人体健康的危害，如听力损伤、神经系统损害、心血管系统影响等，并结合实际案例进行分析。分析矿山噪声对周围居民生活质量的干扰以及对野生动植物的影响。组织学生进行小组讨论，分享对矿山噪声危害的看法和感受。

【思考与练习】

1. 矿山噪声的主要来源是什么？请举例说明。
2. 矿山噪声的特点是什么？为什么矿山噪声多呈中、高频噪声？
3. 矿山噪声对人体健康有哪些危害？请举例说明。

任务二　环境噪声的标准

【知识目标】

掌握环境噪声的基本概念和特性、标准和法规。

【技能目标】

掌握国家和地方关于环境噪声的标准和法规，特别是针对矿山噪声的相关规定。

【任务导入】

假设你是一位矿山环境管理工程师，你的任务是评估矿山噪声污染状况，并提出相应的控制措施。你首先需要了解矿山噪声的来源、特点以及其对环境和人员的影响。其次，你需要查阅相关的环境噪声标准，了解国家对矿山噪声的限制要求。最后，你需要结合矿山实际情况，制订出一套切实可行的噪声控制方案。

【任务分析】

1. 掌握矿山噪声的限值、监测方法和评价标准。
2. 根据矿山实际情况，选择合适的监测点位和方法进行噪声监测。
3. 对监测数据进行分析，评估矿山噪声污染的程度和原因。

【相关知识】

一、环境噪声

在我们的日常生活中，声音无处不在。然而，并非所有的声音都是令人愉悦的。当声音的振幅、频率或持续时间对人们的正常生活、工作或健康产生不利影响时，我们称之为“噪声”。在环境科学中，环境噪声特指那些干扰人们正常生活的声音。

环境噪声是指在工业生产、建筑施工、交通运输和社会生活中所产生的，对周围生活环境造成干扰的声音。这些声音可能来自自然界，如风暴、水流等，但更多的是来自人类活动，如机械设备运行、交通工具行驶等。

（一）环境噪声的特性

振幅是声音强度的物理量，决定了声音的响度。环境噪声的振幅可能很大，足以对人的听力造成损害。

频率决定了声音的音调。环境噪声可能包含多种频率成分，有些频率成分可能特别刺耳或令人不适。

持续时间是指声音持续的时间长度。长时间暴露于环境噪声中，可能对人的生理和心理健康产生负面影响。

（二）环境噪声的分类

工业噪声是在工业生产活动中使用固定的设备时产生的声音，如机器、机械的撞击和摩擦声。

建筑施工噪声是在建筑施工过程中产生的声音，如挖掘、打洞、搅拌等作业产生的噪声。

交通运输噪声是机动车辆、飞机、火车和轮船等交通工具在运行时产生的声音。

社会生活噪声是人为活动所产生的除工业噪声、建筑施工噪声和交通运输噪声之外的声音，如家用电器噪声、装修噪声、商业叫卖声等。

（三）环境噪声的影响

环境噪声对人类和环境都有一定的影响：对人类健康而言，长期暴露于噪声中可能出现听力下降、血压升高、睡眠障碍等健康问题；对生产活动而言，在工业生产中，过高的噪声可能干扰工人的交流，降低工作效率；对生态环境而言，一些动物对声音敏感，噪声可能干扰它们的正常生活，影响生态平衡。

环境噪声是一个复杂而普遍存在的问题。了解环境噪声的基本概念有助于我们更好地认识这一问题，并采取相应的措施来减少其对我们生活和环境的影响。

二、环境噪声标准

（一）环境噪声标准的基本概念

环境噪声标准是为保护人群健康和生存环境，对噪声容许范围所进行的规定。它是一套科学、合理的噪声控制准则，旨在确保人们在工作、生活和休息等各个方面免受噪声的干扰和危害。

环境噪声标准的实施对于保护人群健康和生存环境具有重要意义。一方面，它有助于降低噪声污染程度，改善人们的生活环境，提高人们的生活质量。另一方面，它也有助于促进工业、交通等行业的可持续发展，推动噪声控制技术的进步和应用。

（二）环境噪声标准的制定原则与依据

在环境噪声标准制定过程中，我们必须遵循一系列原则，并依据科学、合理、现实的依据，以确保标准的科学性、先进性和实用性。

1. 环境噪声标准的制定原则

（1）保护人的听力健康

听力是人类感知外界声音的重要器官，长期暴露在高噪声环境中会导致听力损伤甚至耳聋。因此，制定环境噪声标准时，首要原则就是确保人们的听力不受损害，规定噪声强度的上限值。

（2）保障人们的正常休息和睡眠

噪声会干扰人们的休息和睡眠，影响身心健康和工作效率。因此，标准应针对不同时间段（如昼间和夜间）设定不同的噪声限值，确保人们在休息和睡眠时免受噪声干扰。

（3）维护人们的交谈和思考环境

噪声还会干扰人们的交谈和思考，影响正常的社交和工作秩序。因此，制定标准时应充分考虑人们在各种场合下的交谈和思考需求，规定相应的噪声控制要求。

（4）平衡噪声控制与经济社会发展

在制定环境噪声标准时，需要综合考虑经济社会发展的需求和噪声控制的成本效益，寻求二者之间的平衡。既要确保人们的生活环境质量，又不能过分限制经济社会的发展。

2. 环境噪声标准的制定依据

（1）国际标准化组织（ISO）推荐的基数

ISO 作为全球性的标准化组织，其推荐的噪声控制基数具有广泛的代表性和权威性。在制定环境噪声标准时，我们可以参照 ISO 的推荐基数，结合本国实际情况进行调整和完善。

（2）国内外相关研究成果和实践经验

在制定环境噪声标准时，我们需要充分借鉴国内外相关研究成果和实践经验，了解噪声对人体和环境的影响机制、噪声传播规律以及噪声控制技术等方面的最新进展，为标准的制定提供科学依据。

（3）本国和地方的具体情况

不同国家和地区的地理环境、气候条件、人口密度、工业布局等都有所不同，这些因素都会影响噪声的产生和传播。因此，在制定环境噪声标准时，我们需要充分考虑本国和地方的具体情况，确保标准的针对性和实用性。

（4）公众意见和需求

环境噪声标准涉及广大公众的利益和需求，因此，在制定过程中需要广泛征求公众意见，了解他们对噪声污染问题的看法和期望，以确保标准能够满足公众的需求并得到广泛认可。

（三）环境噪声标准的分类

环境噪声标准是为了保障人们正常的生活、工作和健康，防止噪声污染对环境和人体造成不良影响而制定的一系列规定。根据噪声的来源、影响区域和控制措施的不同，环境噪声标准被细分为多个类别。

1. 居民区噪声标准

居民区噪声标准主要用于保护居民免受噪声污染。这一标准规定了居民区内允许的噪声水平，以确保居民能够在相对安静的环境中生活。一般情况下，居民区的噪声标准设定为白天不超过 55 dB，晚上不超过 45 dB。这些标准旨在保障居民的睡眠质量、生活品质和身体健康。

2. 工业区噪声标准

工业区噪声标准主要用于保护工业区内的居民和工人免受噪声污染。由于工业区通常包含大量机械设备和生产线，因此噪声水平相对较高。工业区噪声标准一般设定为白天不超过 75 dB，晚上不超过 70 dB。这些标准旨在确保工业区内的居民和工人能够在相对安静的环境中工作和生活，减少噪声对他们的健康和生产效率的影响。

3. 公共场所噪声标准

公共场所噪声标准主要用于保护公众免受噪声污染。公共场所如商业区、娱乐场所、公园等是人们日常活动的重要场所，因此噪声水平也需要得到控制。公共场所噪声标准一般设定为白天不超过 65 dB，晚上不超过 55 dB。这些标准旨在确保公众在公共场所活动时能够享受到相对安静的环境，提高生活品质和幸福感。

4. 交通噪声标准

交通噪声标准主要用于防止交通噪声对环境和周围居民造成不良影响。交通噪声主要源于机动车辆、飞机、火车等交通工具的运行。交通噪声标准根据交通道路的类型、位置和周围环境的敏感度等因素进行设定。一般来说，高速公路、城市主干道等交通要道的噪声标准相对较高，而居住区、学校等敏感区域的噪声标准则相对较低。

5. 其他特定区域噪声标准

除了上述几类噪声标准外，还有一些特定区域的噪声标准。例如，对于疗养区、高级别墅区等特别需要安静的区域，可能会设定更为严格的噪声标准。此外，一些特殊行业或场所也需要制定特定的噪声标准，以满足其特殊需求。

环境噪声标准的分类是根据噪声的来源、影响区域和控制措施的不同而制定的。通过设定不同类别的噪声标准，可以更加精准地控制噪声污染，保护人们的健康和生活品质。同时，环境噪声标准的制定也需要考虑到经济、社会和技术等多方面的因素，以确保其科学、合理和可行。

（四）环境噪声标准的具体内容

环境噪声标准是为了控制噪声污染，保障人们的正常生活、工作和健康而制定的一系列规定。它根据噪声的来源、影响区域和特性，设定了不同区域的噪声限值，为环境噪声的监测、评价和控制提供了科学依据。

1. 噪声限值的设定

（1）居民区噪声限值

白天（6:00～22:00）噪声限值一般为 50～55 dB(A)。

夜晚(22:00～次日6:00)噪声限值一般为40～45 dB(A)。

(2) 工业区噪声限值

白天噪声限值一般为65～75 dB(A)。

(3) 公共场所噪声限值

白天噪声限值一般为60～65 dB(A)。

夜晚噪声限值一般为50～55 dB(A)。

(4) 交通噪声限值

城市主干道、高速公路等交通要道白天噪声限值一般为70～75 dB(A)。

夜晚噪声限值需根据具体情况设定,但一般应低于白天限值。

(5) 特殊区域噪声限值

对于疗养区、高级别墅区等特别需要安静的区域,噪声限值应更为严格,白天和夜晚的限值可能需要分别低于50 dB和40 dB(A)。

2. 噪声测量方法

环境噪声的测量方法通常包括声级计法和等效连续A声级法。声级计法是通过声级计直接测量噪声的声压级或声强级;等效连续A声级法则是将某一段时间内连续变化的噪声等效为一个稳定的A声级来表示。在测量时,应选择合适的监测点,并遵循相应的监测规范和要求。

3. 监测点的选择与布置

监测点的选择与布置应根据噪声源的特点、地形地貌、气象条件等因素综合考虑。一般来说,监测点应设置在噪声敏感区域,如居民区、学校、医院等地方,并应尽可能远离反射面或障碍物,以减少对测量结果的影响。同时,在选择与布置监测点时,还应考虑到监测点的代表性、可比性和可操作性等因素。

4. 监测周期与频率

监测周期与频率的设定应根据噪声源的特点、监测点的数量和分布等因素综合考虑。一般来说,对于重要的噪声源或敏感区域,应增加监测频率,以便更准确地掌握噪声污染的情况。同时,在监测过程中,还应根据实际情况及时调整监测周期和频率。

(五) 环境噪声标准的实施与监测

环境噪声标准的实施与监测是环境保护工作中至关重要的环节,它们不仅关乎人们日常生活的舒适度,更与人们的身心健康和社会的可持续发展紧密相连。

1. 环境噪声标准的实施是确保噪声污染得到有效控制的关键步骤

这一过程的实施涉及多个层面,包括政府部门的政策制定、企业的合规操作以及公众的广泛参与。政府部门需根据国家和地方的实际情况,制定具体、可行的环境噪声标准,并通过立法手段确保其得到严格执行。同时,政府部门还需加强监管力度,对违反标准的行为进行处罚,以维护公众的权益。企业作为噪声污染的主要源头,其在环境噪声标准实施中扮演着重要角色。企业应积极响应政府的号召,按照标准要求进行生产活动,采用先进的噪声控制技术,减少噪声的产生和传播。此外,企业还应加强员工的噪声防护意识,提供必要的防护设备,保障员工的身心健康。公众在环境噪声标准的实施中也发挥着不可替代的作用。公众应积极了解并遵守相关标准,提高自身的噪声防护意识。同时,公众还可以通过举报、投诉等方式,监督企业和政府部门在噪声控制方面的行为,推动环境噪声标准更好地实施。

2. 环境噪声的监测是确保标准得到有效执行的重要手段

监测工作主要包括对噪声源、传播途径和受声点的全面测量与分析。通过先进的监测设备和技术手段，可以准确获取噪声的强度、频率等关键信息，为标准的制定和实施提供科学依据。

在监测过程中，需要根据城市的特点和噪声源的特性确定合理的监测时间和频率。例如，对于交通噪声，可以选择在交通高峰时段进行监测；对于工业噪声，则可以在生产高峰期进行监测。此外，对于不同类型的噪声源，还应采用不同的监测方法和评价标准，以确保监测结果的准确性和有效性。

监测数据的处理和分析也是环境噪声监测的重要环节。通过对监测数据进行清洗、处理和分析，可以得出噪声的特征参数和趋势，为制定针对性的噪声管理措施提供依据。同时，根据数据的分析结果，还可以对现有的环境噪声标准进行评估和优化，以适应不断变化的噪声环境。值得一提的是，随着信息技术的快速发展，现代环境噪声监测与信息技术深度融合。通过建立在线噪声监测网络，公众可以实时了解周边环境的噪声状况，政府部门也可以更加便捷地获取监测数据，为决策提供更加及时、准确的信息支持。

环境噪声标准的实施与监测是一项复杂而重要的工作。它需要政府、企业和公众共同努力，形成合力，才能确保噪声污染得到有效控制，为人们创造一个安静、舒适的生活环境。同时，随着科技的不断进步和社会的发展，我们还应不断探索新的监测技术和管理方法，以更好地应对噪声污染问题，推动社会的可持续发展。

（六）环境噪声标准的未来发展趋势

环境噪声标准的未来发展趋势是一个复杂且多维的话题，它不仅受到科技进步、社会需求和法规政策等多方面的影响，还反映了人们对高质量生活环境的追求。

第一，随着科学技术的不断发展，环境噪声监测技术和手段将更加先进和精准。新的监测设备和技术将能够更准确地测量和评估噪声污染的程度和影响范围，为制定更加科学合理的环境噪声标准提供有力支持。例如，未来可能会利用无人机、遥感技术等新型监测工具，实现对环境噪声的实时、全面监测。

第二，社会对环境噪声问题的关注度将不断提高，推动环境噪声标准的不断升级和完善。随着生活水平的提高，人们对声环境质量的要求也越来越高。公众对噪声污染问题的认识将逐渐深化，对噪声控制的需求也将更加迫切。这将促使政府部门在制定环境噪声标准时更加注重公众的意见和需求，推动标准的不断完善和优化。

第三，环境噪声标准的制定将更加注重源头预防和综合治理。未来的环境噪声标准将更加注重对噪声源头的控制和管理，通过推广低噪声技术和设备、优化交通规划等措施，减少噪声的产生和传播。此外，标准还将加强对噪声传播途径的控制，如建设隔声屏障、优化城市绿化等，以改善声环境质量。

第四，环境噪声标准将更加关注特殊群体的需求。例如，老年人、儿童、孕妇等对噪声的敏感度较高，未来的环境噪声标准将更加注重对这些特殊群体的保护。通过制定更加严格的噪声限值、加强特定区域的噪声管理等措施，为他们提供更加安静、舒适的生活环境。

第五，随着全球环境问题的日益突出，国际合作在环境噪声标准制定中也将发挥更加重要的作用。各国将加强在噪声监测、控制技术和标准制定等方面的交流与合作，共同推动全球环境噪声问题的解决。

第六，环境噪声标准的制定和实施将更加注重与相关法律法规的衔接和协调。未来的环境噪声标准将与环保法、城市规划法等相关法律法规更加紧密地结合，形成完整的噪声控制体系。通过加强执法力度和监管措施，确保环境噪声标准的有效实施和执行。

环境噪声标准的未来发展趋势将受到科技进步、社会需求和法规政策等多方面的影响。随着科学技术的发展和社会的进步，环境噪声标准将不断升级和完善，为人们创造更加安静、舒适的生活环境。同时，我们也需要加强国际合作和法律法规的衔接与协调，共同推动全球环境噪声问题的解决。

【任务实施】

选取典型的矿山噪声污染案例，引导学生分析案例中的噪声源、噪声污染程度、影响范围等，并讨论如何应用环境噪声标准进行评价和控制。将学生分成若干小组，每组选择一个矿山或矿区，收集相关资料和数据，进行矿山噪声污染的评价和控制方案设计。在讨论过程中，教师应引导学生考虑技术可行性、经济合理性和环境影响等因素。各小组整理讨论结果，形成书面报告或PPT，并在课堂上汇报交流。教师对本节课的内容进行归纳总结，强调环境噪声标准在矿山噪声污染控制中的重要性，并指出未来矿山噪声污染控制的发展趋势和挑战。

【思考与练习】

1. 思考为什么需要制定环境噪声标准？它对环境保护和人类健康有哪些积极影响？

2. 思考矿山噪声污染具有哪些特点？这些特点对环境噪声标准的制定和实施有何影响？

3. 分析不同国家或地区的环境噪声标准是否存在差异？这些差异可能由哪些因素导致？

任务三　矿山噪声控制技术与方法

【知识目标】

掌握矿山噪声控制的基本原理、主要技术。

【技能目标】

能够进行矿山噪声污染的现场勘查，包括识别噪声源、测量噪声级、分析噪声传播路径等。

【任务导入】

介绍矿山噪声污染的现状，通过数据、图表或案例，展示矿山噪声污染的严重程度和普遍性，以及给矿工、周边居民和生态环境带来的负面影响。

【任务分析】

1. 掌握如何根据矿山噪声污染的实际情况，制订有效的噪声控制方案，包括确定控制目标、选择控制技术、制订实施计划等。

2. 掌握矿山噪声控制相关设备的操作和维护方法，包括声屏障的安装、调试和维护，噪声监测仪器的使用等。

【相关知识】

矿山噪声污染是矿山生产过程中无法避免的问题，但其对矿工、周边居民以及生态环境的影响却不容忽视。为了有效控制和降低矿山噪声污染，需要采取一系列有针对性的矿山噪声控制技术。

一、矿山噪声控制技术的原理

矿山噪声控制技术的原理主要包括声源控制、传播路径控制和接收者保护三个方面。

声源控制是通过降低噪声源的声功率或声强，来减少噪声的产生，包括改进设备设计、优化工艺流程、采用低噪声设备和部件等措施。

传播路径控制是在噪声传播过程中设置障碍，阻止噪声传播到敏感区域，包括使用声屏障、绿化带、建筑布局等手段。

接收者保护是通过佩戴耳塞、耳罩等个人防护用品，降低噪声对接收者的影响。

二、矿山噪声控制的方法

（一）隔声

隔声是阻止声音传播的有效方法。在矿山中，可以通过设置隔声屏障、隔声罩等设施来阻挡噪声的传播。例如，在空压机、凿岩机等高噪声设备周围设置隔声屏障，可以降低设备噪声对周围环境的影响。

（二）吸声

吸声是通过使用吸声材料来减少声音的反射和传播。在矿山中，可以在室内墙面、顶棚等位置使用吸声材料，如多孔性材料、纤维材料等，来降低室内噪声水平。

（三）减振

机械设备在运行过程中会产生振动，振动会转化为噪声，因此，通过减振可以降低噪声的产生。在矿山中，可以使用减振支架、减振橡胶垫等减振设备来减少机械设备的振动，从而降低噪声水平。

（四）消声

消声是通过在气流通道中安装消声器来降低噪声的方法。在矿山中，可以使用消声器来降低通风设备、运输设备等产生的气流噪声。

（五）绿化降噪

绿化降噪是通过种植树木、草坪等绿化植物来降低噪声的方法。绿化植物可以通过吸收、反射和散射声波来降低噪声水平，在矿山周边种植绿化植物不仅可以降低噪声对居民的影响，还可以改善生态环境。

三、矿山噪声控制技术的应用

矿山噪声控制技术是矿山环境保护和安全生产的重要组成部分。通过采取有针对性的矿山噪声控制技术措施，可以有效控制和降低矿山噪声污染，保护矿工和周边居民的健康和生态环境的安全。在实际应用中，需要根据矿山的实际情况和噪声特点选择合适的矿山噪声控制技术。同时，还需要注意矿山噪声控制技术的综合应用，以取得更好的降噪效果。

（一）噪声源的识别和评估

噪声源识别与评估是矿山噪声控制工作中至关重要的一个环节，它涉及对矿山内部各种设备、机械和作业过程产生的噪声进行详细的调查和测量，以确定主要噪声源及其特性。

1. 噪声源的识别

噪声源识别是噪声控制工作的基础。在矿山中，噪声源众多，包括机械设备运转、运输车辆行驶、爆破作业等。这些噪声源产生的噪声强度、频率和持续时间各不相同，对矿山环境和工作人员的影响也不同。因此，通过噪声源识别，我们可以确定哪些设备或作业过程产生的噪声是主要噪声源，从而有针对性地制定噪声控制措施。

在噪声源识别的过程中，我们需要对矿山内部的各个区域和作业点进行详细的调查和测量，包括使用专业的噪声测量仪器对各个噪声源进行噪声强度、频率等参数的测量，并记录相关数据。同时，还需要与矿山工作人员进行沟通交流，了解他们对噪声的感受和意见，以便更全面地了解噪声源的情况。

2. 噪声源的评估

噪声源评估是对识别出的噪声源进行进一步的分析和评价。通过对测量数据的分析，我们可以确定各个噪声源的噪声级别、影响范围以及对矿山环境和工作人员的影响程度。同时，还可以结合矿山的具体情况和相关法规标准，对噪声源进行评估，确定其是否符合噪声控制要求。

在噪声源评估的过程中，我们需要综合考虑多个因素。首先是噪声源的强度，即噪声的大小和级别。对于强度较高的噪声源，我们需要采取更加严格的控制措施，以减少其对矿山环境和工作人员的影响。其次是噪声源的频率特性，即噪声的频率分布和变化情况。不同频率的噪声对人体的影响也不同，因此我们需要根据噪声源的频率特性制定相应的控制措施。最后，还需要考虑噪声源的影响范围，即噪声传播的距离和范围。对于影响范围较广的噪声源，我们需要采取更加全面的控制措施，以确保整个矿山环境的安静和舒适。

3. 噪声源识别与评估的重要性

通过噪声源识别与评估，我们可以得到矿山内部各个噪声源的详细信息和数据，为后续的噪声控制工作提供科学依据。根据评估结果，可以制定针对性的噪声控制措施，如优化设备结构、采用低噪声技术、合理安排作业时间等，以减少噪声的产生和传播。同时，还可以根据评估结果对矿山环境进行改善，如增加隔声屏障、优化空间布局等，以改善矿山声环境质量。

此外，噪声源识别与评估还有助于提高矿山工作人员对噪声问题的认识和重视程度。通过向工作人员介绍噪声源的情况，他们会更加了解噪声对身体健康和工作效率的影响，从而更加积极地参与到噪声控制工作中来。

（二）噪声传播途径控制

噪声传播途径控制包括对矿山内部空间布局的优化，合理安排噪声源与周围环境的距离和角度，减少噪声的传播距离和强度。同时，也可以采用隔声、吸声、消声等工程技术手段，对噪声传播途径进行有效控制。

（三）设备噪声控制

设备噪声控制是矿山噪声管理工作中的关键环节，直接关系到矿山的生产效率和作业人员的身心健康。设备噪声控制不仅涉及机械设计、材料选择等工程技术问题，还涉及操作管理、维护保养等实际操作问题。它包括对设备本身的改进和优化，如采用低噪声设备、优化设备结构、提高设备加工精度等，减少设备运行时产生的噪声。同时，也可以对设备进行定期维护和保养，确保其处于良好的工作状态，减少因设备老化或故障引起的噪声增加。下面，我们将从多个方面详细阐述设备噪声控制的相关内容。

第一，设备噪声控制需要从源头上进行。在矿山设备的设计阶段就应当充分考虑噪声控制的需求。例如，在机械设计时，可以采用低噪声的传动系统和结构，优化设备的整体布局，减少不必要的摩擦和碰撞。同时，在材料选择上，应尽量选用具有吸声、隔声性能的材料，以降低设备运行时产生的噪声。

第二，对现有设备进行噪声控制改造也是一项重要工作。对于已经投入使用的矿山设备，可以通过加装消声器、隔声罩等噪声控制装置来降低其噪声水平。这些装置能够有效地吸收或阻隔设备产生的声波，减少噪声的传播。同时，定期对设备进行维护保养，确保其处于良好的工作状态，也是减少噪声产生的有效手段。

第三，合理的操作管理也是设备噪声控制的重要方面。矿山设备的操作人员应接受噪声控制方面的培训，了解设备噪声的产生机理和控制方法。在操作过程中，应严格按照操作规程进行，避免不必要的噪声产生。例如，在操作机械设备时，应尽量保持平稳的运行状态，避免急剧的启动和停止。

第四，在设备噪声控制过程中，还需要考虑经济性和可行性的问题。噪声控制措施的实施往往需要投入一定的资金和资源，因此需要在保证噪声控制效果的同时，尽可能降低投入成本。例如，在选择噪声控制装置时，应综合考虑其降噪效果、使用寿命、维护成本等因素，选择性价比高的产品。

第五，设备噪声控制还需要与矿山的整体规划和布局相结合。在矿山规划和布局时，应充分考虑噪声污染的影响，合理安排设备的布局和作业区域。例如，可以将噪声较大的设备布置在远离办公区和生活区的地方，以减少对人员的影响。同时，也可以利用地形、建筑等自然条件设置声屏障或利用绿化带等隔声，进一步降低噪声的传播。

第六，设备噪声控制还需要与矿山的噪声监测和管理相结合。通过对矿山设备的噪声进行定期监测和评估，可以及时发现噪声污染问题并采取相应的控制措施。同时，建立健全噪声管理制度和应急预案，对于应对突发噪声污染事件具有重要意义。

（四）个体防护措施

在矿山工作中，个体防护措施是保障工人安全健康的重要一环。由于矿山作业环境的特殊性，工人常常面临各种潜在的职业危害，其中噪声污染尤为突出。因此，采取有效的个体防护措施，对于减少噪声对工人的直接影响、维护工人的听力健康具有重要意义。以下为常见的个体防护措施：

第一，为矿山工作人员配备有效的耳塞或耳罩等个人防护用品是减少噪声影响的基础措施。这些防护用品能够阻隔或降低噪声的传播，使工人在高噪声环境下工作时，能够减少噪声对听力的损伤。在选择耳塞或耳罩时，应考虑其降噪效果、佩戴舒适度以及耐用性等因素，确保防护用品既能够有效降噪，又适合工人长时间佩戴。

第二，合理安排工作时间和工作环境也是减少工人与噪声接触时间的重要措施。矿山企业应结合生产实际情况，制定合理的工作时间表，避免工人在高噪声环境下长时间连续工作。同时，通过优化作业流程、改善作业空间布局等方式，减少工人在噪声污染严重区域的暴露时间。此外，还可以在噪声较大的区域设置休息区或隔声设施，让工人在工作间隙能够得到充分的休息和放松。

第三，加强工人的噪声防护意识和培训也是至关重要的。矿山企业应定期开展噪声防护知识培训，让工人了解噪声的危害、防护用品的正确佩戴方法以及噪声防护的重要性。应通过培训提高工人的自我防护意识和能力，使他们能够在日常工作中自觉遵守噪声防护规定，正确使用防护用品。

第四，在实施个体防护措施的过程中，企业还需关注工人的心理健康和情绪变化。长时间处于高噪声环境下工作，不仅会对工人的听力造成损伤，还可能引发焦虑、烦躁等心理问题。因此，企业应关注工人的心理状态，及时提供心理疏导和帮助，确保工人能够保持良好的心态和工作状态。

（五）噪声监测与管理

噪声监测与管理包括对矿山噪声进行定期监测和评估，确保噪声水平符合相关标准和要求。同时，也需要建立健全噪声管理制度和应急预案，对噪声污染问题进行及时有效的处理。噪声监测与管理是一项复杂且重要的工作，它涉及环境质量的评估、噪声污染的控制以及公众健康的保护等多个方面。

噪声监测的具体步骤包括确定监测目标、制订监测计划、实施监测、数据分析与报告编写等。在确定监测目标时，需要考虑监测区域的噪声源、噪声传播路径以及受体等因素，明确监测的目的和意义。在制订监测计划时，需要确定监测的时间、地点、方法以及使用的仪器和设备等，确保监测的准确性和可靠性。在实施监测时，需要按照计划进行实地测量，记录监测数据，并对数据进行整理和分析。最后，根据分析结果编写监测报告，提出相应的管理和控制措施。

在噪声监测过程中，还需要注意一些事项。首先，监测点的选择应科学合理，能够反映监测区域的噪声污染状况。其次，监测方法应规范统一，避免数据误差和误导。再次，监测人员应具备专业知识和实践经验，能够准确判断和处理监测过程中的问题。最后，监测数据的分析和处理应科学严谨，能够提取有效信息并给出合理的结论。

除了具体的监测步骤和注意事项，噪声管理也是一项至关重要的工作。噪声管理包括制定和执行噪声控制政策、标准和法规，以及推动相关技术和方法的研发和应用。通过制定严格的噪声排放标准和控制措施，可以有效地限制噪声污染的产生和传播。同时，推动噪声控制技术的研发和应用，可以提高噪声治理的效率和效果，为环境保护和公众健康提供更好的保障。

矿山企业应建立健全噪声监测和管理制度，定期对矿山工作环境的噪声水平进行监测和评估。通过监测数据，企业可以了解矿山噪声污染的现状和趋势，为制定更加有效的噪声防护措施提供依据。对于噪声污染严重的区域，企业应加大投入力度，采取更加严格的噪声控制措施，确保工人的安全和健康。

（六）案例分析

某金矿位于山区，周边有居民区和农田，生产过程中产生的噪声对周边环境和居民生活造成了一定影响。为了改善这一状况，金矿决定实施噪声控制项目。在项目开始之前，首先对该金矿的噪声现状进行了详细的调查。通过现场测量和走访调查，发现主要噪声源包括破碎机、球磨机、运输车辆等。其中，破碎机和球磨机的噪声最为突出，声级高达 100 dB 以上。同时，由于设备布局不合理、噪声传播路径较长，对周边环境和居民的影响较大。

1. 基于噪声现状调查的结果制订噪声控制方案

设备更新与改造：对高噪声的破碎机和球磨机进行技术改造，采用低噪声电机和隔声罩等措施降低噪声产生。

声屏障设置：在破碎机和球磨机等高噪声设备周围设置声屏障，阻挡噪声传播。声屏障由钢板和吸声材料组合而成,具有较好的隔声效果。

建筑布局优化:对设备布局进行优化,将高噪声设备集中布置在远离居民区和敏感区域的地方,减少噪声对周边环境的影响。

个人防护用品提供:为矿工提供耳塞、耳罩等个人防护用品,减少噪声对听力的影响。

2. 按照噪声控制方案逐步实施各项技术措施

设备更新与改造:购买并安装新型低噪声电机和隔声罩,对破碎机和球磨机进行技术改造。

声屏障设置:在破碎机和球磨机等高噪声设备周围设置声屏障,并进行固定和检查,确保其稳定有效。

建筑布局优化:根据优化方案,对设备布局进行调整,将高噪声设备移至远离居民区和敏感区域的地方。

个人防护用品发放:为矿工提供耳塞、耳罩等个人防护用品,并进行使用培训和宣传教育。

3. 项目实施完成后评估噪声控制效果

现场测量:对改造后的设备进行现场测量,发现噪声水平显著降低,破碎机和球磨机的声级下降至 85 dB 以下。

居民反馈:周边居民反映噪声污染明显改善,生活质量得到提高。

环境监测:环境监测数据显示,周边环境的噪声水平也有所降低,符合相关环保要求。

4. 经验总结与启示

综合施策:矿山噪声控制需要综合施策,从声源控制、传播路径控制和接收者保护三个方面入手,采取多种技术措施进行综合控制。

技术创新:技术创新是矿山噪声控制的关键,通过引进新型低噪声设备和技术,可以显著降低噪声产生和传播。

合理规划:合理规划设备布局和建筑布局对于减少噪声传播具有重要意义,应将高噪声设备集中布置在远离居民区和敏感区域的地方。

个人防护:个人防护是保护矿工听力的有效措施,应为矿工提供耳塞、耳罩等个人防护用品,并进行使用培训和宣传教育。

持续监测与评估:实施噪声控制后需要持续进行监测和评估,以确保控制效果持续有效并符合相关环保要求。

【任务实施】

详细讲解矿山噪声控制的基本原理,包括噪声的产生、传播和接收过程。介绍矿山噪声控制技术,包括噪声源控制、传播路径控制和接收者保护等。分析矿山噪声控制的典型案例,让学生了解不同控制技术的应用效果和优化策略。学生分组进行矿山噪声的实地监测,使用噪声监测仪器记录不同区域的噪声级。根据监测数据,分析矿山噪声的分布情况和影响范围。对矿山噪声进行评估,确定需要采取控制措施的区域和噪声源。

【思考与练习】

1. 分析不同矿山噪声控制技术(如噪声源控制、传播路径控制、接收者保护)的适用性和优缺点。

2. 矿山噪声与其他类型的噪声(如交通噪声、工业噪声)相比,有哪些独特之处?

3. 设计一个针对某矿山的噪声控制方案，包括确定控制目标、选择控制技术、制订实施计划等。

习　　题

一、选择题

1. 矿山噪声的主要来源是(　　)。

A. 通风系统

B. 运输车辆

C. 采矿机械

D. 爆破作业

2. 噪声的计量单位是(　　)。

A. 分贝(dB)

B. 牛顿(N)

C. 赫兹(Hz)

D. 焦耳(J)

二、填空题

1. 噪声污染对人体健康的主要影响包括________和________。

2. 矿山噪声控制的主要手段包括________、________和________。

三、简答题

1. 描述矿山噪声污染的特点及其对周围环境的影响。

2. 列举几种常见的矿山噪声控制措施，并简述其工作原理。

四、论述题

1. 分析矿山噪声污染对工人健康和生产安全的影响，并探讨有效的噪声控制策略。

2. 讨论在矿山设计中如何充分考虑噪声控制因素，以实现噪声的源头控制。

五、案例分析题

1. 某矿山因采矿机械噪声过大，导致周边居民频繁投诉。请分析噪声产生的原因，并提出有效的噪声控制措施。

2. 某矿山运输车辆噪声严重超标，请设计一个综合的噪声控制方案，包括设备改进、管理措施和隔声设施等方面。

项目六　矿山环境管理

矿山环境管理是一项综合性的工作，涉及环境保护、资源利用、安全生产等多个方面。它主要是指政府、企业和社会公众等多元主体，运用法律、经济、技术、行政、教育等手段，对矿山开发、生产过程中产生的环境影响进行预防、控制和治理，以实现矿山发展与环境保护的协调统一。

矿山环境管理的重要性不言而喻。首先，矿山开发往往伴随着大规模的土地破坏、水体污染、植被损失等环境问题，这些环境问题不仅影响当地生态系统的完整性，还可能对周边居民的生活质量和健康安全构成威胁。其次，矿山资源的不可再生性决定了我们必须合理利用和保护这些资源，避免过度开采和浪费。最后，随着社会对环境保护意识的提高，矿山环境管理也成为企业社会责任和公众关注的焦点。

矿山环境管理的内容十分丰富。一方面，对矿山开发前的环境影响进行预测和评估，制订合理的开发计划和环保措施，包括矿山的选址、布局、生产工艺的选择、废弃物的处理等方面。另一方面，对矿山开发过程中的环境问题进行实时监测和治理，确保各项环保措施得到有效执行，包括大气、水体、土壤等环境要素的监测以及噪声、粉尘等污染物的控制。

在矿山环境管理的过程中，政府扮演着主导角色。政府通过制定法律法规、政策标准和监管机制，规范矿山企业的行为，推动矿山环境管理的实施。同时，政府还需要加强对矿山企业的监督和检查，确保其遵守环保法规，履行环保责任。矿山企业是矿山环境管理的直接责任主体。企业需要建立完善的环保管理体系，包括环保机构的设置、环保人员的配备、环保制度的制定和执行等方面。同时，企业还需要加强环保技术的研发和应用，提高资源利用效率，减少污染物的排放。社会公众在矿山环境管理中也发挥着重要作用。公众可以通过参与环保监督、举报违法行为、参与环保宣传教育等方式，推动矿山环境管理的改善。此外，公众还可以通过媒体和网络等渠道，加强对矿山环境问题的关注和监督，促使政府和企业更加重视矿山环境管理。

然而，矿山环境管理也面临着诸多挑战。例如，矿山环境问题的复杂性和多样性使得管理难度加大；矿山企业之间的利益冲突和竞争也可能影响环境管理的实施；一些矿山企业可能存在环保意识淡薄、违法违规等问题，给矿山环境管理带来挑战。

为了加强矿山环境管理，我们需要采取一系列措施。首先，加强法律法规建设，完善矿山环境管理的法律体系。其次，加强监管力度，提高执法效率，确保矿山企业遵守环保法规。再次，加强宣传教育，提高公众对矿山环境问题的认识和参与度。最后，加强科技创新，推动环保技术的研发和应用，提高矿山环境管理的科技含量和效果。

矿山环境管理是一项长期而艰巨的任务，需要我们政府、企业和社会公众共同努力，采取多种手段和方法，加强矿山环境问题的预防、控制和治理。只有这样，我们才能实现矿山发展与环境保护的协调统一，为构建美丽中国贡献力量。

任务一　《中华人民共和国环境保护法》

【知识目标】

掌握《中华人民共和国环境保护法》的基本内容。

【技能目标】

能准确理解《中华人民共和国环境保护法》(以下简称《环境保护法》)中的相关条文,包括定义、原则、制度及法律责任等;运用法律条文对矿山环境保护实践中的具体问题进行分析和判断;能运用《环境保护法》的知识,对矿山环境保护的实际案例进行分析,识别出案例中涉及的法律问题。

【任务导入】

假设你是一家矿山企业的环境管理负责人,最近你的企业收到了一份来自环保部门的通知,指出企业在生产过程中存在环境污染问题,需要立即整改并接受处罚。作为环境管理负责人,你深知《环境保护法》对于矿山企业的重要性,但你也面临着一些困惑:如何确保企业在遵守《环境保护法》的同时,实现可持续发展?如何在保证生产效益的同时,降低对环境的负面影响?

【任务分析】

1. 分析矿山企业在矿产资源勘查、开采、加工等过程中可能涉及的环境保护法律问题。

2. 探讨如何运用《环境保护法》解决矿山环境管理中的实际问题。

3. 矿山企业在《环境保护法》中的法律责任,分析矿山企业可能面临的环境法律风险。

【相关知识】

《环境保护法》是我国综合性的环境保护基本法,为我国的环境保护工作提供了全面的法律保障,为构建生态文明、实现可持续发展奠定了坚实的基础。

一、总则

《环境保护法》的“总则”部分是整部法律的开篇,它奠定了整部法律的基础和指导思想,明确了环境保护的目标、原则、适用范围和基本要求。

(一)立法目的与宗旨

《环境保护法》的立法目的为保护和改善环境,防治污染和其他公害,保障公众健康,推进生态文明建设,促进经济社会可持续发展。这一宗旨体现了国家对于环境保护的高度重视,强调了环境保护与经济社会发展之间的平衡与协调。

(二)环境的定义与范围

《环境保护法》明确界定了“环境”的概念,即影响人类生存和发展的各种天然的和经过人工改造的自然因素的总体,包括大气、水、海洋、土地、矿藏、森林、草原、湿地、野生生物、自然遗迹、人文遗迹、自然保护区、风景名胜区、城市和乡村等。这一定义不仅涵盖了自然环境的各个方面,还充分考虑了人工环境对自然环境的影响,为全面保护环境提供了法律依据。

(三)环境保护的基本原则

《环境保护法》确立了保护优先、预防为主、综合治理、公众参与、损害担责的原则。这些原则贯穿整部法律,为环境保护工作提供了基本的指导。保护优先原则强调在经济发展与环境保护之间优先考虑环境保护;预防为主原则要求采取预防措施,避免环境问题的发生;

综合治理原则强调对环境问题采取综合措施进行治理；公众参与原则鼓励公众积极参与环境保护工作；损害担责原则明确了造成环境损害的单位和个人应承担相应的法律责任。

（四）适用范围与主体

《环境保护法》适用于中华人民共和国领域和中华人民共和国管辖的其他海域。这一定义明确了法律的适用范围，体现了国家对于环境保护的全面性和普遍性。同时，法律还明确了各级人民政府、企业事业单位和其他生产经营者以及公民在环境保护方面的责任和义务，确保环境保护工作得到全社会的共同参与和支持。

（五）国家环境保护的政策与措施

国家采取有利于节约和循环利用资源、保护和改善环境、促进人与自然和谐的经济、技术政策和措施，使经济社会发展与环境保护相协调。这一规定强调了国家在政策制定和措施实施方面对环境保护的重视，体现了国家对环境保护的积极态度和决心。

（六）环境保护的宣传与教育

《环境保护法》还强调了环境保护的宣传与教育的重要性，要求各级人民政府加强环境保护宣传和普及工作，鼓励基层群众性自治组织、社会组织、环境保护志愿者开展环境保护法律法规和环境保护知识的宣传，营造保护环境的良好风气。这一规定有助于提高公众的环境保护意识，形成全社会共同参与环境保护的良好氛围。

《环境保护法》的“总则”部分明确了环境保护的立法目的、宗旨、原则、适用范围和基本要求，为整部法律的实施提供了坚实的基础和指导。这一部分的叙述不仅体现了国家对于环境保护的高度重视和决心，也为全社会共同参与环境保护工作提供了法律依据和保障。

二、监督管理

《环境保护法》的“监督管理”部分是整部法律中至关重要的章节，它详细规定了环境保护监督管理体制、监测与信息公开制度以及相关的法律责任，为环境保护工作的顺利开展提供了坚实的法律保障。

（一）明确环境保护的监督管理体制

“总则”部分规定国务院环境保护主管部门，对全国环境保护工作实施统一监督管理；县级以上地方人民政府环境保护主管部门，对本行政区域环境保护工作实施统一监督管理。这一体制的确立，确保了环境保护工作的统一性和协调性，避免了多头管理、责任不清的问题。“监督管理”部分规定国家建立跨行政区域的重点区域、流域环境污染和生态破坏联合防治协调机制，实行统一规划、统一标准、统一监测、统一的防治措施，以加强跨区域的环境保护合作，共同应对环境问题。

（二）强调环境监测与信息公开的重要性

国务院环境保护主管部门制定监测规范，会同有关部门组织监测网络，统一规划国家环境质量监测站（点）的设置，建立监测数据共享机制，加强对环境监测的管理。这一规定确保了环境监测的规范性和准确性，为环境保护提供了科学依据。同时，重点排污单位应当按照国家有关规定和监测规范安装使用监测设备，保证监测设备正常运行，保存原始监测记录。这一要求保证了重点排污单位能够自觉遵守环保法规，接受社会监督。

（三）规定环境保护的信息公开制度

国务院环境保护主管部门统一发布国家环境质量、重点污染源监测信息及其他重大环境信息。省级以上人民政府环境保护主管部门定期发布环境状况公报。县级以上人民政府环境保护主管部门和其他负有环境保护监督管理职责的部门，应当依法公开环境质量、环境监测、突发环境事件以及环境行政许可、行政处罚、排污费的征收和使用情况等信息。这一制度保障了公众对环境信息的知情权，增强了环境保护工作的透明度和公信力。

《环境保护法》的“监督管理”部分为环境保护工作的顺利开展提供了有力的法律保障。它的实施将有助于加强环境保护工作的统一性和协调性，提高环境保护的效率和效果，推动生态文明建设不断向前发展。在未来的环境保护工作中，我们应深入理解和贯彻监督管理规定，不断完善监督管理机制，加强环境监测与信息公开工作，确保《环境保护法》得到有效执行，为人民群众创造一个美丽宜居的生态环境。

三、保护和改善环境

《环境保护法》的“保护和改善环境”部分是整部法律的核心内容之一，它明确了环境保护的基本任务和目标，提出了一系列保护和改善环境的措施，为我国的生态环境保护工作提供了重要的法律保障。

环境是人类生存和发展的基础，保护和改善环境是全社会的共同责任。这一理念的提出，不仅体现了国家对环境保护的高度重视，也彰显了人类与自然和谐共生的生态理念。通过法律的形式，环境保护上升到国家意志的高度，确保了环境保护工作的严肃性和权威性。“总则”部分明确了保护和改善环境的具体任务，为环境保护工作指明了方向，也为各级政府履行职责提供了明确的法律依据。为了实现这些任务，“保护和改善环境”部分提出了一系列具体的措施。例如，它要求加强自然生态系统保护和修复，实施重点生态功能区保护和修复工程，建立生态补偿制度，促进生物多样性保护。这些措施的实施有助于维护生态系统的平衡和稳定，提高生态系统的服务功能，为人类提供更好的生存环境。同时，还关注农村环境保护问题。各级人民政府应当加强农村环境保护工作，改善农村环境质量，促进农业可持续发展。这一规定的提出有助于解决农村环境污染和生态破坏问题，提高农民的生活质量，推动农村经济的健康发展。

总之，《环境保护法》中的“保护和改善环境”部分从多个方面提出了保护和改善环境的任务和措施，为我国的生态环境保护工作提供了全面的法律保障。通过实施这些任务和措施，我们有望构建一个美丽宜居的生态环境，实现人与自然的和谐共生。

四、法律责任

在《环境保护法》中，法律责任作为确保环境保护工作得以有效执行的重要一环，得到了全面而详尽的阐述。该法不仅明确了环境保护法律责任的内涵和种类，还详细规定了违反《环境保护法》所应承担的法律后果，以及追究法律责任的程序和机制。

（一）环境保护法律责任的内涵

环境保护法律责任是指行为人因违反环境保护法律、法规，造成环境污染、生态破坏或其他损害，依法应当承担的法律后果。这种责任既包括对环境污染和生态破坏行为的直接制裁，也包括对受害者损失的赔偿。

（二）环境保护法律责任的种类

根据违法行为的不同性质和后果，环境保护法律责任可以分为行政责任、民事责任和刑事责任三种。行政责任主要针对违反环境管理秩序的行为，如超标排放、未取得排污许可证等，相关责任主体可能面临罚款、责令停产整顿等行政处罚。民事责任则主要涉及因环境污染或生态破坏导致的财产损失或人身伤害，责任主体需承担赔偿损失的责任。刑事责任则是针对严重破坏环境资源、构成犯罪的行为，相关责任人将受到刑事制裁。

（三）追究环境保护法律责任的程序和机制

这包括环境违法行为的调查取证、责任认定、处罚决定和执行等环节。在调查取证方面，法律赋予了环保部门和其他有关部门一定的执法权，可以依法对涉嫌环境违法的行为进行调查取证。在责任认定方面，法律要求综合考虑违法行为的性质、情节、后果等因素，确保责任认定的公正性和准确性。在处罚决定和执行方面，法律要求严格依法办事，确保处罚的及时性和有效性。

（四）企业在环境保护中的法律责任

企业作为环境污染和生态破坏的主要源头之一，在环境保护中承担着重要的责任。法律要求企业严格遵守环境保护法律、法规，采取有效的污染防治措施，减少污染物排放，防止环境污染和生态破坏。同时，企业还应当承担因自身行为导致的环境污染和生态破坏的修复和赔偿责任。

（五）公众在环境保护中的权利和义务

公众有权举报环境违法行为，参与环境监督，要求政府和企业履行环境保护职责。同时，公众也应当自觉遵守环境保护法律、法规，积极参与环境保护活动，共同维护生态环境的安全和稳定。

总的来说，《环境保护法》对环境保护法律责任进行了全面而详尽的阐述。它明确了环境保护法律责任的内涵和种类，规定了追究法律责任的程序和机制，并特别强调了企业在环境保护中的法律责任和公众的参与作用。这些规定为环境保护工作的顺利开展提供了有力的法律保障，有助于推动我国环境保护事业的健康发展。

【任务实施】

分析矿山企业在矿产资源勘查、开采、加工等过程中可能涉及的环境保护法律问题。探讨矿山企业在遵守《环境保护法》方面的现状和挑战。选择典型的矿山环境违法案例，确保案例具有代表性和时效性。引导学生分析案例中涉及的环境保护法律问题，如违法行为的性质、法律责任等。讨论如何运用《环境保护法》解决案例中的问题，并提出改进措施。

将学生分成若干小组，每组选择一个矿山环境管理问题作为讨论主题，如矿山废水处理、矿山固体废物管理等。引导学生分析该问题涉及的环境保护法律问题，并提出解决方案。每组汇报讨论成果，包括问题分析、法律依据、解决方案等。

【思考与练习】

1.《环境保护法》在矿山环境管理中的作用是什么？

2. 矿山企业在《环境保护法》下应承担哪些责任？

3. 如何运用《环境保护法》解决矿山环境管理中的实际问题？

4. 某矿山企业在生产过程中排放大量废水，导致周边河流受到严重污染。请结合《环境保护法》的相关规定，分析该企业的法律责任和应采取的措施。

任务二 矿山环境制度与法律法规

【知识目标】

掌握矿山环境管理的基本概念、主要制度以及矿山环境保护的法律法规。

【技能目标】

能运用所学的矿山环境管理制度与法律法规知识,对矿山环境管理案例进行深入分析,识别案例中的法律问题,并提出合理的法律建议或解决方案。根据具体的矿山环境问题,准确判断适用的法律法规条款,理解法律条款的内涵和外延,并能够将法律条款与实际问题相结合,进行恰当的法律适用。

【任务导入】

在矿山开采过程中,环境问题日益凸显,如土地塌陷、水体污染、生态破坏等。这些环境问题不仅影响矿山的可持续发展,也对周边社区和生态环境造成严重影响。因此,矿山环境管理显得尤为重要,而矿山环境制度与法律法规则是矿山环境管理的重要支撑和保障。假设你是一家矿山企业的环境管理部门负责人,你会如何制订和执行矿山环境管理计划?在面对矿山开采过程中的环境问题时,你会如何运用法律法规来解决问题?

【任务分析】

1. 阐述我国矿山环境保护的法律法规体系,包括国家层面的法律、行政法规、部门规章以及地方性法规和规章。

2. 分析矿山企业在环境保护方面的法律责任和义务,包括遵守环境保护法律法规、承担污染减排和生态恢复责任等。

3. 分析矿山环境问题的法律解决途径和方法,包括环境公益诉讼、环境行政处罚、环境民事赔偿等。

【相关知识】

矿山环境制度与法律法规是保障矿山可持续发展的重要基石。它们规定了矿山开发过程中的环境保护要求,明确了企业和政府的责任与义务,确保矿山开发与环境保护相协调。这些制度和法规的实施,有效防止了矿山环境污染和其他公害,维护了生态平衡和公众健康。

一、矿山环境管理概述

矿山环境管理作为资源开发与环境保护相协调的关键环节,对于确保矿山的可持续发展、维护生态平衡以及保障公众健康具有重要意义。它涉及矿山开发全过程的各个环节,旨在通过科学、合理的管理手段,实现矿产资源的高效利用与生态环境的有效保护。

矿山环境管理的核心在于制定并执行一系列的原则与目标。这些原则包括预防为主、综合治理、公众参与等,旨在从源头上减少矿山开发对环境的破坏,同时通过多种手段的综合运用,实现环境问题的有效治理。目标方面,矿山环境管理致力于保护矿山生态环境,防止污染和其他公害的发生,确保矿山的可持续发展。为实现这些原则与目标,矿山环境管理需要建立一套完善的组织体系与职责分工。政府部门在矿山环境管理中发挥着主导作用,负责制定政策、法规和标准并监督执行。矿山企业作为环境保护的主体,承担着落实环保措施、减少污染排放等具体责任。社会各界也应积极参与矿山环境管理,通过舆论监督、公众参与等方式，推动矿山环境保护工作的深入开展。

在矿山环境管理的制度框架方面，我国已经建立了一系列法律法规和政策措施。这些法律法规明确了矿山环境管理的法律地位、基本原则和具体措施，为矿山环境管理提供了有力的法律保障。在政策措施方面，政府通过财政补贴、税收优惠等手段，鼓励企业采用环保技术、设备，推动矿山环境保护工作的创新发展。

然而，矿山环境管理也面临着诸多的挑战和困难。一方面，矿山开发过程中产生的废水、废气、固体废物等污染物处理难度较大，需要采用先进的技术和设备进行处理。另一方面，矿山生态环境破坏严重，生态恢复与治理需要长期投入和持续努力。此外，矿山环境管理还涉及多方利益诉求和协调问题，需要政府、企业和社会各界共同努力解决。针对这些挑战和困难，矿山环境管理需要不断创新和完善。一方面，应加强科技创新和研发力度，推广应用先进的环保技术和设备，提高矿山污染物处理效率和生态恢复能力。另一方面，应完善矿山环境管理制度和政策体系，明确各方责任和义务，加强监管和执法力度，确保矿山环境管理工作的有效实施。同时，还应加强宣传教育，提高公众对矿山环境保护的认识和参与度，形成全社会共同参与的良好氛围。

总之，矿山环境管理是确保矿山可持续发展、维护生态平衡和保障公众健康的重要措施。通过完善制度框架、加强科技创新和宣传教育等手段，我们可以不断提升矿山环境管理水平，推动矿山开发与环境保护的协调发展。未来，随着科技进步和社会文明程度的提高，相信矿山环境管理将迎来更加广阔的发展前景和更加美好的未来。

二、矿山环境法律法规体系

矿山环境法律法规体系是保障矿山环境安全、促进矿业可持续发展的重要基石。它涵盖了国家层面的法律法规、地方性法规与规章以及国际矿山环境法律法规与公约，是一个多层次、全方位的矿山环境管理法律框架。

在国家层面，我国已经建立了一套相对完善的矿山环境法律法规体系。首先，《环境保护法》作为环境保护领域的基本法，为矿山环境管理提供了基本的法律依据。该法明确了环境保护的基本原则、目标和任务，规定了矿山企业应当遵守的环境保护义务，以及违反环境保护规定所应承担的法律责任。《中华人民共和国矿产资源法》针对矿产资源的开发、利用和保护进行了详细规定。该法强调了矿产资源的合理利用和节约使用，规定了矿山企业在开采矿产资源过程中应当采取的环境保护措施，包括废水、废气、固体废物的处理与排放控制等。除了上述两部基本法外，我国还制定了一系列与矿山环境管理相关的专门性法规。例如，《矿山地质环境保护规定》详细规定了矿山地质环境保护的治理恢复、监督管理、法律责任等方面的要求，为矿山地质环境管理提供了具体的操作指南。此外，《中华人民共和国水土保持法》《中华人民共和国水污染防治法》等相关法律法规也对矿山环境管理提出了明确要求，共同构成了矿山环境管理的法律基础。

在地方性法规与规章方面，各地方政府根据本地矿山环境的特点和问题，制定了一系列具有针对性的法规和政策。这些地方性法规与规章不仅细化了国家层面法律法规的要求，还结合地方实际，提出了更具操作性的矿山环境管理措施。这些措施包括矿山环境准入制度、环境影响评价制度、环境监管与执法等方面的内容，为矿山环境管理提供了有力的制度保障。

在国际层面，我国积极参与国际矿山环境法律法规的制定与实施。通过参与国际矿山环境合作与交流等方式,我国与世界各国共同推动矿山环境管理的国际化进程。这些国际法律法规与公约不仅为我国矿山环境管理提供了借鉴和参考,也促使我国在矿山环境保护方面不断与国际接轨,提升我国矿山环境管理的国际化水平。

然而,矿山环境法律法规体系的完善并不意味着矿山环境问题的彻底解决。在实际执行过程中,仍然存在一些挑战和困难。例如,一些矿山企业存在违法违规行为,逃避环保责任;一些地方政府在矿山环境管理中存在监管不到位、执法不严等问题;矿山环境法律法规的更新和完善也需要与时俱进,以适应不断变化的矿山环境形势。因此,我们需要进一步加强矿山环境法律法规的宣传教育,提高矿山企业和公众的法律意识;加强矿山环境执法力度,严格依法查处矿山环境违法行为;不断完善矿山环境法律法规体系,以适应矿山环境保护工作的需要。

矿山环境法律法规体系是保障矿山环境安全、促进矿业可持续发展的重要保障。通过不断完善法律法规体系、加强执法力度和宣传教育等,我们可以更好地推动矿山环境管理工作的发展,为矿山的可持续发展和生态环境的保护做出积极贡献。

三、矿山环境影响评价与监测

矿山环境影响评价与监测是矿山环境管理中至关重要的环节,旨在全面评估矿山开发活动对环境的潜在影响,并实时监测矿山环境状况,以确保矿山开发与环境保护之间的平衡。

(一)矿山环境影响评价

矿山环境影响评价是矿山开发前必须进行的一项重要工作。其目的在于预测、分析和评估矿山开发活动可能对环境造成的影响,为制定科学合理的环境保护措施提供依据。在评价过程中,需要充分考虑矿山的地质、水文、生态等特征,以及开发活动的规模、方式等因素。通过收集资料、现场调查、专家咨询等手段,对矿山开发活动可能产生的废水、废气、固体废物等污染物进行预测和评估,同时分析这些污染物对空气、水体、土壤等环境要素的影响程度。

矿山环境影响评价的结果将为矿山环境管理提供重要的决策依据。根据评价结果,可以制定相应的环境保护措施,如优化矿山开发方案、采用先进的环保技术、加强环境监管等,以最大限度地减少矿山开发对环境的负面影响。同时,评价结果还将作为矿山开发许可的重要依据,对于不符合环保要求的矿山项目,将不予批准或整改后重新评估。

(二)矿山环境监测

环境影响评价并非一蹴而就的工作,矿山开发过程中出现的新问题和新情况需要及时进行监测和评估,这就引出了矿山环境监测的重要性。矿山环境监测是对矿山环境状况进行实时、连续的观测和测量,以掌握矿山环境质量的动态变化。监测内容通常包括空气质量、水体质量、土壤质量、生态状况等多个方面。通过采集样品、分析数据、比对标准等手段,可以及时发现矿山环境存在的问题和隐患,为环境管理提供科学依据。

矿山环境监测有助于及时发现环境污染和生态破坏问题,并采取有效措施进行治理和修复。例如,当监测数据显示矿山废水排放超标时,可以立即采取措施加强废水处理,防止污染扩散;当发现土壤重金属含量超标时,可以开展土壤修复工作,恢复土壤生态功能。此外,矿山环境监测还可以为矿山环境影响评价的后续工作提供数据支持,帮助评估环境保护措施的有效性,指导矿山环境管理工作的持续改进。

在矿山环境影响评价与监测的实施过程中，需要充分发挥政府、企业和社会各界的作用。政府应制定相关政策法规，明确评价与监测的要求和标准，加强监管和执法力度；企业应自觉遵守环保法规，落实评价与监测工作，积极采取环保措施，减少环境污染；社会各界应积极参与矿山环境保护工作，通过舆论监督、公众参与等方式推动矿山环境管理的不断完善。

总之，矿山环境影响评价与监测是矿山环境管理中的重要环节，它们为矿山开发与环境保护的协调发展提供了有力保障。通过科学、规范的评价与监测工作，我们可以更好地了解矿山开发对环境的影响程度，制定有效的环境保护措施，促进矿山的可持续发展和生态环境的保护。未来，随着科技的不断进步和环保意识的日益提高，我们相信矿山环境影响评价与监测工作将不断完善和创新，为矿山环境管理贡献更多的智慧和力量。

四、矿山污染防治与治理

矿山污染防治与治理是矿山环境管理的重要组成部分，它直接关系到矿山资源的可持续利用和生态环境的保护。随着矿山开发活动的不断进行，矿山环境问题日益突出，污染防治与治理工作显得尤为重要。

（一）矿山污染防治

矿山污染防治的主要目标是减少和防止矿山开发过程中产生的各种污染物对环境的污染和破坏。这些污染物主要包括废水、废气、固体废物以及噪声和振动等。针对这些污染物，我们需要采取一系列有效的防治措施。

首先，废水处理是矿山污染防治的重要一环。矿山开发过程中产生的废水往往含有重金属、有毒有害物质等，对水体环境造成严重影响。因此，建立完善的废水处理系统至关重要。其次，废气治理也是矿山污染防治的重点之一。矿山生产中的破碎、筛分、运输等环节都会产生大量粉尘和有害气体，对空气质量和人体健康造成威胁。因此，需要采用除尘设备、排放控制技术等手段，减少废气的排放，确保空气质量符合标准。最后，固体废物的处理也是矿山污染防治不可忽视的方面。矿山开发过程中产生的废石、尾矿等固体废物量大且难以处理。通过合理分类、堆存和综合利用，可以减少固体废物的排放量，同时实现资源的再利用。

除了上述具体的污染防治措施外，矿山污染还需要从源头上进行防治：优化矿山开发方案，采用先进的采矿技术和设备，减少污染物的产生；加强矿山环境管理，建立健全环境监测和预警体系，及时发现和处理环境问题；加强环境法律法规的宣传和执行力度，提高矿山企业和员工的环保意识，形成全社会共同参与的良好氛围。

（二）矿山污染治理

在矿山污染治理方面，我们需要针对已经造成的环境问题进行有效治理和修复。例如，对于矿山开采造成的土地破坏和水体污染，可以通过土地复垦、水土保持、水体净化等措施进行治理；对于因采矿活动导致的生态破坏，可以通过生态恢复、植被重建等手段进行修复。这些治理措施旨在恢复矿山生态环境的功能和美学价值，实现人与自然的和谐共生。

然而，矿山污染治理并非一蹴而就的事情。它需要政府、企业和社会各界的共同努力和长期投入。政府应加大政策支持力度，提供资金和技术支持，推动矿山污染治理工作的深入开展；企业应积极履行环保责任，加强内部管理，采用环保技术和设备，减少污染物的排放；社会各界应积极参与矿山环保工作，加强舆论监督，推动形成全社会共同关注、共同参与的良好氛围。

总之，矿山污染防治与治理是矿山环境管理的核心内容，它关系到矿山资源的可持续利用和生态环境的保护。通过采取有效的防治措施和治理手段，我们可以减少矿山开发对环境的污染和破坏，实现矿山的可持续发展和生态环境的良性循环。

五、矿山环境保护责任与监管

矿山环境保护责任与监管是确保矿山开发活动对环境的影响得到有效控制的关键环节。在当前资源开发与环境保护日益受到重视的背景下，明确矿山环境保护责任、加强监管力度显得尤为重要。

（一）矿山环境保护责任

矿山环境保护责任涉及多个方面，包括政府、矿山企业以及社会公众等各方主体。政府作为矿山环境管理的主导者，应制定并完善相关法律法规，明确各方在矿山环境保护中的责任与义务。同时，政府还应加强矿山环境监管力度，确保矿山企业遵守环保法规，落实环保措施。矿山企业作为资源开发的主体，应承担起环境保护的主要责任，包括在矿山开发过程中采取必要的环保措施，减少污染物排放，保护生态环境。此外，企业还应加强内部管理，提高员工环保意识，确保矿山环境保护工作的有效实施。社会公众在矿山环境保护中也发挥着重要作用。公众应通过舆论监督、参与环保活动等方式，推动矿山环境保护工作的深入开展。

（二）矿山环境监管

在矿山环境保护责任的落实过程中，监管是不可或缺的一环。矿山环境监管主要包括对矿山企业环保工作的监督检查、对违法行为的查处以及对矿山环境质量的监测等方面。监管部门应加强对矿山企业的日常监管，定期对企业的环保设施运行情况进行检查，确保设施正常运行、污染物达标排放。同时，对于发现的违法行为，监管部门应依法进行查处，严肃追究相关责任人的法律责任。此外，监管部门还应建立矿山环境质量监测体系，对矿山环境质量进行实时监测和评估，为环境管理提供科学依据。

（三）加强矿山环境保护责任与监管的措施

为了加强矿山环境保护责任与监管，我们还需要采取一系列措施。首先，完善法律法规体系，明确各方责任和义务，为矿山环境保护提供有力的法律保障。其次，加强监管队伍建设，提高监管人员的业务水平和执法能力，确保监管工作的有效实施。最后，加强宣传教育，提高公众对矿山环境保护的认识和参与度，形成全社会共同关注、共同参与的良好氛围。

同时，我们也应看到矿山环境保护责任与监管面临的挑战。随着矿山开发规模的不断扩大，环境压力日益增大，监管难度也在不断增加。因此，我们需要不断创新监管手段和方法，提高监管效率和质量。例如，可以运用现代信息技术手段，建立矿山环境监管信息平台，实现信息共享和快速响应；还可以引入第三方评估机构，对矿山企业的环保工作进行客观评价和监督。

总之，矿山环境保护责任与监管是确保矿山开发活动对环境的影响得到有效控制的关键所在。我们需要明确各方责任、加强监管力度、创新监管手段，共同推动矿山环境保护工作的深入开展。

六、矿山环境事故应急与处置

矿山环境事故应急与处置是矿山安全管理的重要组成部分，旨在迅速、有效地应对矿山突发环境事件,保障人员安全,减轻事故对环境的破坏,并尽快恢复正常的生产秩序。

（一）矿山环境事故的特点

矿山环境事故具有突发性、复杂性和严重性等特点。由于矿山作业环境的特殊性,一旦发生事故,往往伴随着有毒有害气体泄漏、水体污染、土壤破坏等环境问题,对周边生态环境和居民健康构成严重威胁。因此,建立健全矿山环境事故应急管理体系至关重要。

（二）应急管理体系

在应急管理体系建设方面,矿山企业应制订详细的应急预案,明确应急组织机构、职责分工、预警机制、应急处置流程等内容。预案应结合实际,充分考虑可能发生的各类环境事故,确保预案的针对性和可操作性。同时,企业还应加强应急队伍建设,配备专业的应急设备和物资,定期组织应急演练,提高应急响应能力和处置水平。

当矿山环境事故发生时,应急处置工作应迅速展开。一方面,立即启动应急预案,成立应急指挥部,统一指挥和协调应急处置工作。另一方面,迅速开展事故现场勘查,了解事故原因、污染范围和影响程度,为制订处置方案提供依据。根据勘查结果,制订切实可行的处置方案,包括污染物清除、生态环境修复、人员疏散等措施。在处置过程中,应优先保障人员安全,确保事故不会进一步扩大。矿山环境事故应急与处置还需要注重信息报告和沟通协调。事故发生后,企业应及时向上级主管部门和当地政府报告事故情况,同时向周边居民通报相关信息,避免引发社会恐慌。在处置过程中,加强与相关部门和单位的沟通协调,形成合力,共同应对事故。在事故处置完成后,矿山企业还应开展事故总结与反思,分析事故原因和教训,查找应急管理和处置工作中的不足,提出改进措施,完善应急预案和体系。通过持续改进,不断提高矿山环境事故应急与处置的能力和水平。

同时,矿山环境事故应急与处置还需要注重科技支撑和信息化建设。利用现代信息技术手段,建立矿山环境事故应急管理平台,实现信息共享、资源调配和指挥调度的高效协同。借助遥感监测、大数据分析等技术手段,提高事故预警和处置的准确性和时效性。此外,加强矿山环境事故应急与处置的培训和宣传也至关重要。通过定期举办培训班、开展宣传活动等方式,提高矿山员工和社会公众的应急意识和处置能力,形成全社会共同参与、共同应对矿山环境事故的良好氛围。

矿山环境事故应急与处置是一项复杂而重要的工作。我们需要建立完善的应急管理体系、制订切实可行的处置方案、加强信息报告和沟通协调、注重科技支撑和信息化建设以及加强培训和宣传等方面的工作,以确保在矿山环境事故发生时能够迅速、有效地应对并减轻事故对环境和人员的损害。

七、矿山环境管理与法律法规案例分析

矿山环境管理是一个复杂且至关重要的领域,涉及对矿山开发活动进行全方位的环境监管和管控,以确保资源的可持续利用和生态环境的保护。法律法规在矿山环境管理中扮演着至关重要的角色,它们为矿山开发活动提供了明确的指导和规范,同时也为环境管理提供了有力的法律保障。下面将结合具体案例,对矿山环境管理与法律法规进行深入分析。

第一,矿山环境管理需要遵循一系列的法律法规。在我国,矿山环境管理的主要法律依据包括《环境保护法》《矿产资源法》《矿山地质环境保护规定》等。这些法律法规明确了矿山企业在资源开发过程中应遵守的环保标准和要求,包括污染物的排放标准、生态恢复的责任等。矿山企业必须依法开展环境影响评价,制订环境保护方案,确保开发活动符合环保要

求。在具体实践中，矿山环境管理面临着诸多挑战。以某大型煤矿为例，该煤矿在开采过程中产生了大量的废水、废气和固体废物，对周边环境造成了严重影响。当地政府依据相关法律法规，对该煤矿进行了严格的环境监管。首先，要求煤矿进行环境影响评价，并根据评价结果制定相应的环保措施。其次，要求煤矿对废水、废气处理设施进行定期检查和监测，确保其正常运行并达到排放标准。最后，要求煤矿对产生的固体废物进行分类处理和资源化利用，减少对环境的影响。

第二，在矿山环境管理过程中，也存在一些法律法规执行不力的情况。一些矿山企业为了追求经济利益，往往忽视环境保护，违规排放污染物，导致环境问题日益严重。针对这种情况，政府应加大执法力度，对违法行为进行严厉打击，同时加强监管和检查，确保矿山企业遵守法律法规。

第三，矿山环境管理还需要注重科技创新和公众参与。通过引入先进的环保技术和设备，提高矿山企业的环保水平，减少污染物排放。同时，加强公众对矿山环境问题的关注度和参与度，形成全社会共同关注、共同参与的良好氛围。

第四，在法律法规方面，我国矿山环境管理法律体系正在不断完善。然而，仍存在一些不足和需要改进的地方。例如，部分法律法规的条款过于笼统，缺乏具体操作性；一些新兴环境问题尚未纳入法律法规的监管范围。因此，未来应进一步加强法律法规的制定和修订工作，提高法律法规的针对性和可操作性。

矿山环境管理与法律法规密不可分。通过加强法律法规建设、严格执法、科技创新和公众参与等措施，我们可以有效应对矿山环境问题，实现资源的可持续利用和生态环境的保护。同时，我们也应认识到矿山环境管理的长期性和复杂性，需要持续努力、不断创新，以适应不断变化的环境形势和挑战。

八、矿山环境保护政策与措施

矿山环境保护政策与措施是确保矿山资源可持续利用和生态环境健康发展的重要保障。随着全球环境保护意识的提高，矿山环境保护工作也日益受到重视。

（一）矿山环境保护政策

在政策层面，矿山环境保护政策的制定与实施至关重要。首先，政府应出台相关法律法规，明确矿山环境保护的目标、原则和要求，为矿山企业提供明确的指导和规范。例如，制定严格的排放标准，限制矿山废水、废气、固体废物的排放，确保其对环境的影响控制在可承受范围内。其次，政府应建立健全矿山环境监管体系，加强对矿山企业的日常监管和执法力度。通过定期检查、随机抽查等方式，确保矿山企业遵守环保法规，落实环保措施。对于违法违规行为，应依法进行处罚，形成有效的威慑力。最后，政府还应推动矿山环境保护科技创新和人才培养。加大对矿山环保技术研发的投入，鼓励企业采用新技术、新工艺，提高资源利用效率，减少环境污染。同时，加强环保人才的培养和引进，提高矿山环保工作的专业化和科学化水平。

（二）矿山环境保护措施

在具体措施方面，矿山企业应采取一系列措施来落实环保政策。首先，加强矿山环境规划和设计。在矿山开发前，应进行全面的环境评估，制订科学的开发方案，确保矿山开发活动符合环保要求。同时，合理规划矿山布局，避免对周边环境和居民造成不良影响。其次，加强矿山废水、废气、固体废物的治理。采用先进的处理技术和设备，对废水、废气进行深度处理，确保达标排放。对于固体废物，应进行分类处理和资源化利用，减少对环境的影响。再次，矿山企业还应加强生态保护和恢复工作。在矿山开发过程中，应采取有效措施保护生态环境，避免破坏植被和生态系统。对于已经造成的生态破坏，应积极开展生态恢复工作，恢复土地功能和生态平衡。矿山企业还应加强环保宣传和教育。通过举办培训班、开展宣传活动等方式，提高员工和周边居民的环保意识，形成全社会共同参与矿山环境保护的良好氛围。最后，矿山企业还应加强与政府部门、科研机构、社会组织的合作与交流。通过共享资源、交流经验、合作研发等方式，共同推动矿山环境保护工作的深入开展。

【任务实施】

讲授矿山环境管理制度的基本概念、框架和主要内容。阐述我国矿山环境保护的法律法规体系，包括国家层面的法律、行政法规、部门规章以及地方性法规和规章。介绍矿山企业在环境保护方面的法律责任和义务，以及违法行为的法律后果和处罚措施。选择典型的矿山环境管理案例，引导学生进行分析和讨论。分析案例中涉及的法律法规条款、法律问题和解决方法，培养学生的法律分析能力、法律适用能力和问题解决能力。

通过角色扮演的方式，模拟矿山环境管理的实际工作场景。让学生扮演矿山企业、政府部门、公众等不同角色，进行法律沟通与协商的模拟训练，提高学生的法律沟通能力、协作能力和实践能力。组织学生进行小组讨论，分享对矿山环境管理制度与法律法规的理解和看法。

【思考与练习】

1. 请简述矿山环境管理制度的核心内容和目标是什么？
2. 在矿山环境管理中，矿山企业应承担哪些法律责任和义务？
3. 在矿山环境管理中，如何平衡经济发展与环境保护之间的关系？
4. 论述矿山环境管理制度与法律法规在矿山环境保护中的重要性，并结合实际案例，分析矿山环境管理制度与法律法规如何促进矿山可持续发展。

任务三　矿山环境管理标准

【知识目标】

掌握矿山环境管理标准的基本概念、内容体系、实施方法。

【技能目标】

能准确识别矿山环境管理标准的相关内容，包括标准编号、适用范围、主要条款等；熟悉矿山环境管理标准的制定、审查、批准和实施等流程，理解各环节的重要性和注意事项；了解矿山环境管理标准的评估方法和指标，能够评估矿山环境管理标准的实施效果。

【任务导入】

提出一些引导性问题，如“你认为矿山环境管理标准应该如何制定？”“在实施矿山环境管理标准时需要注意哪些问题？”

【任务分析】

1. 理解矿山环境管理标准的基本概念、内容体系及在矿山环境保护中的重要作用。
2. 掌握矿山环境管理标准的实施流程和方法，能够运用标准指导矿山环境管理工作。
3. 分析矿山环境管理标准的定义，明确其作为矿山环境保护工作指导依据的地位。

【相关知识】

矿山环境管理标准旨在规范矿山开发活动，保护生态环境，实现资源的可持续利用。这些标准通常包括矿山环境影响评价、污染物排放控制、生态保护与恢复等方面的具体要求。通过实施这些标准，矿山企业需采取一系列措施，如减少废水、废气排放，加强固体废物处理和资源化利用，以及实施生态恢复计划等。这些标准还强调企业的环保责任，要求建立有效的环境管理体系，加强环境监测和应急响应能力。遵守矿山环境管理标准有助于确保矿山开发与环境保护的协调发展，为矿山行业的可持续发展提供有力保障。

一、总则与管理体系

（一）矿山环境管理目标与原则

矿山环境管理的目标是实现矿山资源的可持续利用和生态环境的健康发展。在矿山开发过程中，必须始终坚持"预防为主、综合治理、保护优先、合理利用"的原则，确保矿山开发活动对环境的影响最小化，并促进矿山与周边环境的和谐共生。

为实现这一目标，矿山环境管理应确立以下具体原则：

首先，坚持生态优先。在矿山规划和开发过程中，应优先考虑生态环境的保护，避免对生态系统造成不可逆的损害。通过科学合理的规划和布局，减少对土地、水源、植被等自然资源的破坏，确保矿山开发活动符合生态环保要求。

其次，强化预防控制。矿山环境管理应注重预防，通过制定严格的环保标准和措施，防止污染物的产生和排放。同时，加强对矿山开发活动的日常监管和监测，及时发现并处理环境问题，防止环境污染和生态破坏的发生。

再次，推行综合治理。矿山环境管理应采取综合治理的方式，综合考虑矿山开发对空气、水、土壤等环境要素的影响，采取综合性的治理措施，确保矿山环境质量的整体提升。同时，加强矿山废弃物的处理和资源化利用，推动循环经济的发展。

最后，落实责任主体。矿山环境管理应明确各方的责任和义务，确保环境保护工作的有效实施。矿山企业应作为环境保护的主体，承担环保责任，制定并执行环保措施。政府部门应加强对矿山企业的监管和指导，确保其遵守环保法规，落实环保责任。同时，加强公众参与和社会监督，形成全社会共同参与矿山环境保护的良好氛围。

（二）管理体系构建与运行要求

矿山环境管理体系的构建是确保矿山环境管理目标得以实现的重要保障。一个完善的管理体系应包括组织架构、管理制度、运行机制等多个方面。

首先，构建合理的组织架构。矿山企业应设立专门的环境管理部门，负责矿山环境管理的日常工作。该部门应配备专业的环保人员，具备相应的技术能力和管理水平。同时，明确各部门之间的职责分工和协作机制，确保环境管理工作的协调推进。

其次，建立健全管理制度。矿山企业应制定详细的环境管理制度，包括环境影响评价制度、环境监测制度、污染防治制度、生态恢复制度等。这些制度应明确环保目标、要求、措施和责任，为矿山环境管理提供有力的制度保障。

最后，确保管理体系的有效运行。矿山企业应定期对环境管理体系进行审查和改进，确保其适应矿山开发活动的变化和环保要求的提高。同时，加强内部沟通和协调，确保各部门之间的顺畅合作，共同推动矿山环境管理工作的深入开展。在运行要求方面，矿山企业应严格遵守环保法规和标准，确保环境管理工作的合规性。加强对矿山开发活动的日常监管和监测，及时发现并处理环境问题。同时，加强环保设施的维护和管理，确保其正常运行并达到预期的环保效果。

二、环境影响评价与监测

矿山开发活动对环境的影响深远，因此，环境影响评价与监测是矿山环境管理中的重要环节。通过科学、系统地进行环境影响评价和监测，可以有效预防和控制矿山开发对环境的负面影响，保障矿山与周边环境的可持续发展。

首先，环境影响评价程序与方法是确保矿山开发活动符合环保要求的关键步骤。环境影响评价是指在矿山开发前，对可能对环境造成的影响进行预测、分析和评估，并提出相应的预防和减缓措施。评价程序通常包括确定评价范围、收集资料、分析影响、制定措施等步骤。在评价过程中，需要运用多种方法，如现场调查、专家咨询、模型预测等，以确保评价的准确性和科学性。通过环境影响评价，可以全面了解矿山开发对环境的潜在影响，为制定环保措施提供依据。

其次，监测网络建设与维护是环境影响评价的重要支撑。监测网络是指一系列用于监测矿山环境质量的站点和设施，包括空气质量监测站、水质监测站、土壤监测点等。这些站点能够实时监测矿山开发活动对环境的影响，为环境管理提供数据支持。在监测网络建设过程中，需要考虑监测点的布局、监测设备的选型、数据传输方式等因素，以确保监测数据的准确性和实时性。同时，监测网络的维护也至关重要，需要定期对监测设备进行维护和校准，确保其正常运行。

再次，监测数据分析与报告是环境影响评价与监测工作的重要组成部分。监测数据是了解矿山环境质量状况、评估矿山开发活动对环境影响程度的重要依据。通过对监测数据的分析，可以掌握矿山环境质量的变化趋势，及时发现环境问题，并为制定针对性的环保措施提供依据。同时，定期编制监测报告，将监测结果和分析结果以书面形式呈现，有助于政府部门、矿山企业和社会公众了解矿山环境状况，推动环境管理工作的深入开展。

最后，在环境影响评价与监测工作中，还需要注意以下几点：一是加强环保法规的宣传和执行力度，确保矿山企业和相关人员严格遵守环保法规；二是加强技术创新和人才培养，推动环境监测技术的不断进步，提高环境管理水平；三是加强信息公开和公众参与，让更多的人了解矿山环境状况，共同推动矿山环境保护工作的开展。

三、污染物排放与控制

在矿山开发过程中，废水、废气和固体废物的排放是不可避免的环境问题。因此，制定严格的排放标准、采取有效的控制措施，是矿山环境管理的重要任务。

废水排放标准是矿山环境管理中对水质保护的关键措施。矿山废水通常含有重金属、悬浮物等有害物质，如果未经处理直接排放，将对周边环境和水体造成严重污染。因此，制定严格的废水排放标准至关重要。这些标准应基于环保法规和科学数据，明确废水中各类污染物的最高允许排放浓度和排放量。同时，矿山企业应采取先进的废水处理技术，如沉淀、过滤、生物处理等，确保废水达到排放标准后再进行排放。

在废气排放标准与控制技术方面，矿山开发过程中产生的废气主要包括粉尘、有害气体等。这些废气不仅影响空气质量，还可能对人体健康造成危害。因此，制定严格的废气排放标准，采取有效的控制技术同样重要。矿山企业应安装高效的除尘设备和废气处理装置，如湿式除尘器、静电除尘器等,以减少粉尘和有害气体的排放。此外,采用低排放的生产工艺和技术,优化生产流程,也是降低废气排放的有效途径。

在固体废物处理与资源化利用方面,矿山开发产生的固体废物种类繁多,包括废石、尾矿、废渣等。这些固体废物如果随意堆放或处理不当,将占用大量土地并可能引发环境污染。因此,固体废物的处理和资源化利用是矿山环境管理的重要组成部分。矿山企业应建立完善的固体废物处理系统,包括分类收集、运输、储存和处理等环节。同时,积极探索固体废物的资源化利用途径,如将废石用于道路建设、尾矿用于充填采空区等,实现废物的减量化、资源化和无害化。

除了上述具体的排放标准和控制措施外,矿山企业还应加强环保意识的培养和环保技术的创新。通过加强员工培训提高员工对环保法规和标准的认识,增强环保意识;积极引进和研发先进的环保技术,提高污染物的处理效率,降低处理成本。此外,政府部门在矿山环境管理中也发挥着重要作用。政府应加强对矿山企业的监管力度,定期检查和评估企业的污染物排放情况,对违规行为进行处罚和整改。同时,政府还应加大对矿山环保技术的研发和推广力度,提供政策支持和资金扶持,推动矿山环保工作的深入开展。

四、生态保护与恢复

矿山开发活动对生态环境的影响深远,因此生态保护与恢复成为矿山环境管理的核心内容。在矿山开发过程中,需要明确生态保护的目标,制定相应的保护措施,并设计有效的生态恢复方案,以确保生态系统的健康和可持续发展。

首先,生态保护的目标是保护矿山及其周边地区的自然生态环境,防止和减少矿山开发活动对生态系统的破坏。为实现这一目标,需采取一系列具体的保护措施。例如,在矿山规划和设计阶段,应充分考虑生态环境因素,避免对重要生态区域造成破坏。在矿山开发过程中,应严格执行环保法规,确保开采活动符合生态保护要求。此外,加强矿区植被恢复和水土保持工作,也是保护生态环境的重要措施。

其次,生态恢复方案是矿山环境管理中至关重要的环节。矿山开发往往导致土地破坏、植被丧失和水土流失等生态问题,因此需要通过生态恢复措施来修复受损的生态系统。生态恢复方案应基于生态系统的自然恢复能力,采用合适的植被恢复技术、土壤改良措施和水土保持工程等,逐步恢复矿区的生态环境。同时,生态恢复方案还需要考虑到当地的自然条件和社会经济条件,确保恢复工作的可行性和有效性。在实施生态恢复方案时,应注重科学性和系统性。一是对受损的生态系统进行详细的调查和评估,明确恢复的目标和重点。二是制订具体的恢复措施和实施计划,包括选择合适的植被种类、确定恢复区域的布局和规模等。三是按照计划实施,并加强施工过程的监管和质量控制。四是对恢复效果进行监测和评估,及时调整和优化恢复方案。

最后,生物多样性保护与监测是生态保护与恢复工作的重要内容。矿山开发活动可能对当地的生物多样性产生负面影响,因此需要通过保护和监测措施来维护生物多样性。在保护方面,应加强对重要物种及其栖息地的保护,避免采矿活动对其造成破坏。同时,建立自然保护区或生态公园等,为物种提供安全的生存环境。在监测方面,建立生物多样性监测体系,定期对矿区及周边地区的生物种类、数量和分布进行监测和调查。通过监测数据的分析,可以了解生物多样性的变化趋势,及时发现并应对潜在的生态风险。

此外,为了推动生态保护与恢复工作的深入开展,还需要加强宣传教育和公众参与。通过举办环保宣传活动、开展环保教育等方式，提高公众对矿山生态保护的认识和参与度。同时，建立环保信息公开制度，让公众了解矿山环境管理的进展和成效，形成全社会共同关注、参与矿山生态保护的良好氛围。

五、水土资源保护

矿山开发活动往往对周边水土资源产生显著影响，因此水土资源保护在矿山环境管理中具有至关重要的地位。这涉及水资源的合理利用与保护、土壤的保育与改良，以及水土流失的预防和治理等多个方面。

首先，水资源的利用与保护是矿山环境管理中不可忽视的一环。矿山开发往往需要大量的水资源，包括生产用水、冷却用水和除尘用水等。因此，合理规划和利用水资源、确保水资源的可持续供应，是矿山企业的重要任务。同时，矿山企业还需采取有效的措施来保护水资源，防止水污染的发生。这包括建立完善的污水处理系统，确保废水达标排放；采用节水技术，减少生产过程中的水耗；加强水资源监测，及时发现和处理潜在的水污染问题。

其次，土壤保护与改良是矿山环境管理中的重要组成部分。矿山开发活动可能导致土壤结构破坏、肥力下降和重金属污染等问题，对土壤资源造成严重影响。因此，保护土壤资源、改善土壤质量，是矿山环境管理的重要目标。为了实现这一目标，矿山企业需要采取一系列措施，如实施土地复垦，恢复土壤的耕作层；采用土壤改良技术，提高土壤的肥力和保水能力；加强土壤监测，及时掌握土壤质量的变化情况，并采取相应的治理措施。

再次，水土流失预防与治理也是矿山环境管理中的重要内容。矿山开发活动可能导致地表植被破坏、地形改变和土壤侵蚀等问题，进而引发水土流失。水土流失不仅会导致土地资源的流失，还会对生态环境和农业生产产生负面影响。因此，预防和治理水土流失是矿山环境管理的紧迫任务。为了实现这一目标，矿山企业需要采取有效的水土保持措施，如建立挡土墙、护坡等工程设施，防止土壤侵蚀；加强植被恢复，提高地表的覆盖度，减少水土流失的发生；实施水土保持监测，及时发现和处理水土流失问题。在实际操作中，矿山企业还应注重技术创新和科学研究。通过引进先进的环保技术和设备，提高水土资源保护的效率和效果；加强与科研机构的合作，开展针对矿山环境问题的科学研究，为水土资源保护提供理论支持和技术支撑。

最后，政府和社会各界也应积极参与矿山水土资源保护工作。政府应制定和完善相关法律法规和政策措施，为矿山水土资源保护提供制度保障；加强监管和执法力度，确保矿山企业严格遵守环保法规；加大对矿山环保工作的投入和支持力度，推动矿山环保事业的发展。此外，公众教育和意识提升也是水土资源保护的重要方面。通过宣传教育、科普活动等方式，提高公众对矿山水土资源保护的认识和参与度；鼓励社会各界积极参与矿山环保工作，形成全社会共同关注、共同参与的良好氛围。

六、矿山地质灾害防治

矿山地质灾害防治是矿山环境管理中不可或缺的一环，对于保障矿山安全生产、维护生态环境稳定具有重要意义。地质灾害风险评估、防治措施与应急预案以及灾害监测与预警系统是矿山地质灾害防治的三大关键要素。

首先，地质灾害风险评估是矿山地质灾害防治的基础。在矿山开发前，必须对潜在的地质灾害风险进行全面、系统的评估。评估工作应综合考虑矿山地质条件、气候条件、人类活动等多种因素，采用科学的方法和手段，对可能发生的地质灾害类型、规模、频率和危害程度进行预测和评估。通过风险评估，可以明确地质灾害防治的重点和难点，为制定防治措施和应急预案提供依据。

其次，防治措施与应急预案是矿山地质灾害防治的核心。针对矿山可能发生的地质灾害，必须制定切实可行的防治措施。这些措施包括工程措施和生物措施两大类。工程措施主要是通过修建挡土墙、护坡、排水沟等工程设施，增强山体的稳定性和抗灾能力；生物措施则是通过植树造林、种草护坡等方式，改善矿山生态环境，提高山体的自然恢复能力。同时，为了应对突发地质灾害，还需要制订完善的应急预案。应急预案应明确应急处置的组织机构、人员职责、救援装备和物资保障等内容，确保在灾害发生时能够迅速、有效地进行抢险救灾工作。

最后，灾害监测与预警系统是矿山地质灾害防治的重要保障。地质灾害的发生往往具有突发性和不确定性，因此，建立有效的灾害监测与预警系统对于及时发现和应对地质灾害具有重要意义。监测与预警系统应涵盖地质环境监测、气象监测、人工巡查等多个方面，通过实时监测和数据分析，及时发现地质灾害的前兆和异常现象。同时，系统还应具备自动预警功能，能够在灾害发生前及时发出预警信号，为应急处置争取宝贵时间。

在矿山地质灾害防治工作中，还需要注重以下几点：一是加强矿山地质灾害防治法律法规的执行力度，确保各项防治措施得到有效落实；二是加强科技创新和人才培养，推动地质灾害防治技术的不断进步；三是加强宣传教育，提高矿山企业和员工的地质灾害防治意识和能力；四是加强与相关部门的协作配合，共同推进矿山地质灾害防治工作。

七、环境风险管理与应急响应

矿山环境风险管理与应急响应是矿山环境管理中的重要组成部分，对于预防和应对突发环境事件、保障矿山安全生产和生态环境安全具有至关重要的作用。下面将具体阐述环境风险识别与评估、应急响应机制与流程以及应急设施与物资准备三个方面。

首先，环境风险识别与评估是环境风险管理的基石。矿山企业应全面识别矿山开发过程中可能存在的环境风险，包括水污染、大气污染、土壤污染、地质灾害等。在识别过程中，要充分考虑矿山的地质条件、气候条件、生产工艺以及人类活动等因素。在识别出潜在风险后，需要进行风险评估，即评估风险发生的可能性、影响范围及严重程度。通过风险评估，可以明确风险的优先级，为制定风险应对措施提供依据。

其次，应急响应机制与流程的建立是应对突发环境事件的关键。矿山企业应建立健全应急响应机制，包括应急预案的制订、应急组织的建立、应急资源的调配等。应急预案应详细规定应急响应的程序、措施和责任人，确保在突发环境事件发生时能够迅速启动应急响应。应急组织应明确各级职责，确保在紧急情况下能够迅速组织起来，有效应对突发环境事件。同时，矿山企业还应与当地政府、环保部门以及其他相关单位建立紧密的协作关系，共同应对突发环境事件。在应急响应流程方面，矿山企业应建立清晰、高效的应急响应流程。一旦发生突发环境事件，应立即启动应急响应程序，按照预案要求开展应急处置工作。应急处置工作包括现场处置、污染控制、人员疏散、信息发布等环节。在应急处置过程中，要确保信息的及时传递和共享，确保各级组织和人员能够迅速响应、协同作战。

最后，应急设施与物资准备是应急响应的重要保障。矿山企业应根据应急预案的要求，提前准备好必要的应急设施和物资。这些设施和物资包括应急救援设备、消防器材、防护用品、通信设备等。同时，还要确保这些设施和物资的数量、质量和性能符合应急响应的需要。此外，矿山企业还应定期对应急设施和物资进行检查和维护，确保其始终处于良好的工作状态。在应急设施与物资准备方面，除了硬件设施的完善，还应注重软件系统的建设。例如，建立高效的应急通信系统，确保在紧急情况下能够实现快速、准确的信息传递；建立应急物资管理系统，实现对应急物资的实时监控和调度；开展应急演练和培训，提高员工应对突发环境事件的能力和水平。

此外，矿山企业还应加强环境风险管理的宣传和教育工作。通过举办培训班、开展宣传活动等方式，提高员工对环境风险管理的认识和重视程度；加强与周边社区和公众的沟通与交流，增强公众对矿山环境风险管理的理解和支持。

八、环保教育与培训

环保教育与培训是矿山环境管理不可或缺的一环，对于提升矿山企业和员工的环保意识，促进矿山可持续发展具有重要意义。下面将从环保知识普及与宣传、环保技能培训与考核以及公众参与与监督机制三个方面进行具体阐述。

首先，环保知识普及与宣传是环保教育与培训的基础。矿山企业应通过多种渠道和形式，广泛传播环保知识，提高员工和公众的环保意识。可以通过举办环保知识讲座、制作环保宣传栏、发放环保宣传资料等方式，向员工普及环保法律法规、矿山环境保护的重要性以及环保行为准则等内容。同时，利用互联网、手机 App 等新媒体平台，开展线上环保知识竞赛、环保主题征文等活动，吸引更多人关注和参与环保工作。

其次，环保技能培训与考核是确保环保工作落到实处的关键。矿山企业应针对不同岗位的员工，开展有针对性的环保技能培训。例如，对于生产岗位的员工，可以培训他们如何正确使用环保设备、减少污染物排放；对于管理岗位的员工，可以培训他们如何制定环保措施、监督环保工作执行情况等。培训过程中，应注重理论与实践相结合，让员工在实际操作中掌握环保技能。同时，建立环保技能考核机制，定期对员工的环保技能进行考核，确保他们具备相应的环保能力。

最后，公众参与与监督机制是环保教育与培训的重要保障。矿山企业应积极邀请公众参与环保工作，发挥公众在环保监督中的重要作用。可以通过设立环保举报热线、建立环保志愿者队伍等方式，鼓励公众积极举报环保违法行为，参与环保监督检查。同时，建立环保信息公开制度，定期向公众发布矿山环保工作进展和成效，接受公众监督。这样不仅能够增强公众对矿山环保工作的信任和支持，还能够推动矿山企业更加重视环保工作，不断提升环保水平。

在环保教育与培训工作中，还应注重创新方式和手段。可以利用虚拟现实、增强现实等先进技术，模拟矿山生产场景和环保设施操作过程，让员工在虚拟环境中进行环保技能培训和操作练习。此外，还可以开展跨界合作与交流，借鉴其他行业和领域的环保教育与培训经验，不断提升矿山环保教育与培训的质量和效果。

九、持续改进与考核评估

在矿山环境管理中，持续改进与考核评估是确保环保工作不断优化、取得实效的关键环节。它们不仅是对当前环保工作的总结与反思，更是对未来环保工作的规划与指导。下面将从环保绩效评价体系、持续改进机制与措施以及考核评估与奖惩制度三个方面进行具体阐述。

首先，建立科学、全面的环保绩效评价体系是持续改进的基础。这一体系应涵盖矿山环境管理的各个方面，包括资源利用、污染控制、生态保护、环境风险管理等。在评价过程中，既要关注环保指标的数量和达标情况，更要注重环保工作的质量和实际效果。同时，评价体系应具有可操作性和可量化性，以便对环保工作进行客观、准确的评估。通过环保绩效评价体系，我们可以全面了解矿山环保工作的现状和不足，为制定改进措施提供依据。

其次，持续改进机制与措施的建立和实施是确保环保工作不断进步的关键。在识别出环保工作中存在的问题和不足后，我们需要制定具体的改进措施，并明确责任人和完成时限。这些措施应既具有针对性，又具有可操作性，能够切实解决环保工作中的实际问题。同时，我们还应建立持续改进的长效机制，鼓励员工在日常工作中积极参与环保创新和改进活动。此外，还应加强与其他矿山、环保组织以及科研机构的交流与合作，学习借鉴先进的环保技术和经验，不断提升矿山环保工作的水平。

最后，考核评估与奖惩制度的建立是确保环保工作得到有效执行的重要保障。通过定期考核评估，我们可以对矿山环保工作的进展和成效进行客观评价，对表现出色的个人和集体进行表彰和奖励，对未达标或存在问题的部门和个人进行问责和惩罚。这不仅能够激发员工参与环保工作的积极性和主动性，还能够推动矿山环保工作的持续改进和优化。在考核评估过程中，我们应注重公正、公平和公开，确保评估结果的客观性和准确性。同时，奖惩制度应具有明确性和可操作性，能够真正起到激励和约束作用。

在持续改进与考核评估工作中，我们还应注重数据分析和信息化建设。通过对环保数据的收集、整理和分析，我们可以更加深入地了解矿山环保工作的实际情况和趋势，为制定改进措施提供更加科学的依据。同时，加强信息化建设、利用现代信息技术手段提高环保工作的效率和质量，也是推动持续改进的重要手段。

此外，持续改进与考核评估工作还应与矿山企业的整体发展战略相结合。环保工作不仅是矿山企业的社会责任和义务，更是企业可持续发展的重要保障。因此，在制定改进措施和考核评估标准时，应充分考虑企业的战略目标和发展需求，确保环保工作与企业发展相互促进、相得益彰。

【任务实施】

模拟一个矿山环境管理场景，让学生扮演矿山环境管理人员，模拟矿山环境管理标准的制定和实施过程。演练内容包括矿山环境管理计划的制订、实施和评估等环节。在演练过程中，教师应及时给予指导和反馈，帮助学生纠正错误并提升能力。

【思考与练习】

1. 矿山环境管理标准的实施流程包括哪些主要环节？请简述每个环节的作用和重要性。

2. 假设你是一家矿山企业的环境管理部门负责人，你将如何确保矿山环境管理标准的有效实施？

3. 请列出制订矿山环境管理计划的主要步骤和要点，并简要描述每个步骤的具体内容。

任务四　矿山环境监测与评价

【知识目标】

掌握矿山环境监测与评价的基本概念、矿山环境监测的主要方法和技术、矿山环境评价的主要内容和步骤。

【技能目标】

熟练掌握矿山环境监测的基本操作，包括监测仪器的使用以及样品的采集、保存与运输等。根据矿山环境的特点和要求，选择合适的监测方法和技术，并独立完成监测任务。识别矿山环境监测与评价中遇到的问题，并分析问题产生的原因和影响因素。

【任务导入】

假设你是一家矿山企业的环境管理部门负责人，最近接到上级指示，要求对矿山环境进行全面监测与评价，以评估矿山环境状况、发现潜在的环境问题并制定相应的环保措施。你将如何开展这项工作呢？

【任务分析】

1. 介绍矿山环境监测的目的、原则、基本方法和技术手段，包括物理监测、化学监测、生物监测等。

2. 介绍矿山环境评价的基本概念、评价指标体系、评价方法和步骤，包括环境质量评价、环境影响评价、生态风险评价等。

【相关知识】

矿山环境监测与评价是矿山环境管理的重要组成部分。通过对矿山环境进行定期监测，可以实时掌握矿山环境质量状况，及时发现潜在的环境风险。评价则是对监测数据的科学分析和解读，用以评估矿山环境的质量等级和风险程度。这两项工作不仅有助于矿山企业制定针对性的环保措施，还能为政府部门的监管决策提供有力依据。同时，随着监测技术的不断创新和发展，矿山环境监测与评价将更加精准和高效，为矿山的可持续发展提供有力保障。

一、矿山环境监测概述

矿山环境监测是矿山环境管理的重要环节，旨在通过系统性、连续性的观察、测量和分析，全面掌握矿山环境状况，及时发现和解决环境问题，保障矿山生产安全和生态环境的可持续发展。下面将从监测目的与意义、监测范围与内容以及监测方法与手段三个方面进行具体阐述。

首先，矿山环境监测的目的与意义在于为矿山环境管理提供科学依据。通过监测了解矿山环境质量的现状，掌握环境污染和生态破坏的程度和趋势，从而有针对性地制定环保措施和政策。同时，监测数据还可以用于评估矿山环境治理的效果，为环保决策提供数据支持。此外，矿山环境监测还有助于提高矿山企业的环保意识，推动企业加强环保工作，实现经济效益和生态效益的双赢。

其次，矿山环境监测的范围与内容十分广泛。在范围上，它涵盖了矿山生产的全过程，包括采矿、选矿、运输、排放等各个环节。在内容上，它主要包括大气环境监测、水环境监测、土壤环境监测、生态环境监测以及噪声和振动监测等。具体来说，大气环境监测主要关注矿山排放的废气、粉尘等污染物对空气质量的影响；水环境监测则关注矿山废水、废渣等对水体造成的污染；土壤环境监测主要关注矿山开采对土壤结构、肥力及生物多样性的影响；生态环境监测则关注矿山开发对生物群落、生态系统结构和功能的影响；噪声和振动监测则关注矿山生产过程中产生的噪声和振动对周边环境的影响。

最后，矿山环境监测的方法与手段多种多样，包括现场监测、遥感监测、实验室分析等。现场监测是指利用便携式监测仪器在矿山现场进行实时测量，具有快速、准确的特点；遥感监测则利用卫星、飞机等遥感平台获取矿山环境信息，具有覆盖范围广、信息量大的优势；实验室分析则是对采集的样品进行化学、物理等分析，以确定污染物的种类和浓度。在实际应用中，应根据监测需求和条件选择合适的监测方法与手段，确保监测结果的准确性和可靠性。

随着科技的不断进步，矿山环境监测的技术手段也在不断更新和完善。例如，物联网技术、大数据技术等新兴技术的应用，使得矿山环境监测更加智能化、高效化；构建矿山环境监测网络，实现数据的实时传输和共享，为矿山环境管理提供更加全面、准确的信息支持。

二、矿山环境质量监测

矿山环境质量监测是矿山环境管理不可或缺的一环，其目的在于全面、系统地掌握矿山环境质量的现状及其变化趋势，从而为矿山企业的生产活动提供科学依据，保障矿山可持续发展。其中，水环境质量监测、大气环境质量监测以及土壤环境质量监测是矿山环境质量监测的三大核心组成部分。

在水环境质量监测方面，水源监测与水体污染监测是两个重要的环节。水源监测主要是对矿山周边河流、湖泊、水库等水源地的水质进行定期检测，以了解水源地的水质状况，确保矿山生产用水的安全。水体污染监测则是对矿山废水排放口及附近水体进行监测，重点关注废水中的重金属、有机物等污染物的含量以及水体的自净能力。水环境质量监测可以及时发现水体污染问题，为矿山企业制定水污染治理措施提供依据。

在大气环境质量监测方面，颗粒物监测与有害气体监测是重点。颗粒物监测主要关注矿山生产过程中产生的粉尘、烟尘等颗粒物的排放情况，以及它们对大气环境质量的影响。通过采集空气样品，利用显微镜等对颗粒物进行分析，可以了解其来源、成分及粒径分布等信息。有害气体监测则是对矿山排放的二氧化硫、氮氧化物等有害气体进行监测，这些气体对大气环境质量和人体健康都有较大影响。有害气体监测可以掌握矿山排放有害气体的种类、浓度及排放规律，为制定大气污染防治措施提供依据。

在土壤环境质量监测方面，土壤污染监测与土壤退化监测是核心任务。土壤污染监测主要是对矿山周边土壤中的重金属、有机物等污染物进行监测，以了解土壤污染的程度和范围。通过采集土壤样品，利用化学分析、生物测试等手段对土壤污染状况进行评估，可以为矿山企业制定土壤修复措施提供科学依据。土壤退化监测关注矿山开采对土壤结构、肥力及生物多样性的影响。对比不同开采区域的土壤质量、分析土壤退化的原因和机制，可以为矿山企业制定土地复垦和生态恢复措施提供指导。

在矿山环境质量监测的实施过程中，需要采用先进的技术手段和科学的监测方法。例如，利用遥感技术对矿山环境进行大范围、高时效性的监测；利用自动监测设备实现对矿山环境质量的实时在线监测；利用生物监测手段评估矿山环境对生态系统的影响等。同时，还需要建立完善的监测网络和数据管理系统，确保监测数据的准确性和可靠性，为矿山环境管理提供有力支撑。

矿山环境质量监测的结果不仅反映了矿山环境质量的现状，还为矿山企业的生产活动提供了重要指导。根据监测结果，矿山企业可以了解自身在环境保护方面存在的问题和不足，从而有针对性地制定改进措施。例如，针对水体污染问题，企业可以加强废水处理设施建设，提高废水处理效率；针对大气污染问题，企业可以优化生产工艺，减少有害气体的排放；针对土壤污染和退化问题，企业可以开展土地复垦和生态恢复工作，改善土壤质量。此外，矿山环境质量监测结果还可以为政府部门的监管决策提供重要依据。政府部门可以根据监测结果对矿山企业的环保工作进行评估和考核，对环保工作不力的企业进行处罚和整治。同时，政府部门还可以根据监测结果制定更加科学合理的环保政策和措施，推动矿山环境质量的持续改善。

三、矿山生态监测

矿山生态监测是矿山环境管理中至关重要的环节，旨在全面、系统地评估矿山生态系统的健康状况，为矿山可持续发展提供科学依据。生物多样性监测、植物群落监测、动物种群监测、生态系统功能监测、生态系统结构监测以及生态系统稳定性监测，构成了矿山生态监测的核心内容。

生物多样性监测是矿山生态监测的重要组成部分。生物多样性是生态系统稳定性的重要保障，对于矿山生态系统而言，其生物多样性状况直接关系到生态系统的健康与否。通过监测矿山区域的物种种类、数量、分布及其变化，可以评估矿山活动对生物多样性的影响，进而提出相应的保护措施。在监测过程中，利用遥感技术、地理信息系统(GIS)等，结合地面调查，可以实现对矿山生物多样性的全面了解。

植物群落监测是矿山生态监测的基础工作。植物作为生态系统的生产者，其群落结构和功能对生态系统稳定性具有重要影响。在矿山生态监测中，植物群落监测主要关注矿山区域的植被覆盖、植物种类组成、群落结构及其变化。通过定期调查和监测，可以了解矿山植被恢复状况，评估矿山活动对植被的影响，为矿山生态恢复提供决策依据。

动物种群监测是矿山生态监测的另一重要方面。动物作为生态系统的消费者和分解者，在维持生态系统平衡中发挥着关键作用。在矿山生态监测中，动物种群监测主要关注矿山区域的动物种类、数量、分布及其变化。通过监测不同动物种群的动态变化，可以了解矿山活动对动物种群的影响，为动物保护提供科学依据。同时，动物种群监测还可以为评估矿山生态系统健康状况提供重要指标。

生态系统功能监测是矿山生态监测的核心内容之一。生态系统功能是指生态系统在物质循环、能量流动和信息传递过程中所表现出的能力。在矿山生态监测中，生态系统功能监测主要关注矿山区域的物质循环效率、能量流动路径以及信息传递机制等。通过监测这些关键过程，可以评估矿山活动对生态系统功能的影响，为制定生态恢复措施提供科学依据。

生态系统结构监测是矿山生态监测的另一重要方面。生态系统结构是指生态系统中各组分之间的空间关系和相互作用。在矿山生态监测中，生态系统结构监测主要关注矿山区域的物种组成、种群分布、群落层次结构以及生态系统空间格局等。通过监测这些结构特征，可以了解矿山生态系统的基本属性和特征，为生态系统恢复和重建提供指导。

生态系统稳定性监测是矿山生态监测的最终目标。生态系统稳定性是指生态系统在面对内外干扰时保持其结构和功能的能力。在矿山生态监测中，生态系统稳定性监测主要关注矿山区域生态系统的抗干扰能力、恢复能力以及适应性等。通过长期监测和数据分析，可以评估矿山活动对生态系统稳定性的影响，为制定可持续的矿山发展策略提供科学依据。

四、矿山环境风险评估与预警

矿山环境风险评估与预警是矿山环境管理中不可或缺的重要环节，旨在通过系统识别、评估和预警矿山环境风险，为矿山企业的安全生产和环境保护提供科学依据。下面将围绕风险识别与评估、风险源识别、风险等级划分、风险预警与应对以及预警机制建立与应急响应措施等方面进行详细阐述。

风险识别与评估是矿山环境风险评估与预警的基础。风险识别主要通过收集矿山环境相关信息，识别出可能存在的环境风险源和风险因素。这些信息可以源于矿山生产过程中的各种监测数据、历史事故记录、专家意见等。在风险识别的基础上，综合运用统计学、概率论、数学模型等方法，对识别出的风险进行定量或定性评估，确定风险的性质、程度和可能发生的概率。

风险源识别是矿山环境风险评估的关键步骤。矿山环境风险源主要包括矿山开采活动、废弃物排放、地质灾害、气候变化等因素。通过现场勘查、调查问卷、遥感监测等手段，全面收集和整理矿山环境风险源的相关信息。同时，结合矿山企业的生产工艺、设备状况、管理水平等因素，对风险源进行综合分析，确定其潜在的环境影响和风险等级。

风险等级划分是根据风险源识别和风险评估结果，将矿山环境风险划分为不同等级的过程。通常，风险等级可以根据风险的严重性、紧迫性和可控性等因素进行划分。例如，可以将风险划分为高风险、中风险和低风险等不同等级。对于高风险区域和因素，需要给予更多的关注和重视，采取更加严格的监控和预防措施。

风险预警与应对是矿山环境风险评估与预警的核心内容。风险预警主要是通过建立预警指标体系，利用实时监测数据、预测模型等手段，对矿山环境风险进行动态监测和预测。当监测数据达到预警阈值时，系统自动触发预警信号，提醒矿山企业和相关部门及时采取应对措施。应对措施可以包括加强监测频次、调整生产工艺、启动应急预案等，旨在降低风险发生的概率和影响程度。

预警机制的建立是保障矿山环境风险预警工作有效开展的关键。预警机制应包括预警指标体系的构建、预警阈值的设定、预警信息的发布与传递等环节。预警指标体系应全面反映矿山环境风险的各个方面，包括水质、空气质量、土壤污染、地质灾害等。预警阈值应根据风险评估结果和实际情况进行科学设定，确保预警的准确性和及时性。预警信息的发布与传递应畅通无阻，确保矿山企业和相关部门能够迅速获取预警信息并响应。

应急响应措施是应对矿山环境风险的重要手段。在矿山环境风险评估与预警的基础上，应制订详细的应急响应预案，明确应急处置流程、责任分工和保障措施。当矿山环境风险发生时，应迅速启动应急预案，组织相关人员和设备进行应急处置。应急处置工作应遵循“先控制、后处置”的原则，优先保障人员安全和环境保护。同时，应加强与政府部门的沟通协调，争取更多的支持和资源，共同应对矿山环境风险。

五、矿山环境监测数据管理与分析

矿山环境监测数据管理与分析是矿山环境管理中至关重要的环节，它涉及对矿山环境各类监测数据的收集、整理、分析和解读，以及数据的可视化与报告编制。这些工作不仅有助于全面掌握矿山环境的状况，还能为矿山企业的决策和环境保护提供科学依据。下面将针对数据收集与整理、数据分析与解读以及数据可视化与报告编制这三个方面进行详细阐述。

（一）数据收集与整理

数据收集是矿山环境监测数据管理与分析的基础工作。矿山环境监测数据包括空气质量、水质、土壤污染、噪声、生态状况等多个方面的数据。这些数据源于各种监测设备、传感器以及实验室分析等。为了确保数据的准确性和可靠性，需要建立严格的数据收集流程和标准，确保数据的完整性和一致性。

在数据收集过程中，需要注意以下几点：首先，要确保监测设备的正常运行和校准，以保证数据的准确性；其次，要定期对监测点进行巡查和维护，确保数据的连续性和稳定性；最后，要严格按照规定的采样频率和方法进行数据采集，避免数据的遗漏和偏差。

数据整理是对收集到的原始数据进行清洗、分类和整合的过程。由于原始数据可能存在异常值、重复值或缺失值等问题，因此需要进行数据清洗，去除这些不良数据。同时，还需要根据数据类型和监测指标对数据进行分类和整合，便于后续的数据分析和解读。

（二）数据分析与解读

数据分析是矿山环境监测数据管理与分析的核心环节。通过对监测数据的分析，可以了解矿山环境的状况、变化趋势以及存在的问题。数据分析的方法多种多样，包括统计分析、趋势分析、对比分析等。

统计分析是数据分析的基础方法，通过对数据的均值、标准差、变异系数等统计指标的计算，可以了解数据的分布情况和特征。趋势分析则是通过分析数据随时间的变化趋势，预测未来可能的发展方向。对比分析则是将矿山环境数据与相关标准、历史数据或其他矿山的数据进行对比，以评估矿山环境的优劣和差异。

在数据分析过程中，还需要注意以下几点：首先，要选择合适的分析方法和技术，确保分析结果的准确性和可靠性；其次，要结合矿山环境的实际情况和背景知识进行分析，避免主观臆断和误解；最后，要对分析结果进行反复验证和修正，确保分析结果的准确性和可靠性。

数据解读是对数据分析结果进行解释和说明的过程。通过数据解读，可以将复杂的数据分析结果转化为易于理解和应用的结论和建议。在数据解读过程中，需要结合矿山企业的实际情况和环境保护要求，提出针对性的措施和建议，为矿山企业的决策和环境保护提供科学依据。

（三）数据可视化与报告编制

数据可视化是将分析结果以图形、图表等形式展现出来的过程。数据可视化可以直观地展示矿山环境的状况、变化趋势以及存在的问题，便于相关人员理解和应用。在数据可视化过程中，需要选择合适的可视化工具和技术，确保图形的清晰、美观和易于理解。

报告编制是将数据收集、整理、分析和解读的结果以书面形式呈现出来的过程。报告应该包括矿山环境监测的背景、目的、方法、结果以及结论和建议等内容。在报告编制过程中，需要注意报告的格式、结构和语言表达等方面，确保报告的准确性和可读性。

六、矿山环境监测技术的进展与展望

矿山环境监测作为矿山环境保护与治理的重要一环，其技术进展直接关系到矿山生态安全的维护和可持续发展的实现。近年来，随着科技的不断进步和应用领域的拓展，矿山环境监测技术也取得了显著进展。下面将围绕监测技术的创新与应用、监测网络的优化与拓展以及监测评价体系的完善与发展三个方面进行详细阐述，并展望未来的发展趋势。

（一）监测技术的创新与应用

随着物联网、大数据、人工智能等新一代信息技术的快速发展，矿山环境监测技术也在不断创新和应用。传统的矿山环境监测主要依赖于人工采样和实验室分析，存在数据获取周期长、成本高、实时性差等问题。而现代监测技术则能够实现实时监测、远程传输和智能分析，大大提高了监测效率和准确性。

例如，遥感技术在矿山环境监测中的应用越来越广泛。通过卫星遥感、无人机遥感等手段，可以实现对矿山区域的全面覆盖和连续监测，获取大量高质量的监测数据。同时，结合地理信息系统（GIS）技术，可以对监测数据进行空间分析和可视化展示，为矿山环境治理提供决策支持。

此外，无线传感器网络（WSN）技术也在矿山环境监测中发挥了重要作用。通过在矿山区域布置大量的传感器节点，可以实现对空气质量、水质、土壤污染等多种环境参数的实时监测和数据传输。这种技术具有部署灵活、成本低廉、实时性好等优点，为矿山环境监测提供了新的解决方案。

（二）监测网络的优化与拓展

随着监测技术的不断创新和应用，矿山环境监测网络也在不断优化和拓展。传统的监测网络往往存在覆盖不全、数据共享困难等问题，难以满足现代矿山环境管理的需求。因此，优化和拓展监测网络成为当前的重要任务。

一方面，通过增加监测点位和扩大监测范围，可以提高监测网络的覆盖率和代表性。这有助于更全面、准确地了解矿山环境的状况，及时发现和解决环境问题。另一方面，加强监测数据的共享和整合也是优化监测网络的重要手段。通过建立统一的数据管理平台和数据共享机制，可以实现不同部门、不同区域之间的数据互通和共享，提高数据利用效率和管理水平。

同时，随着物联网技术的发展，监测网络也逐渐向智能化、自动化方向发展。通过引入智能传感器、智能仪表等设备，可以实现对监测设备的远程监控和自动控制，降低人工干预和维护成本。此外，结合云计算、大数据等技术，还可以对监测数据进行深度挖掘和分析，提取更多有价值的信息，为矿山环境管理提供更加科学、精准的支持。

（三）监测评价体系的完善与发展

矿山环境监测评价体系的完善与发展是保障监测工作质量和效果的关键。传统的监测评价体系往往侧重于单一的指标评价或定性描述，难以全面、准确地反映矿山环境的真实状况。因此，需要进一步完善和发展监测评价体系。

首先，要建立综合性的评价指标体系。该体系应涵盖空气质量、水质、土壤污染、生态状况等多个方面，充分考虑矿山环境的复杂性和多样性。同时，还要根据矿山的特点和实际情况，制定合理的评价标准和方法，确保评价结果的客观性和准确性。

其次，要加强监测数据的分析和解读能力。通过对监测数据的深入挖掘和分析，可以提取更多有价值的信息，揭示矿山环境变化的规律和趋势。同时，还要结合专业知识和经验，对监测结果进行科学合理的解读和判断，为矿山环境管理提供有力的支持。

此外，还要加强监测评价体系与其他管理体系的衔接和融合。例如，可以将监测评价结果与矿山企业的环境信用评价、排污许可管理等制度相结合，形成更加完整、有效的环境管理体系。

随着科技的不断进步和环保要求的日益严格，矿山环境监测技术将继续向更高水平发展。未来，我们可以期待以下几个方面的进展：

一是监测技术将更加智能化、自动化。通过引入先进的人工智能、机器学习等技术，可以实现对监测数据的智能分析和预测，为矿山环境管理提供更加精准、高效的决策支持。

二是监测网络将更加完善、全面。通过不断优化和拓展监测网络，可以实现对矿山环境的全方位、无死角监测，为全面了解和掌握矿山环境状况提供有力保障。

三是监测评价体系将更加科学、合理。通过完善评价指标体系和加强数据分析能力，可以更加全面、准确地评估矿山环境的状况和风险，为制定有效的环境治理措施提供科学依据。

【任务实施】

通过模拟真实情境，让学生体验矿山环境监测与评价的全过程，从而加深对理论知识的理解和应用。任务实施的目标是使学生掌握矿山环境监测与评价的基本流程和方法，提高实践操作能力。

【思考与练习】

1. 矿山环境监测与评价的目的和意义是什么？
2. 请简述矿山环境监测的主要步骤和关键技术。
3. 在进行矿山环境评价时，如何综合考虑经济、社会和环境三个方面的因素？

习　　题

一、选择题

1. 矿山开采过程中，哪种环境影响最为显著？（　　）

A. 水体污染

B. 噪声污染

C. 土壤侵蚀

D. 植被破坏

2. 下列哪项措施不属于矿山环境恢复的手段？（　　）

A. 植被重建

B. 尾矿库建设

C. 废水处理

D. 采矿设备更新

二、填空题

1. 矿山环境管理中，________是预防水体污染的重要措施之一。

2. 矿山开采活动对当地生态系统的主要影响包括________和________。

三、简答题

1. 描述矿山开采对地下水资源的潜在影响，并提出相应的管理措施。

2. 简述矿山环境管理中“三废”(废气、废水、废渣)的处理原则和方法。

四、论述题

1. 分析矿山环境管理中采用绿色开采技术的重要性,并给出实施绿色开采的具体措施。

2. 讨论矿山环境恢复与社区可持续发展的关系,并提出促进两者协调发展的建议。

五、案例分析题

1. 某矿山因为开采活动导致周边水体污染严重,请分析污染成因,并提出治理方案。

2. 某地区矿山开采活动频繁,导致植被破坏严重,土壤侵蚀加剧。请设计一个矿山环境恢复计划,包括植被恢复、土壤保持和生态重建等方面。

项目七　生态破坏及地质灾害

生态破坏及地质灾害是矿山开采过程中无法回避的两大问题，它们给矿山周边环境及当地居民的生活带来了极大的影响。

生态破坏是矿山开采活动最直接的后果之一。在矿山开采过程中，大量的植被被砍伐、土壤被挖掘，导致地表裸露，原有的生态平衡被打破。这不仅使得土壤侵蚀和水土流失问题加剧，还导致生物多样性锐减，许多动植物种群因此受到威胁甚至灭绝。此外，矿山废弃物如尾矿、废石等的随意堆放，也占用了大量土地，进一步加剧了生态破坏的程度。生态破坏带来的后果是深远的。一方面，它影响了矿山地区的自然景观和生态系统服务功能，使得原本美丽的山区变得满目疮痍。另一方面，生态破坏还可能导致水源涵养能力下降，影响当地居民的生活用水和农业生产。此外，由于植被减少，土壤保水能力降低，也使得矿山地区更容易受到干旱等自然灾害的侵袭。

与此同时，矿山开采活动还常常伴随着地质灾害的发生。由于开采过程破坏了原有的地质结构，所以山体变得不稳定，容易发生滑坡、泥石流等地质灾害。这些灾害不仅会造成人员伤亡和财产损失，还会对周边地区的生态环境造成进一步的破坏。地质灾害的发生往往具有突发性和不可预测性，给当地居民的生命财产安全带来了极大的威胁。尤其是在雨季，山体滑坡和泥石流等灾害更是频发，给矿山地区的防灾减灾工作带来了极大的挑战。

针对生态破坏及地质灾害这一问题，我们需要采取一系列有效的措施加以应对。首先，加强矿山开采的规划和管理，确保开采活动符合环保要求，减少对生态环境的破坏。其次，推广和应用先进的生态恢复技术，对已经破坏的生态系统进行修复和重建。最后，加强地质灾害的监测和预警工作，及时发现并处理潜在的地质灾害隐患。此外，政府和社会各界也应加强对矿山生态恢复与地质灾害防治的支持和投入。通过制定相关政策和法规，明确责任主体和处罚措施，确保矿山生态恢复与地质灾害防治工作的有效实施。同时，加强宣传教育，提高公众对矿山生态保护和地质灾害防治的认识和重视程度。

总之，生态破坏及地质灾害是矿山开采过程中不可忽视的问题。我们需要采取切实有效的措施加以应对和解决，以保护生态环境和人民的生命财产安全。同时，我们也应该意识到，矿山开采与生态保护并不是对立的关系，而是可以相互促进的。通过科学合理地规划和管理，我们可以在保障经济发展的同时，实现生态环境的可持续发展。

在未来的矿山开采活动中，我们应该更加注重生态保护和环境治理工作。通过引进先进的技术和设备，提高开采效率和资源利用率；通过加强监管和执法力度，确保企业遵守环保法规；通过加强科研和技术创新，推动矿山生态恢复与地质灾害防治工作的不断进步。相信在全社会的共同努力下，我们一定能够克服生态破坏及地质灾害这一难题，实现矿山开采与生态保护的和谐发展。

任务一　矿山生态破坏现状

【知识目标】

掌握矿山生态破坏的概念、严重性。

【技能目标】

能识别矿山开采过程中常见的生态破坏类型，如土地损毁、地形地貌破坏、植被破坏、水资源污染等；分析矿山生态破坏对当地及周边地区生态环境的影响范围，包括直接影响区和间接影响区；评估矿山生态破坏对生态系统稳定性、生物多样性、土地退化、水资源短缺等方面的影响程度。

【任务导入】

有一座历史悠久的矿山，多年来为当地经济发展做出了巨大贡献。然而，随着开采活动的不断进行，矿山周边的生态环境逐渐恶化。土地被大面积破坏，植被消失殆尽，水资源也受到了严重污染。原本生机勃勃的自然景观变得满目疮痍，当地居民的生活也受到了严重影响。

这个案例只是众多矿山生态破坏事件中的一个缩影。在全球范围内，类似的案例不胜枚举。那么，矿山生态破坏到底有哪些主要表现？它又是如何产生的呢？接下来，我们将一起探讨这些问题。

【任务分析】

1. 介绍矿山生态破坏的基本概念、主要类型、影响范围及影响程度。

2. 了解矿山生态破坏的现状并分析其产生的原因，对于制定有效的环境保护策略至关重要。

【相关知识】

一、矿山开采对生态环境的影响

矿山开采作为人类获取矿产资源的重要手段，一直以来都是工业发展的重要支撑。然而，随着开采活动的不断进行，其对生态环境的影响也日益显现。地形地貌破坏、植被破坏与生物多样性减少是矿山开采对生态环境造成的主要影响，它们对矿山地区的生态系统和周边居民的生活都带来了深远的影响。

第一，矿山开采对地形地貌造成了显著的破坏。矿山开采往往涉及大量的土方工程，包括挖掘、爆破、运输等过程。这些活动不仅改变了原有的地形地貌，使得原本平缓的山坡变得陡峭，土地出现塌陷、裂缝等现象，还可能导致地表水系的改变，影响水资源的分布和利用。这些地形地貌的变化不仅破坏了原有的自然景观，还可能引发一系列环境问题，如水土流失、滑坡、泥石流等地质灾害的频发。

第二，矿山开采对植被造成了严重的破坏。植被是生态系统的重要组成部分，不仅能够保持水土、调节气候，还是许多生物的栖息地。然而，在矿山开采过程中，大量的树木被砍伐，草地被破坏，导致地表裸露、土壤侵蚀加剧。这种植被破坏不仅使得生态系统的服务功能下降，还影响了生态系统的平衡和稳定。同时，植被破坏还导致土壤肥力的下降，使得原本肥沃的土地变得贫瘠，难以支撑农业生产和其他人类活动。

第三，矿山开采还导致了生物多样性的减少。生物多样性是生态系统的重要特征，它代表了生态系统中物种的丰富度和复杂性。然而，在矿山开采过程中，大量动植物失去了原有的栖息地，许多珍稀物种因此受到威胁甚至灭绝。同时，矿山开采产生的废弃物和污染物也可能对生态系统造成毒害，影响生物的生存和繁殖。这种生物多样性的减少不仅影响了生态系统的健康和稳定，也威胁到了人类的生存和发展。

第四，矿山开采对生态环境的影响还表现在对水资源的影响上。矿山开采过程往往需要大量的水资源进行生产活动，如矿石的洗选、加工等。这不仅使得矿山地区的水资源面临巨大的压力，还可能导致水资源的过度开发和污染。同时，矿山开采产生的废水、废渣等废弃物也可能对水体造成污染，影响水资源的质量和安全性。

第五，矿山开采对大气环境也造成了不可忽视的影响。在矿山开采过程中，大量的粉尘、废气等污染物被排放到空气中，对空气质量造成了严重影响。这些污染物不仅影响人们的呼吸健康，还可能引发酸雨等环境问题，对生态系统造成进一步的破坏。

第六，矿山开采给土壤环境也带来了严重的问题。矿山开采破坏了原有的土壤结构，使得土壤变得疏松、贫瘠。同时，矿山废弃物中的重金属等有害物质也可能渗入土壤中，对土壤造成污染。这种土壤污染不仅影响了农作物的生长和品质，还可能通过食物链对人类健康造成潜在威胁。

矿山开采对生态环境的影响是全方位、多层次的。地形地貌破坏、植被破坏与生物多样性减少只是其中的几个方面。这些影响不仅破坏了矿山地区的生态系统和自然景观，还可能引发一系列环境问题和社会问题。因此，我们必须高度重视矿山开采对生态环境的影响，采取切实有效的措施加以应对和治理。这包括加强矿山开采的规划和管理、推广和应用生态恢复技术、加强环境监测和预警等。

二、矿山废弃物对环境的污染

矿山开采过程不可避免地会产生大量的废弃物，包括固体废弃物、废水等。这些废弃物如果得不到妥善处理，就会对环境造成严重的污染和破坏。下面将从固体废弃物的排放和水体污染两个方面，具体阐述矿山废弃物对环境的污染问题。

（一）固体废弃物的排放及其环境影响

矿山开采过程会产生大量的废石、尾矿等固体废弃物，这些废弃物通常体积庞大、成分复杂，含有多种重金属和有害物质。受处理成本和技术限制，许多矿山企业往往选择将这些废弃物随意堆放，不仅占用了大量土地，还可能引发一系列环境问题。

首先，固体废弃物的随意堆放会占用大量土地，破坏原有的自然景观。这些废弃物通常被堆积成山，使得原本美丽的山区变得满目疮痍。这不仅影响了当地的生态环境，还可能给周边居民的生活带来不便和安全隐患。

其次，固体废弃物还可能引发地质灾害。由于废弃物堆积不稳定，加上雨水冲刷等因素，很容易发生滑坡、泥石流等地质灾害。这些灾害不仅会造成人员伤亡和财产损失，还可能对下游地区的生态环境造成进一步的破坏。

最后，固体废弃物中的重金属和有害物质还可能对土壤和地下水造成污染。这些有害物质在雨水冲刷和风力作用下，会逐渐渗透到土壤和地下水中，对当地的生态环境和居民健康构成潜在威胁。

（二）水体污染及其危害

矿山开采过程中产生的废水是另一种重要的污染源。这些废水通常含有高浓度的重金属、悬浮物、有毒物质等，如果未经处理直接排放到河流、湖泊等水体中，就会对水质造成严重污染。

首先，矿山废水中的重金属和有毒物质会对水生生物造成致命伤害。这些有害物质会破坏水生生物的生理机能，导致它们无法正常生长和繁殖，甚至引发大量死亡。这不仅破坏了水生生态系统的平衡，也影响了渔业资源的可持续利用。

其次，矿山废水污染还会影响人类的用水安全。被污染的水体不仅无法用于农业灌溉和工业生产，还可能通过食物链对人类健康造成潜在威胁。长期饮用被污染的水可能导致人体出现各种疾病，如重金属中毒、肝病、癌症等。

最后，矿山废水污染还会对周边地区的生态环境造成长期影响。被污染的水体通常会变得浑浊不堪，失去原有的生态功能。同时，污染物质还会在水体中积累，对生态环境造成长期破坏。

针对矿山废弃物对环境的污染问题，我们需要采取一系列有效的措施来加以应对。例如，加强矿山废弃物的处理和利用，通过采用先进的物理、化学和生物处理方法，将废弃物中的有害物质去除或转化为无害物质，实现资源的循环利用；加强矿山废水的处理和监管，建立严格的废水排放标准和处理制度，确保废水在排放前达到环保要求；加强对矿山企业的监管力度，对违法排放行为进行严厉打击；加强环境教育和宣传，提高公众对矿山废弃物污染问题的认识和重视程度；通过普及环保知识，引导人们形成绿色生产和消费的习惯，共同推动矿山开采与环境保护的和谐发展。

三、矿山生态破坏的地理分布与特点

矿山生态破坏是一个复杂而多变的现象，其地理分布与特点受到多种因素的影响，包括地质条件、气候条件、资源赋存情况以及人类活动模式等。不同地区的矿山生态破坏情况存在显著差异，因此需要因地制宜。同时，随着矿山开采活动的进行，生态破坏的程度和范围也在不断变化，需要进行动态监测和评估。下面将从不同地区的矿山生态破坏情况以及矿山生态破坏的时空变化两个方面，具体阐述矿山生态破坏的地理分布与特点。

（一）不同地区的矿山生态破坏情况

中国地域辽阔，矿产资源丰富，但矿山生态破坏的地理分布却呈现出明显的区域性特点。

1. 东部沿海地区

东部沿海地区经济发达，矿山开采活动频繁，因此矿山生态破坏问题尤为突出。这些地区的矿山生态破坏主要表现在地形地貌破坏、植被破坏、水土流失等方面。由于沿海地区的气候湿润、雨水冲刷作用强烈，加上矿山开采过程中的爆破、挖掘等活动，导致山体滑坡、泥石流等地质灾害频发。此外，这些地区的矿山废水排放也对周边海域的水质造成了严重影响。

2. 中西部内陆地区

中西部内陆地区的矿山生态破坏情况与东部沿海地区有所不同。这些地区多为干旱或半干旱气候，降水稀少，植被稀疏，生态脆弱。矿山开采活动加剧了这些地区的土地沙漠化、水土流失等问题。同时，由于中西部地区的矿产资源类型多样，不同矿山的生态破坏特点也有所不同。例如，煤炭开采可能导致地面塌陷、地下水污染等问题；金属矿山则可能引发重金属污染、土壤酸化等问题。

3. 西南地区

西南地区山地众多，地形复杂，矿山开采难度较大。然而，这一地区的矿产资源储量丰富，使得矿山开采活动成为当地经济发展的重要支柱。由于西南地区的气候多变、雨水充沛，矿山生态破坏问题也呈现出独特的特点。例如，矿山开采过程可能引发山体滑坡、泥石流等自然灾害；矿山废水的排放也可能对当地的水资源造成严重影响。

（二）矿山生态破坏的时空变化

矿山生态破坏的程度和范围并不是一成不变的，而是随着矿山开采活动的进行和时间的推移而不断变化。

1. 时间变化

矿山生态破坏的时间变化主要表现在两个方面：一是随着矿山开采年限的延长，生态破坏的程度逐渐加剧；二是不同季节和气候条件下，生态破坏的表现形式和程度也有所不同。例如，在雨季，由于雨水冲刷作用增强，矿山地区的水土流失和地质灾害问题可能更加严重；而在干旱季节，土地沙漠化和植被退化问题则可能更加突出。

2. 空间变化

矿山生态破坏的空间变化主要体现在不同开采阶段和不同开采区域的生态破坏情况存在差异。在矿山开采初期，出现地形地貌的改变和植被破坏；随着开采活动的深入，可能出现土地塌陷、水体污染等更为严重的问题。此外，不同开采区域的生态环境条件不同，其生态破坏的特点和程度也有所不同。例如，位于生态敏感区的矿山开采活动可能对周边生态环境的影响更为显著。

（三）因地制宜制定治理措施

由于矿山生态破坏的地理分布与特点存在显著差异，所以我们需要针对不同地区的矿山生态破坏情况采取不同的策略。

加强矿区植被恢复与水土保持工作：通过种植适生植物、建设防护林带等措施，提高矿区的植被覆盖率和土壤保持能力，减少水土流失和地质灾害的发生。

推广绿色矿山建设理念：在矿山开采过程中，注重生态环境保护与资源高效利用的结合，采用先进的开采技术和环保设备，减少矿山废弃物的产生和排放。

加强矿山废水治理：针对不同矿山废水的特点，采取有效的处理技术和方法，确保废水排放达到环保标准，减少对周边水体的污染。

建立矿山生态环境监测体系：通过定期监测和评估矿山生态环境的变化情况，及时发现和解决生态环境问题，为矿山生态恢复与治理提供科学依据。

矿山生态破坏的地理分布与特点具有复杂性和多样性。我们需要深入研究和了解不同地区的矿山生态破坏情况，制定针对性的治理措施，以实现矿山开采与生态环境保护的和谐发展。同时，加强矿山生态环境监测和评估工作，为矿山生态恢复与治理提供有力支持。

四、矿山生态破坏的社会经济影响

矿山生态破坏不仅仅是一个环境问题，它更是一个涉及社会经济多方面的复杂问题。矿山开采活动导致的生态破坏对当地居民生活和经济发展都产生了深远的影响。下面将从对当地居民生活的影响和对经济发展的影响两个方面，具体阐述矿山生态破坏的社会经济影响。

（一）对当地居民生活的影响

1. 生活环境恶化

矿山开采活动通常伴随着大量的废石、尾矿等固体废弃物的排放，以及废水、废气的排放。这些废弃物和污染物的无序排放，严重破坏了当地居民的生活环境。固体废弃物堆积成山，占用大量土地，破坏自然景观；废水未经处理直接排放到河流、湖泊等水体中，导致水质恶化，影响居民饮用水安全；废气排放则导致空气质量下降，居民呼吸道疾病发病率上升。

2. 健康问题凸显

矿山生态破坏带来的环境污染问题，对当地居民的健康产生了极大的威胁。长期生活在污染环境中的居民，容易出现各种健康问题，如呼吸道疾病、皮肤病、消化道疾病等。同时，由于矿山废水、废渣中含有重金属等有害物质，这些物质可能通过食物链进入人体，对居民的身体健康造成长期的潜在危害。

3. 社会秩序受影响

矿山生态破坏引发的环境问题往往导致当地居民与政府、企业之间的矛盾加剧。一方面，居民对环境污染问题表示强烈不满，要求政府和企业采取措施加以解决；另一方面，政府和企业则可能因经济利益驱动而忽视环境保护，导致矛盾激化。这种矛盾不仅影响了当地的社会秩序稳定，也可能引发群体性事件等社会问题。

（二）对经济发展的影响

1. 制约产业可持续发展

矿山生态破坏严重制约了矿业的可持续发展。随着矿山资源的逐渐枯竭和生态环境的恶化，矿山的开采成本不断上升，产量和质量下降，使得矿业的竞争力减弱。同时，对于生态破坏导致的环境问题，政府可能出台更严格的环保政策和法规，进一步限制矿山的开采活动。这些因素都使得矿业的可持续发展面临巨大挑战。

2. 损害相关产业利益

矿山生态破坏不仅影响矿业本身，还对相关产业造成了连锁反应。例如，矿山开采活动可能导致周边地区的农业用地受到污染，影响农产品的产量和质量，进而损害农业产业的经济利益。此外，矿山生态破坏还可能影响当地旅游业的发展。原本优美的自然景观因矿山开采而遭到破坏，使游客数量减少，旅游业收入下降。

3. 增加社会成本

矿山生态破坏带来的环境问题增加了社会成本。政府需要投入大量资金用于环境治理和生态恢复工作，这增加了政府的财政负担。同时，企业也需要承担因环境污染而引发的各种法律责任和经济赔偿，增加了企业的运营成本。这些成本最终都会转化为社会经济负担，影响当地经济的健康发展。

矿山生态破坏对当地居民生活和经济发展都产生了深远的影响。为了减轻这种影响，我们需要加强矿山环境保护工作，推动绿色矿山建设，实现矿业与生态环境的和谐共生。同时，政府和企业也应承担起相应的社会责任，积极采取措施解决矿山生态破坏问题，促进当地经济的可持续发展。

【任务实施】

讲解矿山生态破坏的基本概念，包括定义、类型、特点等。详细分析矿山生态破坏的主要类型，如土地损毁、地形地貌破坏、植被破坏、水资源污染等，并解释它们对生态环境的具体影响。阐述矿山生态破坏的影响范围，包括直接影响区和间接影响区，以及生态破坏对生态系统稳定性、生物多样性、土地退化、水资源短缺等方面的影响程度。引导学生对案例进行深入分析，讨论矿山生态破坏的原因、影响及可能的修复措施。

【思考与练习】

1. 思考并分析矿山生态破坏的主要原因有哪些？其中，哪些是人类活动可控的因素，哪些是不可控的因素？

2. 讨论如何在矿山开采过程中尽量减少对生态环境的破坏？

3. 矿山生态修复是一个复杂的过程，请讨论在修复过程中需要考虑哪些关键因素？

任务二　矿山生态破坏的特征

【知识目标】

掌握矿山生态破坏的主要类型、影响因素。

【技能目标】

能通过观察矿山开采现场、遥感图像等资料，识别出矿山生态破坏的主要类型和特征；区分不同类型的矿山生态破坏，如土地破坏、水资源污染、植被破坏等，并准确描述其特征；分析矿山生态破坏对自然环境、生态系统和社会经济的影响机制；探讨矿山开采过程中不同环节对生态破坏的贡献程度，以及这些破坏如何相互作用、相互影响。

【任务导入】

谈论矿山开采时，除了丰富的矿产资源，我们还会想到什么？是的，除了经济价值，矿山开采往往也伴随着对自然环境的深刻影响。这种影响有时甚至是不可逆的，这就是我们今天要深入讨论的——矿山生态破坏的特征。

【任务分析】

1. 介绍矿山生态破坏的主要类型，如土地破坏、水资源污染、植被破坏等。

2. 分析矿山生态破坏对自然环境、生态系统和社会经济的影响，包括直接和间接影响。

【相关知识】

一、生态结构失衡

矿山开采活动作为一种大规模的资源开发行为，常常对当地的生态结构造成显著的影响，导致原本稳定的生态平衡被打破。这种生态结构失衡主要体现在植被破坏与生物多样性丧失以及土壤结构与功能退化两个方面。

首先，在矿山开采过程中，大规模的挖掘和爆破活动使得地表植被遭受严重破坏。这些活动不仅直接破坏了植物的生长环境，还可能导致土地裸露，使得原本覆盖有植被的土地变得荒芜。裸露的土地容易受到风雨侵蚀，进而引发水土流失等环境问题。同时，矿山开采还会占用大量土地，使得原本用于农业、林业等用途的土地减少，进一步加剧了植被破坏的问题。植被破坏对生物多样性产生了深远的影响。许多物种依赖于特定的植被类型作为栖息地，当这些植被被破坏时，这些物种的生存就受到了威胁，一些珍稀物种可能因此面临灭绝的风险。此外，植被破坏还会影响食物链的稳定，导致生态系统中某些物种的数量锐减或增多，从而破坏生态平衡。

其次，矿山开采会改变土壤的结构和功能，使得土壤肥力下降、保水能力减弱。在矿山开采过程中，大量的土壤被挖掘和运输，导致土壤结构被破坏。同时，矿山废渣、废水等污染物的排放也会对土壤造成污染，进一步加剧土壤退化。退化的土壤不仅无法为植物提供足够的养分和水分，还可能引发土地沙漠化、盐碱化等问题，进一步加剧生态结构失衡。土壤退化对农业生产产生了严重的影响。农业是许多地区的重要经济来源，而土壤是农业生产的基础。当土壤退化时，农作物的生长受到抑制，产量和质量都会下降。这不仅影响了农民的经济收入，还可能导致粮食短缺等社会问题。此外，土壤退化还可能对地下水造成污染。矿山废水和废渣中的有害物质可能通过渗透作用进入地下水系统，对地下水造成污染。这种污染不仅影响了居民的饮用水安全，还可能对生态系统造成长期的影响。

最后，除了植被破坏和土壤退化外，矿山生态破坏还可能导致其他生态结构失衡的问题。例如，矿山开采可能改变水资源的分布和流向，影响河流、湖泊等水体的生态功能。同时，矿山开采还可能引发地质灾害，如地面塌陷、泥石流等，对当地的生态环境和居民生活造成威胁。为了缓解这一问题，我们需要采取综合性的措施，包括加强矿山规划和监管、推广绿色采矿技术、加强生态修复和恢复等，以实现矿山开采与生态环境保护的协调发展。同时，政府、企业和公众也应共同努力，共同推动矿山生态环境的改善和可持续发展。

二、环境污染严重

矿山生态破坏不仅仅是对自然景观的破坏，更伴随着严重的环境污染问题。这些污染问题不仅直接威胁着周边环境的健康，更对当地居民的生活质量和身体健康构成严重威胁。

（一）水体污染

矿山开采过程中会产生大量的废水，这些废水含有重金属、有毒有害物质等，对周边水体环境造成了严重的污染。未经处理的矿山废水直接排放到河流、湖泊等水体中会导致水质恶化，影响水生生物的生存和繁殖。同时，这些有毒有害物质还可能通过食物链进入人体，对居民的健康构成潜在威胁。

具体来说，矿山废水中的重金属如铅、汞、镉等，具有高度的生物毒性和累积性。它们在水体中长期存在，不仅破坏了水体的生态平衡，还可能通过饮用水和食物链进入人体，导致各种健康问题，如神经系统损伤、肾脏疾病等。此外，废水中的有毒有害物质如氰化物、硫化物等，也对水生生物具有极高的毒性，直接导致水生生物死亡或生态失衡。

水体污染不仅影响了水生生物的生存，也对农业生产和居民生活带来了严重的影响。污染的水体无法用于灌溉，导致农作物减产或品质下降。同时，污染的水体也威胁着居民的饮用水安全。一些地区由于矿山废水排放导致饮用水源受到污染，居民不得不面临饮水困难的问题。

（二）大气污染

矿山开采过程中产生的粉尘、废气等污染物也是大气污染的主要来源之一。这些污染物排放到大气中会导致空气质量下降，对居民的健康和生态环境造成严重影响。

矿山开采时，大量的岩石、土壤和矿石被破碎、运输和加工，产生大量的粉尘。这些粉尘悬浮在空气中，不仅降低了能见度，还可能导致呼吸道疾病。长期暴露在粉尘污染环境中的人群，其呼吸系统和免疫系统都可能受到损害，表现为咳嗽、气喘、呼吸道感染等症状。

此外，矿山开采过程中还会产生各种废气，如二氧化硫、氮氧化物、一氧化碳等。这些废气排放到大气中，不仅加剧了温室效应和酸雨的形成，还可能导致光化学烟雾等环境问题。这些污染物还对植物的生长和发育产生负面影响，破坏生态平衡。同时，它们也对人类健康构成威胁，可能导致呼吸道疾病、心血管疾病等。

大气污染还对农业生产和生态环境造成严重影响。受污染的空气中的有害物质可能通过降雨或沉降等方式进入土壤和水体，影响农作物的生长和品质。同时，大气污染也可能导致生态系统的退化和生物多样性的丧失。因此，我们必须采取有效的措施来预防和治理矿山生态破坏所带来的环境污染问题，保护我们的生态环境和人民健康。

三、地质灾害频发

矿山生态破坏的一个显著后果便是地质灾害的频发，这不仅对自然环境造成严重破坏，更对当地人民的生命和财产安全构成了严重威胁。地质灾害的频发往往与矿山开采过程中地下岩层的破坏、废石尾矿的堆积以及植被破坏等因素密切相关。下面将从地面塌陷与地裂缝、泥石流与滑坡两个方面具体阐述矿山生态破坏导致的地质灾害问题。

（一）地面塌陷与地裂缝

在矿山开采过程中，大规模的挖掘活动会破坏地下岩层的结构，导致岩层失去原有的支撑力。随着时间的推移，这些失去支撑的岩层会逐渐发生变形和位移，最终引发地面塌陷和地裂缝等地质灾害。

地面塌陷通常发生在矿山开采区域的周边地带，尤其是在开采深度较大、岩层结构复杂的地区。当地下岩层受到破坏后，上方的土壤和岩石失去了支撑，逐渐形成空洞。这些空洞在重力和其他自然力的作用下不断扩大，最终导致地面塌陷。地面塌陷不仅破坏了地表形态，还可能对建筑物、道路等基础设施造成损坏，给当地居民的生活带来极大的不便和安全隐患。

地裂缝则是地面塌陷的一种表现形式，它通常出现在地面塌陷的边缘地带。由于地下岩层的位移和变形，地表土壤和岩石被拉裂，形成裂缝。这些裂缝宽窄不一，有的只有几厘米宽，有的则达到数米宽。地裂缝的存在不仅破坏了地表的完整性，还可能对建筑物和道路造成破坏，影响当地居民的正常生活。

（二）泥石流与滑坡

矿山开采过程中产生的废石、尾矿等堆积物是泥石流和滑坡等地质灾害的主要来源。这些堆积物在雨水冲刷下容易发生位移和滑动，进而形成泥石流或滑坡。

泥石流是一种由大量泥沙、石块和水混合而成的流动体，它通常发生在山区或丘陵地带的矿山开采区域。当矿山废石和尾矿堆积在山坡上时，一旦遇到强降雨或长时间降雨，这些堆积物很容易被雨水冲刷下来，形成泥石流。泥石流具有流速快、冲击力强的特点，能够冲毁房屋、道路和桥梁等基础设施，对当地人民的生命和财产构成严重威胁。

滑坡则是另一种常见的地质灾害，它通常发生在矿山开采区域的边坡地带。矿山开采活动破坏了边坡的岩层结构，降低了其稳定性，使得边坡在重力作用下容易发生滑动。遇到降雨、地震等诱发因素时，滑坡更容易发生。滑坡不仅会造成地表形态的破坏，还可能掩埋房屋、道路等基础设施，对当地居民的生命和财产造成巨大损失。

此外，值得注意的是，泥石流和滑坡等地质灾害往往具有突发性强的特点，很难进行准确预测和及时防范。因此，一旦发生这类灾害，往往会造成严重的后果。这也使得矿山生态破坏导致的地质灾害问题更加严峻和紧迫。

矿山生态破坏导致的地质灾害频发是一个严重而复杂的问题。地面塌陷与地裂缝、泥石流与滑坡等地质灾害不仅破坏了自然环境，更对当地人民的生命和财产安全构成了严重威胁。为了有效应对这一问题，我们需要加强矿山开采活动的监督和管理，采取科学合理的开采方式和技术手段，减少对地下岩层的破坏和废石尾矿的堆积。同时，我们还需要加强地质灾害的监测和预警工作，提高灾害防范和应对能力，确保当地人民的生命和财产安全得到有效保障。

四、资源利用效率低下

矿山生态破坏问题不仅对环境造成了严重损害，还往往伴随着资源利用效率低下的困境。这种效率低下不仅是对宝贵矿产资源的巨大浪费，而且进一步加剧了环境压力，阻碍了可持续发展的步伐。下面将从采矿技术落后和资源回收率低两个方面具体阐述矿山生态破坏中的资源利用效率问题。

（一）采矿技术落后

在一些矿山中，由于历史原因或资金投入不足，采矿技术相对落后。这些落后的技术不仅影响了资源的开采效率，还使得开采过程中的环境污染和生态破坏问题更加严重。

首先，落后的采矿技术往往导致开采效率低下。传统的采矿方法往往依赖人力和简单的机械设备，开采速度慢且效率低下。这不仅延长了开采周期，增加了成本，还使得大量有价值的矿产资源未能得到及时有效的开采。

其次，落后的技术使得采矿过程中的环境破坏问题加剧。由于缺乏先进的环保措施和设备，采矿活动往往伴随着大量的粉尘、废水和废渣的产生。这些污染物未经有效处理就直接排放到环境中，对土壤、水源和大气造成了严重污染。同时，落后的技术也增加了矿山地质灾害的风险，如地面塌陷、泥石流等，对当地人民的生命财产安全构成威胁。

最后，落后的采矿技术还限制了资源的综合利用。许多有价值的共生矿和伴生矿在开采过程中被忽视或浪费，未能得到有效利用。这不仅降低了资源的整体利用价值，也增加了环境负担。

（二）资源回收率低

在矿山开采过程中，资源回收率低是一个普遍存在的问题。

首先，技术水平的限制是资源回收率低的主要原因之一。一些矿山由于技术落后，无法有效分离和提取矿石中的有用成分，导致大量资源在开采和加工过程中被浪费。同时，对于一些复杂难处理的矿石，由于缺乏先进的技术手段，其回收率更是低下。

其次，管理水平的不足也影响了资源回收率。一些矿山在开采和加工过程中缺乏科学的管理和规划，导致资源的利用不够充分。例如，在采矿过程中未能充分考虑矿石的品位和分布，使得低品位矿石被忽视或丢弃；在加工过程中未能有效控制产品质量和损失，使得大量有用成分在加工过程中流失。

最后，政策和法规的不完善也对资源回收率造成了影响。一些地区对于资源回收和利用的重视程度不够，缺乏相应的政策支持和法规约束。这使得一些矿山企业缺乏提高资源回收率的动力和压力，进一步加剧了资源浪费问题。

资源利用效率低下不仅造成了巨大的经济损失，也加剧了环境压力。为了改变这一现状，我们需要采取一系列措施来提高资源利用效率。例如，加强技术研发和创新，推广先进的采矿技术和设备，提高开采效率和资源回收率；加强矿山企业的管理和规划，制订科学合理的开采方案和加工流程，确保资源的充分利用。同时，政府和社会各界也应加大对资源回收和利用的支持力度，完善相关政策和法规，为矿山企业的可持续发展提供有力保障。

【任务实施】

详细介绍矿山生态破坏的主要类型，如土地破坏、水资源污染、植被破坏、生物多样性减少等。通过案例或图片展示各类型矿山生态破坏的具体表现形式和特征。选取具有代表性的矿山生态破坏案例，进行深入剖析。引导学生从案例中识别矿山生态破坏的类型和特征，并分析其成因和影响。将学生分成小组，每组选择一个矿山生态破坏类型进行讨论，讨论内容包括该类型矿山生态破坏的具体影响、影响机制和可能的防治措施。

【思考与练习】

1. 矿山生态破坏的主要类型有哪些？请列举并简要描述它们的特征。
2. 分析矿山开采活动对水资源的影响，并讨论可能导致的后果。
3. 矿山开采导致的土地破坏会对生态环境产生哪些影响？
4. 为什么说矿山开采活动会对生物多样性构成威胁？
5. 如何评估矿山生态破坏的程度？请提出你的评估方法和依据。

任务三　矿山地质灾害的概念及分类

【知识目标】

掌握矿山地质灾害的基本概念、分类、影响和后果、识别方法。

【技能目标】

能通过现场观察、资料查阅等方式，识别矿山地质灾害的主要类型，如地面塌陷、滑坡、崩塌、泥石流、突水、突泥等；分析矿山地质灾害的成因，包括地质构造、水文地质条件、采矿方式、人类活动等因素对矿山地质灾害的影响；了解常见的矿山地质灾害防治技术和方法，如边坡加固、排水系统建设、监测预警系统建立等，并能根据实际情况进行选择和应用。

【任务导入】

在矿山开采过程中，大规模的挖掘、爆破、运输等活动会对地质环境造成不同程度的破坏。这些破坏可能引发一系列的地质灾害，如地面塌陷、滑坡、崩塌、泥石流等。这些灾害不仅会影响矿山生产的正常进行，还可能对周边环境和人类生活造成严重的威胁。矿山地质灾害不仅威胁着矿山生产安全，也对周边环境和人类生活造成了极大的影响。因此，了解矿山地质灾害的概念、分类及其防治指施，对于我们保障矿山安全、维护生态平衡具有重要意义。

【任务分析】

1. 明确矿山地质灾害的定义和内涵，理解其与矿山生态破坏的关系。

2. 掌握矿山地质灾害的主要分类及其特点，了解各类地质灾害的形成机制和影响因素。

【相关知识】

一、矿山地质灾害的基本概念

地质灾害是指自然因素或人为活动引发的，对人类生命、财产和自然环境造成破坏或潜在威胁的地质现象。这些现象通常具有突发性、难以预测性和灾害性等特点。在矿山开采过程中，大规模的挖掘活动和对地质环境的改变容易引发一系列地质灾害，这些灾害统称为矿山地质灾害。

矿山地质灾害具有其特殊性，主要表现在以下几个方面：

首先，矿山地质灾害的成因复杂。在矿山开采过程中，地下岩层的结构、稳定性以及地下水的分布都会发生显著变化。这些因素的变化可能引发地面塌陷、地裂缝、泥石流、滑坡等多种地质灾害。此外，矿山开采产生的废石、尾矿等堆积物也可能在雨水冲刷下发生位移，形成滑坡或泥石流等灾害。

其次，矿山地质灾害的影响范围广泛。矿山地质灾害不仅直接威胁矿山工作人员的生命安全，还可能对周边居民的生命财产安全构成威胁。同时，地质灾害还可能对矿山生产设施、交通道路、水利设施等基础设施造成破坏，影响当地的经济社会发展。

最后，矿山地质灾害的破坏程度严重。矿山地质灾害一旦发生，往往具有突发性强、破坏力大的特点。地面塌陷、滑坡等灾害可能导致建筑物倒塌、道路中断，给救援工作带来极大困难。泥石流等灾害则可能冲毁房屋、淹没农田，给当地居民的生产生活带来巨大损失。

矿山地质灾害的影响范围与程度因地质条件、开采方式、管理水平等多种因素而异。在一些地质条件复杂、开采强度大的地区，矿山地质灾害的发生频率和破坏程度往往更高。这些灾害不仅给当地人民的生命财产安全带来严重威胁，也对矿山企业的生产和经营造成巨大损失。

矿山地质灾害是一种具有特殊性和严重性的地质现象。我们需要深入理解和认识其基本概念和特性，采取有效的措施进行防范和应对，以保障人民生命财产安全和社会经济的可持续发展。同时，随着科技的不断进步和研究的深入，我们有望找到更加有效的手段来预测、预防和减轻矿山地质灾害带来的损失。通过持续的努力和探索，我们可以为矿山地质环境的保护和人类社会的和谐发展做出更大的贡献。

二、矿山地质灾害的分类

矿山地质灾害作为一类特殊的地质现象，其发生和发展往往受到多种因素的共同影响。为了更好地理解和应对这些灾害，我们需要对其进行分类。以下是根据成因、表现形式和危害程度三个方面的具体分类阐述。

（一）根据成因分类

从成因的角度来看，矿山地质灾害可分为自然因素引发的地质灾害和人为因素（矿山开采）引发的地质灾害。

自然因素引发的地质灾害主要受到地质构造、地形地貌、气候条件等自然因素的影响。例如，地震是一种常见的自然地质灾害，它可能由地壳运动、板块碰撞等原因引发，对矿山及其周边地区造成严重的破坏。此外，暴雨、洪水等气象灾害也可能导致矿山地区的山体滑坡、泥石流等灾害的发生。这些自然因素引发的地质灾害往往具有突发性和难以预测性，给矿山生产和人员安全带来极大的威胁。

人为因素（矿山开采）引发的地质灾害则主要是矿山开采活动对地质环境的改变和破坏所致的。在矿山开采过程中，大规模的挖掘和爆破会破坏地下岩层的稳定性和完整性，导致地面塌陷、地裂缝等灾害的发生。此外，矿山废石、尾矿的堆积也可能形成不稳定体，在雨水冲刷或地震等外力作用下发生滑坡或泥石流等灾害。这些人为因素引发的地质灾害往往与矿山开采规模、开采方式、管理水平等密切相关，因此通过科学合理的开采和管理措施可以有效减少其发生的风险。

（二）根据表现形式分类

从表现形式的角度来看，矿山地质灾害可分为突发性地质灾害和缓变性地质灾害。

突发性地质灾害是指在短时间内突然发生、发展迅速且破坏力大的灾害。地震、泥石流等是典型的突发性地质灾害。这些灾害往往具有极高的危险性，一旦发生就可能造成大量的人员伤亡和财产损失。因此，对于这类灾害，我们需要加强监测预警工作，及时发现并采取措施进行防范和应对。

缓变性地质灾害则是指发展缓慢、持续时间较长且破坏力相对较小的灾害。地面塌陷、地裂缝等是常见的缓变性地质灾害。这些灾害虽然短期内可能不会造成太大的损失，但如果不加以重视和及时治理，可能会逐渐加剧并最终导致严重的后果。因此，对于这类灾害，我们需要加强长期监测和定期评估，及时采取治理措施防止其进一步发展。

（三）根据危害程度分类

从危害程度的角度来看，矿山地质灾害可分为轻微地质灾害、中等地质灾害和严重地质灾害。

轻微地质灾害是指对矿山生产和人员安全影响较小的灾害。这类灾害通常规模较小、破坏力较弱，通过简单的治理措施即可恢复。然而，即使是轻微地质灾害也不应忽视，因为如果不加以治理可能会逐渐发展为更严重的灾害。

中等地质灾害是指对矿山生产和人员安全造成一定影响的灾害。这类灾害可能涉及较大范围的破坏和一定程度的损失，需要采取一定的治理措施进行恢复。在应对中等地质灾害时，我们需要综合考虑治理成本、效益和风险等因素，制订科学合理的治理方案。

严重地质灾害则是指对矿山生产和人员安全造成重大威胁和损失的灾害。这类灾害往往规模巨大、破坏力极强，可能导致矿山停产、人员伤亡甚至社会动荡。对于严重的地质灾害，我们需要采取紧急措施进行救援和抢险，同时加强灾后恢复和重建工作，尽快恢复矿山生产和人员生活秩序。

矿山地质灾害的分类有助于我们更好地理解其发生机制、表现形式和危害程度，从而制定更加有效的预防和应对措施。在实际工作中，我们需要根据不同类型的地质灾害采取不同的监测预警、治理和防范措施，确保矿山生产和人员安全得到有效保障。同时，我们还需要加强地质灾害防治技术的研究和应用，不断提高防治能力和水平，为矿山的可持续发展和社会的和谐稳定做出积极贡献。

三、矿山地质灾害的典型案例分析

矿山地质灾害在全球范围内都时有发生，这些灾害不仅给矿山生产带来巨大损失，也对周边环境和居民生活造成了严重影响。通过对国内外矿山地质灾害典型案例的分析，我们可以深入了解地质灾害的类型、成因及其影响，同时评估防灾减灾措施的效果，为今后的矿山地质灾害防治工作提供借鉴和参考。

先看一个国外的典型案例——美国西弗吉尼亚州萨戈煤矿爆炸事故。这起事故发生在2006年，当时地下煤层中的甲烷气体积聚并引发爆炸，导致多名矿工死亡。这起灾害属于突发性地质灾害，其成因主要是煤矿开采过程中瓦斯气体的管理不善。事故不仅造成了人员伤亡，也给矿山生产和周边社区的安全带来了严重威胁。为了预防类似事故的发生，矿山企业需要加强瓦斯监测和通风系统的建设，确保工作面的安全环境。再看一个国内的典型案例——山西焦煤集团屯兰煤矿瓦斯爆炸事故。这起事故发生在2009年，同样是瓦斯积聚引发的爆炸，导致多人伤亡。与萨戈煤矿类似，这起事故也属于突发性地质灾害，其成因与瓦斯气体的管理和监测不到位有关。事故发生后，相关部门对矿山进行了全面检查，并加强了对瓦斯等有害气体的监测和预警工作。同时，也推动了矿山安全生产法规的制定和执行，提高了矿山企业的安全管理水平。

除了瓦斯爆炸事故外，泥石流也是矿山地质灾害中常见的一种类型。例如，在云南某铜矿就发生过一起严重的泥石流灾害。由于矿山开采过程中产生的废石和尾矿堆积在山坡上，加上连日暴雨的冲刷，形成了大规模的泥石流。这起灾害不仅冲毁了矿山的基础设施和道路，还造成了周边居民房屋的损坏和农田的淹没。针对这起灾害，矿山企业采取了清理废石、加固边坡、修建挡土墙等措施来防止泥石流的再次发生。同时，也加强了与周边社区的沟通和协作，共同应对地质灾害带来的挑战。

这些典型案例告诉我们，矿山地质灾害的防治工作至关重要。为了有效应对地质灾害带来的威胁，我们需要采取一系列防灾减灾措施。首先，加强矿山地质灾害的监测和预警工作，及时发现潜在的地质灾害隐患并采取相应的应对措施。其次，加强矿山开采过程中的安全管理，确保工作面的安全环境，包括加强瓦斯等有害气体的监测和管理、合理布置开采工作面、采取有效的支护措施等。最后，还需要加强矿山企业的安全教育和培训，提高员工的安全意识和应对能力。在效果评估方面，我们可以通过对比灾害发生前后的数据来评估防灾减灾措施的效果。例如，可以通过灾害发生前后的矿山生产数据、人员伤亡情况、经济损失等指标来评估防灾减灾措施的有效性。同时，也可以结合专家意见和社区反馈来综合评估防灾减灾措施的实施效果。

通过对国内外矿山地质灾害典型案例的分析，我们可以深入了解地质灾害的类型、成因及其影响，并评估防灾减灾措施的效果。这些案例为我们提供了宝贵的经验和教训，也为我们今后的矿山地质灾害防治工作提供了重要的参考和借鉴。

四、矿山地质灾害的监测与预警技术

矿山地质灾害的监测与预警技术是矿山安全生产的重要保障，对于及时发现地质灾害隐患、预防灾害发生、减少人员伤亡和财产损失具有重要意义。下面将详细介绍监测技术的种类及应用、预警系统的构建与运行以及监测预警技术在矿山地质灾害防治中的应用实例。

（一）监测技术的种类及应用

地面沉降监测技术：利用遥感测绘技术进行地面沉降的监测，可以获取全面和准确的地面沉降数据。这种技术不仅可以监测发生在地面的变形，还可以监测发生在地下的变形，为矿山地质灾害的预警提供重要依据。

钻孔观测法：在矿区内钻取孔洞，采集地下水位、地下水压力、地下水渗流速度等信息，并进行实时监测和分析。这种方法有助于工程师了解地下水动态变化，及时判断地质灾害形势。

地震监测技术：通过在矿区内布置地震监测仪器，实时记录地震活动情况。在地震发生前，这些监测仪器可以提前预警，为采取避难措施提供宝贵时间。

非接触式监测技术：利用红外线、激光雷达等设备对矿山进行遥感监测，实时获取矿体变形、裂缝扩展等信息。这种技术可以对矿山进行全天候监测，及时掌握矿山内部的动态变化。

此外，三维模型测绘技术等也在矿山地质灾害监测中发挥着重要作用。这些技术能获取矿区的地形、地貌和相关的地质信息并整合到一个综合模型中，通过模拟和数据分析，确定潜在的危险区域和发生的可能性。

（二）预警系统的构建与运行

预警系统的构建包括数据采集与传输设备的选择、数据处理与分析软硬件的配置以及预警和报警装置的安装与设置等环节。

首先，数据采集与传输设备负责将传感器采集的数据传输到数据处理与分析中心。在选择设备时，应考虑其稳定性、传输距离和数据传输速度等因素。

其次，数据处理与分析软硬件是对传感器采集到的数据进行分析和处理的关键环节。软件可以采用人工智能算法和机器学习模型对数据进行实时分析，寻找矿山灾害的预警特征。同时，硬件方面要配置高性能的计算平台，以保证对大量数据的处理能力。

最后，预警和报警装置是预警系统的末端设备，其任务是在矿山灾害发生时及时向相关人员发出警报，提醒人员采取相应的应急措施。这些装置包括声光报警器、震动报警器等，需要合理设置在安全出口、疏散通道等关键位置。

在预警系统构建完成后，必须进行严格的测试与维护工作，确保其稳定运行并准确发出预警。

（三）监测预警技术在矿山地质灾害防治中的应用实例

以某铜矿为例，该矿采用了三维模型测绘技术进行矿山地质灾害的立体监测。通过获取矿区的地形、地貌和相关的地质信息，工程师将这些信息整合到一个综合模型中，并通过模拟和数据分析确定滑坡潜在的危险区域和发生的可能性。一旦监测发现有滑坡迹象，预警系统会及时发出警报，并采取相应的措施。这种技术的应用大大提高了预警的准确性和时效性，同时也为矿山的规划、设计和管理提供了科学依据。

矿山地质灾害的监测与预警技术是矿山安全生产不可或缺的一环。通过采用多种监测技术和构建完善的预警系统，我们可以及时发现地质灾害隐患、预防灾害发生，从而保障矿山的安全生产和人员的生命安全。在未来的矿山地质灾害防治工作中，我们应继续加强监测预警技术的研究和应用，提高预警的准确性和时效性，为矿山的可持续发展贡献力量。

五、矿山地质灾害的防治措施与策略

矿山地质灾害的防治是一项复杂而重要的任务，它不仅关系到矿山的安全生产，也直接影响到周边环境和居民的生活。因此，我们需要采取一系列有效的防治措施和策略，以预防和减少地质灾害的发生，保护矿山及其周边地区的安全与稳定。

（一）预防措施

1. 加强矿山规划与管理

矿山规划是预防地质灾害的首要任务。在矿山规划阶段，应充分考虑地质条件、气候因素、环境状况等，科学合理地确定矿山的开采范围、开采方式和开采顺序。同时，应制定严格的矿山管理制度，明确各级职责，确保矿山生产活动的有序进行。此外，还应加强对矿山生产活动的监督检查，及时发现和纠正违规操作，防止因人为因素引发的地质灾害。

2. 推广绿色采矿技术

绿色采矿技术是一种注重环境保护和可持续发展的采矿方式。通过采用先进的采矿技术和设备，减少对环境的破坏，降低地质灾害的风险。例如，采用充填采矿法可以减少采空区的形成，防止地面塌陷等灾害的发生；采用无废或少废采矿技术可以减少废石和尾矿的排放，降低泥石流等灾害的风险。同时，还应加强对绿色采矿技术的研发和推广，提高矿山企业的环保意识和技术水平，推动矿山行业的可持续发展。

（二）治理措施

1. 工程治理手段

工程治理是矿山地质灾害治理的重要手段。针对不同类型的地质灾害，需要采取相应的工程治理措施。例如，对于地面塌陷灾害，可以采用注浆加固、回填夯实等方法进行治理；对于泥石流灾害，可以修建挡土墙、拦沙坝等工程设施进行拦截和防护。此外，还应加强矿山边坡的稳定性监测和加固工作，防止边坡失稳引发滑坡等灾害。同时，对矿山排水系统进行优化和改造，确保排水畅通，防止因水患引发的地质灾害。

2. 生态恢复措施

生态恢复是矿山地质灾害治理的重要方面。在治理过程中，应注重生态环境的保护和修复，促进生态系统的恢复和重建。例如，对于因采矿活动破坏的土地，可以通过植树造林、种草复绿等方式进行生态修复；对于废弃的矿山和尾矿库，可以进行生态改造和景观提升，使其成为具有生态功能的绿色空间。此外，还应加强矿山生态环境的监测和评估工作，及时发现和解决生态环境问题，确保矿山地质灾害治理的效果。

（三）综合防治策略与建议

1. 建立完善的地质灾害防治体系

矿山地质灾害的防治需要政府、企业和社会各界的共同努力。应建立完善的地质灾害防治体系，明确各部门的职责和协作机制，形成合力共同应对地质灾害。同时，应制定相关法规和政策，规范矿山生产和地质灾害防治行为，为地质灾害防治提供法律保障。

2. 加强地质灾害监测预警系统建设

地质灾害监测预警系统是预防地质灾害的重要手段。应加强对矿山地质灾害的监测和预警工作，建立完善的地质灾害监测网络和信息平台，实现信息共享和快速响应。同时，应加强对监测数据的分析和研究，提高预警的准确性和时效性。

3. 提高矿山企业的地质灾害防治能力

矿山企业是地质灾害防治的主体。应加强对矿山企业的培训和指导，提高其地质灾害防治的意识和能力。同时，应鼓励企业采用先进的采矿技术和设备，提高生产效率和安全性，降低地质灾害的风险。

4. 加强科研与技术创新

地质灾害防治是一项技术性很强的工作。应加强对地质灾害防治技术的研究和创新，推广和应用新技术、新方法，提高地质灾害防治的科技含量和效果。同时，应加强国际间的交流与合作，学习借鉴先进的经验和技术，推动我国矿山地质灾害防治工作的不断发展。

【任务实施】

详细介绍矿山地质灾害的主要分类，包括地面矿山地质灾害（如地面塌陷、滑坡、崩塌、泥石流等）和井下矿山地质灾害（如冒顶、片帮、突水、突泥等）。对比不同类型矿山地质灾害的特点和形成机制，帮助学生区分和理解各类灾害的异同点。使用图表或示意图来辅助解释各类矿山地质灾害的特点和形成过程，使抽象的概念更加直观易懂。组织学生进行小组讨论，分享各自对矿山地质灾害分类的理解和看法，互相补充和完善。

【思考与练习】

1. 简述你对矿山地质灾害定义的理解，并举例说明其在实际矿山环境中的表现。

2. 矿山地质灾害的分类对于矿山环境保护有何重要意义？

3. 分析矿山开采等人为活动如何影响地质灾害的发生和发展。

4. 简述矿山地质灾害的定义，并列举至少两种常见的矿山地质灾害类型。

任务四　矿山地质灾害防治与生态恢复

【知识目标】

矿山地质灾害防治、矿山生态恢复、矿山地质灾害防治与生态恢复的关系。

【技能目标】

能够进行矿山地质灾害的现场调查和评估，准确识别地质灾害的类型、规模、影响范围等关键信息。掌握地质灾害监测预警系统的设置和运行方法，能够使用专业设备和技术手段进行地质灾害的实时监测和预警。能够制订和实施地质灾害防治方案，包括采取适当的工程措施、生物措施或综合管理措施来减轻或消除地质灾害的影响。

【任务导入】

假设我们身处一个繁荣的矿山小镇，这个小镇因矿山开采而兴旺。但近年来，随着开采活动的加剧，矿山地质灾害频发，生态环境遭受严重破坏，小镇居民的生活和矿山企业的运营都受到了极大的影响。面对频繁发生的矿山地质灾害，我们采用何种防治手段才能保障居民的生命财产安全和矿山企业的正常运营。

【任务分析】

1. 掌握矿山地质灾害的定义、类型、成因及其防治的基本原则和策略。

2. 分析典型的矿山地质灾害防治与生态恢复案例，总结经验和教训。

3. 进行矿山地质灾害的模拟调查和评估，制订防治方案。

【相关知识】

一、矿山地质灾害防治概述

矿山地质灾害是矿山生产活动过程中，由于自然因素或人为因素引发的对矿山及周边环境造成破坏和损失的地质现象。这些灾害不仅严重威胁着矿山的安全生产，也对周边居民的生命财产安全构成了巨大的威胁。

（一）地质灾害类型与特点

矿山地质灾害类型多样，主要包括地面塌陷、滑坡、泥石流、矿震等，这些灾害各自具有不同的特点。

地面塌陷是在矿山开采过程中，地下空间被过度挖空，导致地面失去支撑而发生的坍塌现象。其特点是突然性强、破坏力大，往往造成建筑物损坏、人员伤亡等严重后果。

滑坡则是由于矿山边坡失稳，在重力作用下沿斜坡向下滑动的现象。滑坡通常发生在雨季或地震后，具有范围广、影响大的特点，对矿山生产和周边环境构成严重威胁。

泥石流是在矿山开采过程中破坏了山体植被，导致水土流失加剧，在暴雨等条件下形成的泥沙流体。泥石流具有流速快、冲击力强的特点，对下游地区的人员和财产构成极大威胁。

矿震是由于矿山开采过程中破坏了岩体的应力平衡，导致岩体发生震动或破裂的现象。

矿震虽然规模相对较小，但也可能引发其他地质灾害，如地面塌陷、滑坡等。

（二）地质灾害成因分析

矿山地质灾害的成因复杂多样，主要包括自然因素和人为因素两个方面。

自然因素主要包括地质构造、地形地貌、气候条件等。地质构造复杂、岩层破碎的地区容易发生地面塌陷和滑坡等灾害；地形陡峭、植被覆盖差的地区容易发生泥石流等灾害；气候条件恶劣，如暴雨、干旱等极端天气也会加剧地质灾害的发生。

人为因素则主要是矿山开采活动对地质环境的破坏。不合理的采矿方法、过度的开采强度、缺乏有效的防护措施等都会导致地质灾害的发生。此外，矿山废弃物的堆放、尾矿库的建设等也可能引发地质灾害。

（三）地质灾害防治的重要性与紧迫性

矿山地质灾害防治工作的重要性不言而喻。首先，地质灾害的防治直接关系到矿山的安全生产。矿山作为重要的资源开采基地，其安全生产直接关系到国家的经济发展和社会稳定。地质灾害的发生往往会导致矿山生产中断、设备损坏、人员伤亡等严重后果，给矿山企业带来巨大的经济损失。因此，加强地质灾害防治工作是保障矿山安全生产的必然要求。

其次，地质灾害的防治也关系到周边居民的生命财产安全。矿山周边往往分布着居民区和农田等，地质灾害的发生会对这些区域造成严重影响。地面塌陷可能导致房屋倒塌、道路中断；滑坡和泥石流可能冲毁村庄、农田等。因此，加强地质灾害防治工作是保护周边居民生命财产安全的迫切需要。

最后，地质灾害的防治还关系到生态环境的保护。矿山开采活动往往会对生态环境造成破坏，如植被破坏、水土流失等。地质灾害的发生会进一步加剧生态环境的恶化。因此，加强地质灾害防治工作是促进生态环境保护和可持续发展的重要举措。

矿山地质灾害防治工作具有极其重要的意义和紧迫性。我们必须高度重视地质灾害的防治工作，采取有效的措施和方法来预防和减少地质灾害的发生，保障矿山的安全生产和周边环境的稳定。

二、矿山地质灾害防治措施

矿山地质灾害的防治工作是一项系统而复杂的任务，需要我们从多个方面入手，采取一系列有效的措施来预防和减少地质灾害的发生。

首先，预防措施是矿山地质灾害防治的基础。矿山规划与管理是预防地质灾害的首要任务。在矿山规划阶段，应充分考虑地质条件、环境状况等因素，科学合理地确定矿山的开采范围、开采方式和开采顺序。同时，建立健全矿山管理制度，明确各级职责，确保矿山生产活动的有序进行。此外，采矿技术改进与绿色采矿实践也是预防地质灾害的重要手段。通过引进先进的采矿技术和设备，减少对地质环境的破坏，降低地质灾害的风险。同时，推广绿色采矿理念，注重环境保护和可持续发展，实现矿山生产与环境保护的良性循环。

其次，监测与预警系统建设是矿山地质灾害防治的关键环节。监测技术应用与设备选择是构建有效监测系统的基础。我们应根据矿山的实际情况，选择合适的监测技术和设备，对矿山地质灾害进行全方位、多角度的监测。通过实时监测数据分析，及时发现地质灾害的征兆和隐患，为预警和应急响应提供依据。预警模型构建与实时预警机制是监测系统发挥作用的核心。我们需要根据监测数据，建立科学的预警模型，通过模型分析和预测，实现地质灾害的实时预警。同时，建立健全预警信息发布机制，确保预警信息能够及时、准确地传达给相关部门和人员，为应急响应争取宝贵时间。

最后，应急响应与抢险救灾是矿山地质灾害防治的最后一道防线。应急预案制订与演练是应急响应的基础工作。我们应针对不同类型的地质灾害，制订详细的应急预案，明确应急响应的流程和措施。同时，定期开展应急演练，提高各级人员的应急响应能力和协同作战能力。抢险救灾队伍建设与物资储备是应急响应的重要保障。我们需要建立专业的抢险救灾队伍，配备必要的抢险救灾设备和物资，确保在地质灾害发生后能够迅速、有效地开展抢险救灾工作，最大限度地减少灾害损失。

三、矿山生态恢复理念与目标

矿山生态恢复作为矿山开采后环境治理与生态重建的重要一环，旨在通过一系列科学手段与措施，恢复受损生态系统的结构与功能，实现矿山的可持续发展。这一过程不仅涉及生态学、地质学、环境科学等多个学科，更是对人与自然和谐共生理念的生动实践。

首先，生态恢复的基本原则是指导我们进行矿山生态恢复工作的基石。这些原则包括尊重自然规律、因地制宜、综合治理等。尊重自然规律意味着在恢复过程中，我们应充分了解生态系统的自然演替规律，遵循生态系统的自组织、自调节机制，避免过度干预。因地制宜则强调在恢复过程中，应充分考虑矿山所在地的气候、地形、土壤等自然条件，选择适合的恢复技术和方法。综合治理则要求我们从多个角度、多个层面出发，综合运用工程措施、生物措施等多种手段，实现生态系统的全面恢复。

其次，生态恢复的目标与愿景是我们进行恢复工作的方向和目标。具体而言，生态恢复的目标包括恢复植被、改善土壤质量、提高生物多样性等。恢复植被是矿山生态恢复的基础，通过种植适宜的植物，可以有效防止水土流失、改善土壤结构。改善土壤质量则是恢复生态系统功能的关键，通过添加有机肥料、改善土壤通气性等措施，可以提高土壤的肥力和保水能力。提高生物多样性则是生态恢复的高级目标，通过构建多层次的生态结构，为不同生物提供适宜的生存环境，促进生态系统的稳定与和谐。在愿景方面，我们期望通过生态恢复工作，将矿山打造成为一个生态宜居、经济繁荣、文明和谐的绿色矿山。这不仅要求我们在恢复过程中注重生态系统的完整性和稳定性，还要求我们关注矿山地区的经济发展和社会进步，实现生态、经济、社会的协调发展。

最后，生态恢复与可持续发展的关系密不可分。可持续发展理念强调在满足当代人需求的同时，不损害未来世代满足其需求的能力。而矿山生态恢复正是实现矿山可持续发展的重要途径。通过生态恢复，我们可以修复受损的生态系统，提高矿山地区的生态环境质量，为当地经济的可持续发展提供有力支撑。同时，生态恢复还可以提升矿山企业的社会形象和品牌价值，增强企业的竞争力和可持续发展能力。矿山生态恢复理念与目标体现了我们对人与自然和谐共生的追求和对可持续发展的承诺。在未来的工作中，我们应继续深化对生态恢复理念的理解与实践，不断探索和创新恢复技术与方法，为矿山的生态恢复与可持续发展贡献我们的力量。

四、矿山生态恢复技术与方法

矿山生态恢复技术与方法是矿山环境治理与生态重建的核心内容，旨在通过一系列科学有效的手段，恢复受损土地、水资源和生物多样性，重建健康的生态系统。

首先，土地复垦与植被恢复是矿山生态恢复的基础工作。在矿山开采过程中，土地往往遭受严重破坏，需要复垦以恢复其利用价值。土地复垦技术包括地形整理、土壤重构等措施，旨在消除矿坑、边坡等安全隐患，为植被恢复创造良好条件。植被恢复则是通过种植适宜的植物，改善土壤结构，防止水土流失，提高土地生产力。在植被恢复过程中，需要根据当地气候、土壤等条件，选择适宜的树种、草种，并采用科学的种植技术，确保植被的成活率和生长效果。

其次，水资源保护与治理是矿山生态恢复的重要方面。矿山开采往往会对周边水体造成污染，影响水资源的利用价值。因此，需要进行水体净化与生态修复工作。水体净化技术包括物理、化学和生物等多种方法，可以有效去除水中的污染物，提高水质。生态修复则是通过恢复水体的生态系统结构，提高水体的自净能力。此外，水资源的合理利用与调配也是矿山生态恢复的关键环节。通过建设蓄水设施、优化水资源配置等措施，可以实现水资源的可持续利用，缓解矿山地区的水资源压力。

最后，生物多样性保护与恢复是矿山生态恢复的高级目标。在矿山开采过程中，生物多样性往往受到严重破坏，需要通过一系列措施进行恢复。野生动物栖息地恢复是其中的重要内容，通过建设生态廊道、恢复湿地等措施，为野生动物提供适宜的生存环境。生态系统结构与功能重建则是通过构建多层次的生态结构，提高生态系统的稳定性和抵抗力。在生物多样性恢复过程中，需要注重保护和利用当地特有物种，避免引入外来物种造成生态风险。

五、矿山生态恢复工程实践与案例

矿山生态恢复工程是实践生态恢复理念、运用恢复技术与方法的重要载体。通过具体案例的分析，我们不仅可以了解生态恢复工程的实际效果，还能从中总结经验教训，为今后的工作提供借鉴。

在众多矿山生态恢复的成功案例中，某铁矿的生态恢复工程尤为引人注目。该铁矿在长期的开采过程中对周边环境造成了严重破坏，土地退化、植被稀少、水体污染等问题突出。为了改善这一状况，当地政府和企业联合开展了生态恢复工程。

在土地复垦与植被恢复方面，工程团队首先对矿区的地形进行了整理，消除了安全隐患。随后，通过土壤重构和培肥技术，改善了土壤质量。在植被恢复上，选择适应当地气候和土壤条件的树种和草种，采用科学的种植技术，使得植被覆盖率迅速提高，生态环境得到了明显改善。在水资源保护与治理方面，工程团队对矿区周边水体进行了全面调查和评估，制订了有针对性的净化与修复方案。通过物理、化学和生物等多种方法的综合运用，水体的污染问题得到了有效解决，水质得到了显著提升。同时，通过建设蓄水设施和优化水资源配置，实现了水资源的可持续利用。在生物多样性保护与恢复方面，工程团队注重保护和利用当地特有物种，通过建设生态廊道、恢复湿地等措施，为野生动物提供了适宜的生存环境。经过一段时间的恢复，矿区的生物多样性得到了显著提升，生态系统结构和功能得到了重建。

该生态恢复工程的成功实施不仅使得矿区的生态环境得到了显著改善，还为当地经济的可持续发展提供了有力支撑。通过成效评估，可以发现工程实施后，土地生产力得到了提高，水资源得到了有效利用，生物多样性得到了恢复，生态系统的稳定性得到了增强。然而，生态恢复工程实践也存在一些典型问题与挑战。例如，技术难题是生态恢复中常见的问题之一，在某些特殊地形和土壤条件下，植被恢复和水体净化等技术的实施难度较大，需要不断研发和创新。此外，政策支持与资金投入问题也是制约生态恢复工程进展的重要因素。在实际工作中，我们需要加强与政府部门的沟通与合作，争取更多的政策支持和资金投入，为生态恢复工程的顺利实施提供保障。

通过该铁矿生态恢复工程的案例分析，我们可以总结出一些经验教训与改进措施。首先，要充分了解矿区的自然环境和恢复目标，制订科学合理的恢复方案。其次，要注重技术研发和创新，提高生态恢复技术的适用性和效果。再次，要加强与政府部门和社会各界的沟通与合作，形成合力推进生态恢复工作的良好氛围。最后，要建立健全成效评估机制，及时总结经验教训，为今后的工作提供借鉴和参考。

六、矿山地质灾害防治与生态恢复的综合策略

矿山地质灾害防治与生态恢复是一项涉及多个领域和层面的系统工程，需要政府、企业、社会组织和公众等多方共同参与和努力。为此，构建一套综合策略显得尤为重要，该策略应涵盖政策与法规保障、科技创新与人才培养以及社会参与与共建共享等多个方面。

首先，政策与法规保障是实施矿山地质灾害防治与生态恢复工作的基础。完善法律法规体系、明确各方责任和义务，是确保工作顺利开展的前提。政府应加强对矿山地质灾害防治与生态恢复的立法工作，制定更具针对性和操作性的法规，为实践工作提供有力保障。同时，建立政策扶持与激励机制，通过财政补贴、税收优惠等措施，鼓励企业和社会组织积极参与地质灾害防治与生态恢复工作，形成多元化投入机制。

其次，科技创新与人才培养是推动矿山地质灾害防治与生态恢复工作的关键。地质灾害防治与生态恢复技术研究应作为重点攻关方向，加强基础研究和应用研究，推动技术创新和成果转化。政府应加大对相关科研项目的投入，支持高校、科研机构和企业开展联合攻关，形成产学研一体化的创新体系。同时，注重专业人才培养与团队建设，通过教育培训、人才引进等方式，培养一批具备专业知识和实践经验的地质灾害防治与生态恢复人才，为工作提供智力支持。

再次，社会参与与共建共享是实现矿山地质灾害防治与生态恢复工作目标的重要途径。地质灾害防治与生态恢复工作涉及面广、影响大，需要广泛动员社会组织和公众参与。政府应建立社会组织与公众参与机制，鼓励社会组织发挥专业优势，积极参与地质灾害防治与生态恢复项目的实施和监督。同时，加强宣传教育，提高公众对地质灾害防治与生态恢复工作的认识和理解，形成全社会共同参与的良好氛围。

最后，跨地区、跨部门合作机制也是实现矿山地质灾害防治与生态恢复工作目标的重要保障。地质灾害防治与生态恢复工作涉及多个地区和部门，需要建立有效的合作机制，实现资源共享、信息互通和协同作战。政府应加强地区间和部门间的沟通协调，建立定期会商、信息共享等制度，形成工作合力。同时，推动形成政府主导、企业主体、社会组织和公众共同参与的工作格局，确保各项工作任务得到有效落实。

【任务实施】

基于案例分析结果，制订地质灾害防治方案，包括监测预警、应急响应、长期治理等，制订生态恢复方案，明确恢复目标、原则、方法和步骤。考虑方案的经济性、可行性和可持续性。每组选出一名代表，向全班展示其地质灾害防治与生态恢复方案。其他组对展示的方案进行提问和讨论，提出改进意见和建议。教师对学生的方案进行点评和指导，帮助学生完善方案。

【思考与练习】

1. 阐述生态恢复在矿山环境保护中的重要作用。

2. 分析矿山地质灾害防治与生态恢复之间的内在联系和相互促进关系。

3. 讨论在矿山环境保护中如何协调地质灾害防治与生态恢复工作。

4. 分析生态恢复过程中可能遇到的主要困难和挑战，并提出解决方案。

习 题

一、填空题

1. 生态破坏的主要表现形式包括________、________等。

2. 地质灾害通常指由________和________活动引发的对人类生命财产造成危害的自然现象。

3. 生态破坏与地质灾害之间存在________关系，互为因果。

二、选择题

1. 下列哪项不属于生态破坏的直接后果？（　　）

A. 生物多样性减少

B. 水土流失严重

C. 气候变化加剧

D. 地质灾害频发

2. 哪种地质灾害的发生与生态破坏的关系最为密切？（　　）

A. 地震

B. 泥石流

C. 火山喷发

D. 台风

三、判断题

1. 生态破坏只影响局部地区，不会对全球生态系统造成威胁。（　　）

2. 只要加强地质灾害的监测和预警，就能完全避免其带来的损失。（　　）

四、简答题

1. 描述生态破坏对当地环境和社会经济的主要影响。

2. 列举几种常见的地质灾害，并简要说明其成因。

五、论述题

1. 分析生态破坏与地质灾害之间的相互作用机制，并讨论如何通过综合治理来减少其发生频率和危害程度。

2. 论述在可持续发展框架下，如何平衡资源开发与生态保护，以减少生态破坏和地质灾害的发生。

六、案例分析题

1. 选取一个具体的生态破坏引发地质灾害的案例，分析其发生过程、影响及防治措施。

2. 结合实际，讨论在预防和应对地质灾害方面，地方政府和社会各界应如何加强合作与协调。

项目八　矿山清洁生产

矿山清洁生产作为一种先进的生产理念与模式，其核心在于通过技术创新与科学管理，实现矿产资源的高效利用与环境污染的有效控制。

在矿山清洁生产中，技术创新起到了至关重要的作用。先进的开采技术、加工工艺和环保设备的应用，不仅提高了矿石的回收率和利用效率，也大幅降低了生产过程中的能耗和排放。例如，通过引进智能化采矿系统，精确控制开采过程，减少资源浪费；采用高效节能的破碎、磨制设备，降低能耗并提高产品质量；运用环保设备，有效处理废水、废气等污染物，确保达标排放。

科学的管理体系也是矿山清洁生产的重要保障。通过建立完善的清洁生产管理体系，可以确保各项环保措施得到有效执行。这包括制定严格的环保标准与操作规程、加强环境监测与评估以及实施定期的环保培训与考核。同时，企业还应积极推行绿色供应链管理，与供应商共同推进环保工作，形成清洁生产的合力。

矿山清洁生产的实施，不仅有助于提升企业的经济效益和竞争力，更对保护生态环境、实现可持续发展具有重要意义。通过减少污染物的排放和资源的浪费，矿山清洁生产为构建资源节约型、环境友好型社会提供了有力支撑。

总之，矿山清洁生产是矿业行业实现绿色、可持续发展的关键途径。只有不断推进技术创新和科学管理，才能确保矿山生产在创造经济效益的同时，也为生态环境的保护做出积极贡献。

任务一　清洁生产的概念及内容

【知识目标】

掌握清洁生产的定义、核心要素。

【技能目标】

能识别矿山生产过程中的资源消耗、污染物排放等关键问题，并分析这些问题对矿山环境和可持续发展的影响；根据矿山实际情况，结合清洁生产的核心要素，制订切实可行的清洁生产方案，包括资源节约、污染减排、废弃物综合利用等方面的具体措施、实施步骤和时间表。

【任务导入】

随着全球环境保护意识的不断提高，矿山作为资源开采的重要基地，其环境保护问题也日益受到关注。传统的矿山生产方式往往伴随着资源的高消耗、污染物的大量排放，给环境带来了巨大压力。为了应对这一挑战，矿山清洁生产应运而生，成为实现矿山可持续发展的关键途径。

假设我们身处一个繁忙的矿山现场，周围是轰鸣的机器声和扬起的尘土。我们可以感受到矿山开采给环境带来的负面影响，如土地破坏、水源污染、生态失衡等。然而，在这个场景中，我们也看到了一些积极的改变——工人们正在使用先进的设备和技术进行开采，废弃物被有序地分类和处理，周围的环境逐渐变得整洁有序。你认为这个矿山现场发生了哪些积极的变化？这些变化是如何实现的？如果你是矿山的管理者，你会如何推动这些变化？

【任务分析】

1. 明确矿山清洁生产的概念、特点、核心要素和实施方法，理解其在矿山环境保护中的重要作用。

2. 分析矿山清洁生产的重要性和应用现状，结合案例分析，让学生了解清洁生产在矿山环境保护中的实际应用和效果。

【相关知识】

一、矿山清洁生产概述

（一）定义与背景

矿山清洁生产是指在矿山开采、加工及其相关活动中，通过采用先进的生产工艺、技术和设备，实施科学的生产管理和环境管理，最大限度地提高资源利用效率，减少污染物的产生和排放，从而实现对矿山环境的保护和可持续发展。这一概念的提出源于对传统矿山生产模式的反思和改进，旨在从根本上解决矿山生产带来的环境污染和资源浪费问题。

随着工业化进程的加速和矿产资源的日益紧缺，矿山生产活动在全球范围内呈现出规模化、集中化的趋势。然而，传统的矿山生产方式往往以牺牲环境为代价，在大量开采矿产资源的同时，也产生了大量的废弃物和污染物，严重破坏了生态环境。因此，矿山清洁生产的提出是对传统矿山生产方式的深刻变革和创新，也是实现矿业可持续发展的必然要求。

（二）重要性与意义

矿山清洁生产的重要性和意义主要体现在以下几个方面：首先，矿山清洁生产有助于保护生态环境。传统的矿山生产活动往往伴随着大量废渣、废水、废气的排放，对周边环境造成了严重污染。通过实施清洁生产，可以有效减少污染物的产生和排放，降低对环境的破坏程度，从而保护生态系统的平衡和稳定。其次，矿山清洁生产有助于提高资源利用效率。矿产资源是有限的，不合理的开采和加工方式往往导致资源的浪费。通过采用先进的生产工艺和技术，可以实现对矿产资源的最大化利用，提高资源利用效率，从而缓解资源紧张的压力。再次，矿山清洁生产有助于提升企业形象和竞争力。在当今社会，企业的环保形象和社会责任越来越受到关注。实施清洁生产的企业不仅能够赢得社会的认可和支持，还能够提升企业的品牌形象和竞争力，为企业的长期发展奠定坚实基础。最后，矿山清洁生产还有助于推动矿业行业的转型升级。随着环保政策的日益严格和市场竞争的加剧，传统的矿山生产方式已经难以为继。通过实施清洁生产，可以推动矿业行业向更加环保、高效、可持续的方向发展，实现行业的转型升级和可持续发展。

矿山清洁生产不仅是一种先进的生产方式，更是一种可持续发展的理念。它强调在矿山生产过程中，既要追求经济效益，又要注重环境保护和资源利用，实现经济效益、社会效益和环境效益的有机统一。因此，推广和实施矿山清洁生产对于保护生态环境、提高资源利用效率、提升企业竞争力以及推动矿业行业转型升级都具有重要意义。然而，要实现矿山清洁生产，还需要克服一系列技术和管理上的难题。例如，需要研发更加高效、环保的矿山开采和加工技术，提高废弃物的回收利用率；需要建立完善的清洁生产管理体系，确保各项措施得到有效执行；需要加强矿山企业的环保意识培训，提高员工对清洁生产重要性的认识和理解。此外，政府和社会各界也应给予矿山清洁生产更多的关注和支持。政府可以出台相关政策措施，鼓励企业实施清洁生产，提供技术支持和资金扶持；社会各界可以加强宣传和引导，提高公众对矿山清洁生产的认知度和参与度。

随着科技的不断进步和环保意识的日益增强，矿山清洁生产将成为矿业行业发展的必然趋势。我们有理由相信，在全社会的共同努力下，矿山清洁生产一定能够取得更加显著的成效，为矿业行业的可持续发展和人类社会的繁荣进步做出积极贡献。

二、清洁生产的核心原则

清洁生产作为矿山行业可持续发展的关键策略，其核心原则包括节约原材料与能源、减少有毒原材料的使用以及降低生产过程的环境影响。这些原则共同构成了矿山清洁生产的基础，旨在实现经济效益、社会效益和环境效益的协调统一。

首先，节约原材料与能源是清洁生产的首要原则。矿山生产活动涉及大量的原材料和能源消耗，因此，通过采取有效措施减少这些资源的消耗，是清洁生产的核心任务之一。在矿山开采过程中，应优先采用高效、节能的开采技术和设备，提高矿石的开采率和利用率。同时，通过优化生产工艺和流程，减少不必要的浪费和损耗，实现原材料的节约使用。在能源利用方面，矿山企业应积极推广可再生能源和清洁能源的使用，减少对传统能源的依赖，降低能源消耗和排放。

其次，减少有毒原材料的使用是清洁生产的另一重要原则。在矿山生产过程中，一些原材料可能含有有毒有害物质，这些物质在使用过程中不仅会对环境造成污染，还可能对人体健康产生危害。因此，减少有毒原材料的使用是保护环境和人体健康的关键措施。为了实现这一目标，矿山企业应积极寻求无毒或低毒的原材料替代物，减少对有毒原材料的需求。同时，加强原材料的质量控制和检测，确保所使用的原材料符合环保标准，降低潜在的环境风险。

最后，降低生产过程的环境影响是清洁生产的最终目标。矿山生产过程往往伴随着废水、废气、废渣等污染物的产生和排放，这些污染物对周边环境造成了严重的影响。因此，降低生产过程的环境影响是清洁生产的核心原则之一。为了实现这一目标，矿山企业需要采取一系列的环境保护措施。例如，通过引进先进的环保技术和设备，对废水、废气进行深度处理，确保达标排放；对废渣进行分类处理和资源化利用，减少固体废物的产生和堆积；加强矿山生态环境的保护和修复工作，恢复生态系统的平衡和稳定。

在实现这些核心原则的过程中，矿山企业还需要注重技术创新和人才培养。通过研发和推广先进的清洁生产技术，提高矿山生产的环保水平和效率；加强员工的环保培训和意识提升，形成全员参与、共同推进清洁生产的良好氛围。此外，政府和社会各界也应发挥积极作用，推动矿山清洁生产的实施和发展。政府可以出台相关政策措施，鼓励和引导矿山企业开展清洁生产；加强环保监管和执法力度，确保企业遵守环保法规和标准；加大对清洁生产技术研发和推广的支持力度，促进矿山行业的绿色转型。社会各界可以通过宣传教育、舆论监督等方式，提高公众对矿山清洁生产的认识和关注度，形成全社会共同参与的良好氛围。

三、清洁生产的技术与方法

清洁生产作为一种先进的生产模式，其实现离不开一系列的技术支持和方法创新。在矿山行业，清洁生产技术的应用和方法的创新对于提高资源利用效率、减少环境污染、促进可持续发展具有重要意义。

首先，我们来探讨清洁生产技术的种类与应用。在矿山开采领域，高效节能的采矿技术是清洁生产的重要组成部分。例如，采用智能化采矿系统，通过精准控制开采过程，可以大幅减少矿石的损失和贫化，提高矿石的回收率。同时，利用先进的破碎、磨制和选矿技术，可以实现对矿石的高效利用，减少废弃物的产生。此外，针对矿山废水、废气和废渣的处理，也有一系列成熟的清洁生产技术。例如，通过生物处理、化学沉淀、膜分离等技术，可以有效去除废水中的有害物质，实现达标排放；通过除尘、脱硫、脱硝等技术，可以降低废气中的污染物浓度，减少对大气的污染；对于废渣，则可以通过资源化利用、无害化处理等方式，实现废物的减量化、资源化和无害化。

除了技术的应用，清洁生产方法的创新同样重要。在矿山生产过程中，通过优化生产流程、改进工艺参数、推广循环经济等方式，可以实现清洁生产的目标。例如，通过优化采矿布局和运输方式，可以减少矿石的运输距离和能耗；通过改进磨矿和选矿工艺，可以提高矿石的品位和回收率；通过推广循环经济模式，可以实现矿山废弃物的资源化利用和能源的梯级利用。此外，随着信息技术的发展，智能化、数字化的生产方法也逐渐应用于矿山清洁生产中。通过引入物联网、大数据、人工智能等技术，可以实现对矿山生产过程的实时监控和智能调控，提高生产效率和环保水平。

在清洁生产方法的创新实践中，一些矿山企业已经取得了显著的成果。他们通过引进先进技术、开展技术创新、加强产学研合作等方式，不断提升清洁生产水平。例如，一些企业成功研发了高效节能的采矿设备和工艺，降低了能耗和排放；一些企业通过实施循环经济模式，实现了矿山废弃物的资源化利用和能源的循环利用。这些成功案例不仅为其他矿山企业提供了宝贵的经验借鉴，也为整个行业的清洁生产发展起到了积极的推动作用。

然而，清洁生产技术的应用和方法的创新并非一蹴而就。在实际应用中，还需要考虑技术成熟度、经济成本、环境适应性等因素。同时，随着环保政策的日益严格和市场竞争的加剧，矿山企业也需要不断更新和优化清洁生产技术与方法，以适应新的形势和要求。

为了推动清洁生产技术在矿山行业的广泛应用和持续创新，政府、企业和社会各界需要共同努力。政府可以出台相关政策措施，鼓励和支持矿山企业开展清洁生产技术研发和应用；企业可以加强技术研发和创新能力建设，提升清洁生产技术水平；社会各界可以加强宣传教育，提高公众对清洁生产的认识和参与度。

四、清洁生产的全过程控制

清洁生产的全过程控制旨在通过有效的技术手段和管理方法，从源头上减少污染物的产生，并在生产过程中实现资源的最大化利用，从而确保产品生命周期内环境影响的最小化。

清洁生产的全过程控制包括生产过程的污染预防与控制。这一环节主要依赖于先进的工艺技术和严格的管理措施。在工艺技术方面，通过引进和研发高效、低能耗、低排放的生产设备和工艺，可以减少生产过程中的污染物排放。例如，采用新型环保材料替代传统有毒有害材料，或者通过优化生产流程，减少原材料的浪费和废弃物的产生。同时，还可以利用先进的物理、化学和生物技术，对生产过程中产生的废水、废气和固体废弃物进行深度处理，确保达标排放。在管理措施方面，清洁生产要求企业建立严格的环境管理体系，制订详细的污染预防和控制计划，并加强员工的环保意识和技能培训。通过定期的环境监测和评估，企业可以及时发现生产过程中的环境问题，并采取相应的措施进行整改。此外，企业还可以与供应商和客户建立绿色供应链合作关系，共同推动环保产品和服务的开发与推广。

清洁生产的全过程控制还强调产品生命周期的环境影响最小化。产品生命周期包括原材料获取、生产加工、运输销售、使用以及最终处置等各个环节。为了实现环境影响的最小化，企业需要在产品设计阶段就充分考虑环保因素，选择环保性能优异的原材料和生产工艺。在生产加工环节，通过优化生产流程和采用环保技术，可以减少能源消耗和污染物排放。在运输销售环节，可以采用绿色物流方式，减少运输过程中的能源消耗和排放。在使用环节，可以通过改进产品设计和提供使用说明，引导用户合理使用产品，减少对环境的影响。在最终处置环节，可以通过回收和循环利用废旧产品，减少资源的浪费和环境的破坏。为了实现产品生命周期环境影响的最小化，企业还需要加强环境信息披露和公众参与。通过公开产品的环保性能和生产过程的环境信息，企业可以引导消费者选择环保产品，推动市场的绿色转型。同时，企业还可以与公众、环保组织等利益相关者进行沟通和合作，共同推动环保事业的发展。此外，政府也在推动清洁生产的全过程控制中发挥着重要作用。政府可以通过制定严格的环保法规和标准，引导企业采取清洁生产方式；通过提供政策支持和资金扶持，鼓励企业研发和应用环保技术；通过加强监管和执法力度，确保企业遵守环保法规和标准。

清洁生产的全过程控制是一个系统性的工程，需要企业、政府和社会各界的共同努力。清洁生产的全过程控制也是一个不断发展和完善的过程。随着科学技术的进步和社会经济的发展，我们将不断面临新的挑战和机遇。因此，我们需要不断创新和改进清洁生产技术与方法，以适应新的形势和要求。同时，我们还需要加强国际合作与交流，借鉴其他国家和地区的成功经验，共同推动全球环保事业的发展。在未来的发展中，清洁生产的全过程控制将成为工业领域的重要发展方向。

五、清洁生产在重点行业的应用

清洁生产作为一种高效、环保的生产方式，在多个重点行业中得到了广泛的应用。这些行业包括火电行业、炼焦行业、金属表面处理及热处理加工行业以及非金属矿物制品行业。下面将针对这些行业的清洁生产应用进行具体阐述。

首先，火电行业是能源供应的重要组成部分，但同时也是污染排放的主要源头之一。因此，火电行业的清洁生产显得尤为重要。在清洁生产技术的应用方面，火电行业通过引进先进的燃烧技术和污染物控制技术，显著降低了废气、废水和固体废弃物的排放。例如，采用低氮燃烧技术、烟气脱硫脱硝技术，可以有效减少氮氧化物、二氧化硫等有害气体的排放；通过中水回用技术，实现废水的循环利用，减少废水排放；对粉煤灰等固体废弃物进行资源化利用，如用于建筑材料制造，实现废物的减量化、资源化和无害化。在清洁生产管理方面，火电行业注重优化生产流程，提高能源利用效率。通过改进燃煤掺配方式、优化锅炉运行参数等措施，降低煤耗和能耗；加强设备维护和检修，确保设备的稳定运行和高效运行。此外，火电行业还积极推动绿色供应链管理，与供应商共同推进环保工作，形成清洁生产的合力。

其次，炼焦行业作为钢铁产业链的重要环节，其清洁生产同样具有重要意义。炼焦行业通过采用先进的炼焦技术和废气治理技术，降低了焦炉烟气的污染物排放浓度。例如，采用干熄焦技术替代传统的湿熄焦技术，不仅可以减少熄焦废水的产生，还可以回收熄焦过程中产生的热能；通过安装脱硫脱硝装置，对焦炉烟气进行深度处理，确保其达标排放。此外，炼焦行业还加强对焦炉煤气的回收利用，提高资源利用效率。

再次，在金属表面处理及热处理加工行业，清洁生产技术的应用也取得了显著成效。例如，采用环保型表面处理剂、优化热处理工艺参数等措施，减少了有害物质的排放和对环境的污染。同时，该行业还积极推动废水、废气的循环利用和处理，降低对环境的负面影响。

最后，非金属矿物制品业作为国民经济的重要支柱产业，其清洁生产同样不可忽视。该行业通过引进先进的生产技术和设备，提高了资源利用效率，降低了能耗和排放。例如，在水泥生产过程中，采用新型干法水泥生产技术，可以提高生产效率并降低能耗；在玻璃生产过程中，通过优化配料方案和熔制工艺，可以降低能耗和废气排放。此外，非金属矿物制品业还注重废弃物的资源化利用，如利用废渣生产建筑材料等，实现废物的减量化、资源化和无害化。

除了上述行业外，清洁生产还在其他多个行业中得到了应用和推广。这些行业包括但不限于化工、造纸、制药等。在这些行业中，清洁生产技术的应用不仅有助于降低污染排放和提高资源利用效率，还有助于提升企业的竞争力和市场形象。未来，随着科技的不断进步和环保意识的日益增强，清洁生产将在更多行业中得到应用和推广，为推动绿色发展和建设美丽中国发挥更大的作用。

六、清洁生产的政策与法规

清洁生产作为一种新型的、可持续的生产模式，其推广与实施离不开政策与法规的引导与支持。

（一）清洁生产政策与法规解读

随着全球环境问题日益严重，各国政府纷纷出台了一系列清洁生产政策与法规，以引导企业实现绿色、低碳、循环发展。这些政策与法规主要涵盖了清洁生产标准的制定、激励机制的建立、监管体系的建设等方面。

首先，清洁生产标准是政策与法规的基础。国家制定了一系列清洁生产标准，涵盖了能源利用、污染物排放、资源回收等多个方面，为企业提供了明确的清洁生产目标和方向。这些标准不仅要求企业在生产过程中降低能耗、减少排放，还要求企业优化产品结构，提高资源利用效率。

其次，激励机制是政策与法规的重要组成部分。政府通过财政补贴、税收优惠、绿色金融支持等方式，鼓励企业采用清洁生产技术，推动清洁生产项目的实施。这些激励措施降低了企业实施清洁生产的成本，提高了企业的积极性。

最后，监管体系是政策与法规的保障。政府加强了对清洁生产的监管力度，建立了清洁生产审核、评价、公示等制度，对未达到清洁生产标准的企业进行处罚和整改。这些监管措施确保了政策与法规的有效实施，推动了清洁生产的全面发展。

（二）政策实施与法规执行的挑战与对策

尽管政策与法规为清洁生产的推广与实施提供了有力支持，但在实际操作过程中仍面临诸多挑战。

首先，企业缺乏清洁生产意识和技术能力。一些企业由于传统生产模式的惯性思维，对清洁生产的重要性认识不足，缺乏实施清洁生产的主动性和积极性。同时，一些企业由于技术水平有限，难以达到清洁生产标准的要求。针对这一问题，政府应加强对企业的宣传和培训，提高企业对清洁生产的认识和重视程度。同时，政府还应加大对清洁生产技术研发和推广的支持力度，帮助企业提升技术水平，实现清洁生产。

其次，政策与法规的执行力度不够。一些地方在执行清洁生产政策与法规时存在力度不够、执行不严等问题，导致政策效果大打折扣。对此，政府应加强对政策执行情况的监督和检查，对执行不力的地方进行问责和整改。同时，政府还应建立健全政策执行机制，确保政策能够得到有效落实。

最后，清洁生产成本较高也是制约其推广的一个因素。虽然政府通过激励措施降低了企业实施清洁生产的成本，但相较于传统生产方式，清洁生产的初期投入仍然较高。为了降低清洁生产成本，政府应进一步加大对清洁生产技术的研发投入，推动技术创新和产业升级。同时，政府还可以通过市场机制引导社会资本投入清洁生产领域，形成多元化的投入格局。

针对以上挑战，我们提出以下对策：一是加强宣传和培训，提高企业和社会对清洁生产的认识和重视程度；二是加大政策执行力度，确保政策能够得到有效落实；三是推动技术创新和产业升级，降低清洁生产成本；四是加强国际合作与交流，借鉴其他国家和地区的成功经验，共同推动清洁生产的发展。

七、清洁生产的实践案例

清洁生产作为一种高效、环保的生产方式，已经在多个行业中得到了广泛的应用。下面将剖析一些成功案例，分享清洁生产的实践经验与教训，并提出相应的改进措施，以期对其他企业实施清洁生产提供有益的参考。

一是火电行业的清洁生产成功案例。某大型火电厂通过引进先进的超临界燃煤发电技术和烟气脱硫脱硝装置，成功降低了能耗和污染物排放。该厂还实施了中水回用和粉煤灰资源化利用项目，实现了废水和固体废弃物的减量化、资源化和无害化。这一成功案例的关键在于技术创新和资源循环利用。通过引进先进的技术和设备，火电厂实现了生产过程的优化和污染物的高效治理；通过资源循环利用，火电厂降低了生产成本，提高了经济效益。然而，在实施清洁生产的过程中，该火电厂也遇到了一些挑战。例如，新技术的引进和设备的更新需要大量的资金投入，对企业的财务压力较大。此外，新技术的运行和维护也需要专业的技术人员和管理团队，对人力资源的要求较高。针对这些问题，火电厂采取了多项改进措施。一方面，通过政府补贴和绿色金融政策支持，缓解了资金压力；另一方面，加强员工培训和人才引进，提高了技术水平和管理能力。

二是炼焦行业的清洁生产案例。某炼焦企业通过采用干熄焦技术和焦炉煤气回收利用系统，显著降低了能耗和废气排放。同时，该企业还加强了焦炉烟气的治理，安装了高效的脱硫脱硝装置，确保了烟气达标排放。这一成功案例的关键在于节能减排和废气治理。通过采用先进的工艺技术和废气治理设备，炼焦企业实现了能耗和排放的双重降低；通过焦炉煤气的回收利用，炼焦企业提高了资源利用效率。然而，在实施清洁生产的过程中，炼焦企业也面临一些挑战。例如，新技术的引进和设备的改造需要投入大量的资金和时间，废气治理设备的运行和维护也需要专业的技术支持。为了克服这些困难，炼焦企业采取了多项措施。通过政府支持和市场融资，筹集了足够的资金用于技术改造和设备更新；加强了与科研机构和高校的合作，引进了先进的技术和人才；建立了完善的设备运行和维护体系，确保了设备的稳定运行和高效治理。

除了火电和炼焦行业外，金属表面处理及热处理加工行业、非金属矿物制品行业等多个行业也都有成功的清洁生产案例。这些案例的共同特点是注重技术创新和资源循环利用，通过引进先进的工艺技术和设备、优化生产流程、加强废物治理和资源回收等措施，实现了节能减排和资源高效利用的目标。在实施清洁生产的过程中，也存在一些经验需要总结：企业需要树立清洁生产意识，将清洁生产纳入企业发展战略和日常管理中；企业需要加强技术创新和人才培养，提高清洁生产的技术水平和管理能力；企业需要加强与政府、科研机构和社会各界的合作与交流，共同推动清洁生产的发展。对此，我们提出以下改进措施：一是加强政策引导和激励，鼓励企业实施清洁生产；二是加强技术创新和研发，推动清洁生产技术的不断升级和普及；三是加强宣传和培训，提高企业和社会对清洁生产的认知度和参与度；四是加强监管和执法力度，确保清洁生产政策的有效实施和企业的合规经营。

清洁生产是一种高效、环保的生产方式，具有广阔的应用前景和巨大的社会经济效益。通过剖析成功案例和总结经验教训，我们可以更好地理解和推广清洁生产理念和技术，为企业实现可持续发展和环境保护做出积极贡献。

八、清洁生产的未来发展趋势

随着全球环境问题日益凸显，清洁生产作为一种可持续的生产方式，逐渐成为未来工业发展的主流趋势。在技术创新、政策驱动和市场机制的共同作用下，清洁生产将不断向更高层次、更广领域发展，为实现可持续发展目标提供有力支撑。

（一）技术创新的方向

技术创新是推动清洁生产发展的核心动力。未来，清洁生产技术创新将主要聚焦在以下几个方面：

一是高效节能技术的研发。随着能源资源日益紧张，提高能源利用效率成为清洁生产的重要任务。未来，将涌现出更多高效节能技术，如新型节能材料、高效节能设备等，以降低能耗、减少排放。

二是污染物治理技术的创新。针对工业生产过程中产生的废水、废气、固废等污染物，未来将研发出更加高效、环保的治理技术，如新型吸附材料、生物降解技术等，实现污染物的减量化、资源化和无害化。

三是资源循环利用技术成为清洁生产技术创新的重要方向。通过研发新型回收技术、资源化利用技术等，实现生产过程中的废弃物资源化利用，提高资源利用效率，降低生产成本。

（二）政策与市场的双重驱动

政策与市场的双重驱动是清洁生产发展的重要保障。未来，政府将出台更多有利于清洁生产的政策措施，如财政补贴、税收优惠、绿色金融支持等，鼓励企业积极实施清洁生产。同时，市场机制也将发挥重要作用，通过价格机制、竞争机制等，推动清洁生产技术的普及和应用。

在政策与市场的共同作用下，清洁生产将逐渐成为一种普遍的生产方式。越来越多的企业将认识到清洁生产的重要性，主动采用清洁生产技术和管理方法，提高生产效率和环保水平。同时，消费者也将更加关注产品的环保性能和企业的环保形象，推动清洁生产市场的不断扩大。

（三）可持续发展目标的融合与推进

清洁生产是实现可持续发展目标的重要手段之一。未来，清洁生产将与可持续发展目标更加紧密地融合，共同推进全球可持续发展进程。

一方面，清洁生产将助力实现环境保护目标。通过减少污染物排放、提高资源利用效率等措施，清洁生产有助于改善环境质量，保护生态系统，实现人与自然的和谐共生。另一方面，清洁生产也将促进经济社会的可持续发展。通过提高生产效率、降低生产成本、推动产业升级等措施，清洁生产有助于增强企业的竞争力，促进经济的稳定增长。同时，清洁生产还能创造更多的就业机会，提高人民的生活水平，推动社会全面进步。

此外，随着全球气候变化问题的日益严重，清洁生产在应对气候变化方面也将发挥重要作用。通过减少温室气体排放、提高能源利用效率等措施，清洁生产有助于减缓气候变化的影响，为全球应对气候变化提供有力支持。

【任务实施】

选择典型的矿山清洁生产案例进行分析，引导学生讨论案例中清洁生产的实施过程、成效以及存在的问题，让学生更直观地理解清洁生产在矿山环境保护中的应用。将学生分成若干小组，每组讨论一个与矿山清洁生产相关的话题。话题可以包括如何制订和实施矿山清洁生产方案、如何评估矿山清洁生产效果等。鼓励学生在小组内积极发言，分享自己的观点和想法。

【思考与练习】

1. 清洁生产的核心目标是什么？
2. 在矿山开采过程中，你认为哪些环节最容易造成环境污染？
3. 请举例说明矿山清洁生产中的资源综合利用措施。
4. 你认为矿山企业实施清洁生产的难点是什么？如何克服这些难点？

任务二　国内外清洁生产的实施途径

【知识目标】

掌握清洁生产的核心理念、国内外清洁生产的主要技术和方法。

【技能目标】

掌握清洁生产的主要技术和方法，并具备在实际生产中应用这些技术的能力和对清洁生产实施效果进行评估和持续改进的能力。能够根据矿山实际情况，结合国内外清洁生产的实施途径，选择适合的清洁生产策略。

【任务导入】

我们可以来看看澳大利亚某矿山企业是如何通过引进先进的采矿技术和设备、优化生产流程来减少污染物的排放并实现矿山清洁生产的。他们的成功经验对我们有哪些启示呢？

【任务分析】

1. 明确清洁生产的核心目标，即源头治理、污染预防、资源节约和综合利用。

2. 了解国内外在矿山清洁生产领域的主要技术和方法，如先进的采矿技术、设备更新、能源管理、资源综合利用、污染控制和治理技术等。

3. 对比国内外在清洁生产实施途径上的差异，包括政策环境、技术水平、资金投入、管理体系等方面的差异。

【相关知识】

一、政策引导与法规保障

在清洁生产的推广与实施过程中，政策引导与法规保障起到了至关重要的作用。它们不仅为清洁生产提供了明确的指导方向，还为其实施提供了有力的法律支撑。下面，我们将从政策制定与调整、法规建设与执行两个方面，具体阐述政策引导与法规保障在清洁生产中的作用。

政策制定与调整是推动清洁生产的重要手段。各国政府都意识到清洁生产对于环境保护和可持续发展的重要性，因此纷纷出台相关政策，以引导和鼓励企业采用清洁生产方式。这些政策通常包括财政补贴、税收优惠、技术支持等多个方面，旨在降低清洁生产的成本，提高其市场竞争力。同时，政府还会根据清洁生产的发展情况和市场需求，不断调整和完善相关政策，以确保其针对性和有效性。例如，一些国家设立了专门的清洁生产基金，用于支持企业的清洁生产技术改造和研发。此外，政府还会通过税收优惠政策，对采用清洁生产方式的企业给予一定的税收减免，从而减轻其经济负担。这些政策的实施不仅促进了清洁生产技术的推广和应用，还提高了企业的环保意识和责任感。

法规建设与执行是保障清洁生产顺利实施的基石。法规为清洁生产提供了明确的法律规范和标准，使得企业在生产过程中必须遵守环保要求，否则将受到法律的制裁。法规的约束和监管可以有效地防止企业为了追求短期经济利益而忽视环保问题。在法规建设方面，各国政府都制定了一系列与清洁生产相关的法律法规，如《清洁生产促进法》《环境保护法》等。这些法律法规明确了清洁生产的定义、目标、原则和要求，为企业提供了清晰的行动指南。同时，政府还会根据环保形势的变化和技术的进步，不断更新和完善这些法律法规，以确保其适应性和前瞻性。在法规执行方面，政府加强了对清洁生产的监管和执法力度。通过定期检查、专项整治等方式，对违反清洁生产要求的企业进行处罚和整改。同时，政府还鼓励公众参与环保监督，通过举报、投诉等方式，加强对企业环保行为的监督。这些措施有效地促进了清洁生产的实施和推广。

需要注意的是，政策引导与法规保障并不是孤立的。它们相互配合、协调一致，才能发挥最大的作用。政策可以通过提供激励和支持，引导企业主动采用清洁生产方式；而法规则可以通过规范和约束，确保企业按照环保要求进行生产。只有政策与法规相互补充、相互促进，才能形成推动清洁生产发展的强大合力。

此外，随着全球环保意识的不断提高和可持续发展理念的深入人心，政策引导与法规保障在清洁生产中的作用将越来越重要。未来，政府将更加注重政策的针对性和实效性，更加注重法规的完善和执行力度。同时，企业也将更加积极地响应政策号召，自觉遵守法规要求，共同推动清洁生产的发展。

二、技术创新与研发应用

清洁生产技术创新是推动清洁生产发展的关键驱动力，它涵盖了新工艺、新技术和新设备的研发与应用。在全球环保意识日益增强和可持续发展理念日益深入人心的背景下，技术创新在清洁生产领域取得了显著进展。

首先，新工艺的研发是清洁生产技术创新的重要方面。新工艺的研发旨在通过优化生产流程、减少废弃物排放和提高资源利用效率，实现生产过程的清洁化。例如，某些行业采用了循环经济理念，通过构建闭合的生产循环体系，实现了废弃物的资源化利用和能量的高效回收。这些新工艺不仅提高了生产效率，还显著降低了环境污染。

其次，新技术的开发也是清洁生产技术创新的重要内容。新技术的应用能够显著减少生产过程中的能耗和污染物排放。例如，一些企业研发了高效节能技术，通过优化设备结构和运行参数，降低了生产过程中的能耗。同时，一些先进的污染物治理技术也得以广泛应用，如膜分离技术、生物降解技术等，这些技术能够有效去除废水、废气中的有害物质，实现污染物的减量化、资源化和无害化。

最后，新设备的研发和应用也是清洁生产技术创新的重要体现。新设备通常具有更高的能效和更低的排放，能够满足清洁生产的需求。例如，一些企业研发了高效节能的生产设备，通过采用先进的控制技术和材料，提高了设备的能效和稳定性。同时，一些环保设备也得以广泛应用，如废气处理设备、废水处理设备等，这些设备能够有效去除生产过程中的污染物，保障环境的清洁和安全。在研发与应用推广方面，各国政府和企业都加大了对清洁生产技术的投入力度。政府通过设立专项资金、提供税收优惠等方式，鼓励企业开展清洁生产技术的研发和应用。同时，企业也积极与科研机构、高校等合作，共同推进清洁生产技术的研发和创新。此外，一些行业协会和中介机构也发挥了重要作用，通过组织技术交流、推广示范项目等方式，促进了清洁生产技术的转化和应用。

尽管清洁生产技术创新取得了显著进展，但在实际应用过程中仍面临一些挑战。首先，技术创新的成本较高，对于一些中小企业来说难以承担。其次，新技术的推广和应用需要一定的时间和过程，需要政府、企业和社会各界的共同努力。最后，不同行业、不同地区的生产特点和环境差异也要求清洁生产技术创新具有针对性和适应性。

为了加快清洁生产技术的转化和应用，需要采取一系列措施。首先，政府应继续加大对清洁生产技术的支持力度，通过政策引导、资金扶持等方式，鼓励企业积极采用新技术、新工艺和新设备。其次，加强产学研合作，推动科研机构和企业之间的紧密合作，共同推进清洁生产技术的研发和创新。此外，加强技术交流和培训，提高企业对清洁生产技术的认识和应用能力。同时，建立清洁生产技术的评价体系和认证机制，为技术的推广和应用提供有力保障。

总之，技术创新与研发应用是推动清洁生产发展的重要途径。新工艺、新技术和新设备的研发与应用可以显著提高生产效率和资源利用效率，降低能耗和污染物排放，实现生产过程的清洁化和绿色化。未来，随着科技的不断进步和环保要求的不断提高，清洁生产技术创新将继续发挥重要作用，为推动全球可持续发展做出重要贡献。

三、市场机制与经济激励

市场机制在推动清洁生产中扮演着举足轻重的角色，它通过价格机制、竞争机制等多种方式，有效地促进了清洁生产技术的研发、应用与推广。同时，政府采取的经济激励措施，如财政补贴、税收优惠、绿色金融支持等，也极大地推动了清洁生产的发展。

（一）市场机制

价格机制是市场机制的核心，它通过调节资源价格来影响企业的生产决策。当资源价格上升时，企业为了降低成本，会主动寻求更加高效、环保的生产方式。这促使企业加大清洁生产技术的研发力度，推动清洁生产技术的不断创新。同时，价格机制还通过调节产品价格，引导消费者选择环保产品，从而进一步推动清洁生产的发展。

竞争机制是市场机制的重要组成部分，它通过市场竞争来优化资源配置，推动清洁生产的发展。在激烈的市场竞争中，企业为了获得市场份额和竞争优势，会积极采用清洁生产方式，提高产品环保性能，降低能耗和污染排放。这有助于形成清洁生产的良性循环，推动整个行业的可持续发展。

（二）经济激励

除了市场机制的作用外，政府采取的经济激励措施也是推动清洁生产的重要手段。

财政补贴是一种常见的激励措施。政府通过向采用清洁生产技术的企业提供资金补贴，降低企业技术改造成本，鼓励企业积极采用新技术、新工艺。这种补贴方式直接作用于企业的经济利益，提高了企业实施清洁生产的积极性。

税收优惠也是政府推动清洁生产的重要经济激励措施之一。政府通过减免税款、降低税率等方式，减轻企业税负，提高企业采用清洁生产技术的经济效益。这种措施可以激发企业的创新活力，推动企业加大在清洁生产技术研发和应用方面的投入。

绿色金融支持则是政府通过金融机构为清洁生产提供资金支持的一种方式。政府鼓励金融机构为清洁生产项目提供优惠贷款、融资担保等金融服务，降低企业融资成本，促进清洁生产技术的推广和应用。这种措施可以有效缓解企业在清洁生产投资方面的资金压力，加速清洁生产技术的转化和应用。

这些经济激励措施不仅直接降低了清洁生产的成本，提高了企业的经济效益，还通过市场的力量，间接地推动了清洁生产技术的普及和升级。例如，财政补贴和税收优惠可以激励更多的企业投身于清洁生产技术的研发和应用，而绿色金融支持则可以为这些企业提供稳定的资金来源，确保其持续、健康地发展。然而，我们也应认识到，经济激励措施的实施需要科学、合理的规划和监管。政府应根据不同行业、不同地区的实际情况，制定有针对性的激励政策，确保政策的公平性和有效性。同时，政府还应加强对激励资金使用情况的监管和评估，防止资金浪费和滥用。

此外，市场机制与经济激励措施并不是孤立的，它们需要相互补充、相互协调。市场机制通过价格机制和竞争机制等方式，自发地调节企业的生产行为，推动清洁生产的发展；而经济激励措施则通过政府的引导和扶持，为清洁生产提供有力的外部支持。只有将市场机制与经济激励措施相结合，才能形成推动清洁生产发展的强大合力。

四、企业实践与管理创新

在清洁生产的推广与实施过程中，企业的实践与管理创新起到了至关重要的作用。企业通过不断探索和实践，积累了丰富的清洁生产经验，并通过管理创新，不断提高清洁生产水平，为行业的可持续发展做出了积极贡献。

我们来看一些国内外企业在清洁生产方面的成功实践和案例。这些企业不仅在生产过程中积极采用清洁生产技术，还通过优化生产流程、提高资源利用效率等方式，实现了环境效益和经济效益的双赢。例如，某化工企业采用了先进的废水处理技术，有效去除了废水中的有害物质，并实现了废水的循环利用，不仅降低了生产成本，还减少了环境污染。又如，某汽车制造企业通过引进先进的节能设备和技术，提高了生产线的能效水平，降低了能源消耗和碳排放量。这些企业的成功实践为其他企业提供了宝贵的经验和启示。

然而，企业在实践清洁生产过程中也面临一些挑战和教训。首先，清洁生产技术的研发和应用需要投入大量的资金和人力资源，对于一些规模较小、资金实力较弱的企业来说，可能存在一定的困难。因此，政府和社会应加大对这些企业的支持力度，帮助其克服技术和资金障碍。其次，企业在实践清洁生产过程中需要改变传统的生产方式和思维模式，这需要企业具备创新意识和前瞻性思维。然而，一些企业出于惯性思维和短期利益的考虑，可能缺乏足够的动力去推动清洁生产。因此，政府和社会应通过政策引导、宣传教育等方式，提高企业的环保意识和责任感。

在清洁生产管理方面，企业的创新做法和持续改进同样重要。首先，企业需要建立完善的清洁生产管理体系，明确各部门的职责和任务，确保清洁生产工作得到有效推进。其次，企业还应加强对清洁生产技术的培训和教育，提高员工的技术水平和环保意识。再次，企业应采用先进的管理方法和手段，如精益生产、6σ 管理等，优化生产流程，提高生产效率和质量。最后，企业还应建立清洁生产评价和激励机制，对在清洁生产方面表现突出的员工进行表彰和奖励，激发员工的积极性和创造力。

持续改进是清洁生产管理的关键环节。企业应定期对清洁生产工作进行评估和总结，发现存在的问题和不足，并制定针对性的改进措施。同时，企业还应加强与外部机构的合作与交流，学习借鉴其他企业在清洁生产方面的先进经验和技术，不断提升自身的清洁生产水平。

此外，企业在实践清洁生产时，还应注重与供应链上下游企业的协同合作。通过建立绿色供应链，企业可以确保原材料和零部件的环保性能，降低整个生产过程的环境影响。同时，企业还可以与下游企业合作，共同推广环保产品，扩大市场份额，实现共赢发展。

五、国际合作与交流

在清洁生产领域，国际合作与交流扮演着不可或缺的角色。通过国际合作机制，各国能够共同应对清洁生产面临的挑战，分享成功的实践经验，推动清洁生产技术的创新与发展。同时，交流与学习平台为各国提供了分享知识、交流想法的机会，促进了清洁生产知识的传播和经验分享。

国际合作机制在推动清洁生产中发挥着重要作用。随着全球环境问题的日益严重，各国意识到只有通过国际合作，才能有效地应对清洁生产领域的挑战。国际协议作为国际合作的重要形式，为各国设定了共同的目标和行动准则。例如，联合国气候变化框架公约和巴黎协定等全球性协议，要求各国减少温室气体排放，推动清洁生产技术的研发和应用。这些协议不仅为各国提供了合作框架，还通过设定减排目标和监测机制，促进了清洁生产技术的推广和应用。

合作项目也是国际合作机制的重要组成部分。各国通过合作项目，共同开展清洁生产技术的研发、示范和推广工作。这些项目不仅促进了技术的交流与传播，还通过合作研究、联合开发等方式，推动了清洁生产技术的创新。通过国际合作项目，各国可以共享资源、分担风险，加速清洁生产技术的转化和应用。

在交流与学习平台方面，国内外清洁生产领域的学术会议、研讨会等活动为各国提供了宝贵的交流与合作机会。这些平台汇集了来自世界各地的专家学者、企业家和政策制定者，他们共同探讨清洁生产技术的发展趋势、政策措施和市场前景。通过交流与学习平台，各国可以了解其他国家在清洁生产方面的最新进展和成功经验，学习先进的清洁生产技术和管理方法。同时，这些平台也为各国提供了展示自身清洁生产成果的机会，有助于提升国家形象和影响力。具体来说，学术会议是清洁生产领域交流与合作的重要平台。各国学者和专家在会议上分享研究成果、交流学术观点，推动清洁生产技术的不断创新。研讨会则更注重实践经验的分享和问题的探讨。企业家和政策制定者通过参加研讨会，可以了解清洁生产技术的实际应用情况，探讨政策实施和市场推广中的关键问题。这些交流与学习平台不仅促进了知识的传播和经验分享，还为各国在清洁生产领域的合作提供了有力支持。

国际合作与交流在推动清洁生产中还发挥了以下作用：

首先，国际合作有助于推动清洁生产技术的创新。通过跨国合作，各国可以共享研发资源、优势互补，加速清洁生产技术的研发进程。同时，国际合作还可以促进不同国家之间的技术交流和知识共享，推动清洁生产技术的不断进步。

其次，国际合作有助于促进清洁生产技术的推广和应用。通过合作项目、技术转移等方式，各国可以将先进的清洁生产技术引入本国，推动本国清洁生产水平的提高。同时，国际合作还可以帮助发展中国家提高清洁生产能力，实现可持续发展。

最后，国际合作有助于加强各国在清洁生产领域的政策协调和合作。通过共同制定政策、分享政策经验等方式，各国可以形成合力，共同应对清洁生产领域的挑战。这有助于提升全球清洁生产水平，促进全球可持续发展。

然而，国际合作与交流也面临一些挑战和困难。例如，不同国家之间的政治、经济和文化差异可能导致合作过程中的摩擦和障碍。此外，技术保护主义、知识产权问题等也可能影响国际合作的顺利进行。因此，各国需要加强沟通、增进互信，克服这些困难和挑战，推动清洁生产领域的国际合作与交流不断向前发展。

【任务实施】

详细解释清洁生产的定义、目标和核心理念，强调源头治理、污染预防、资源节约和综合利用的重要性。概括介绍国内外在矿山清洁生产方面的主要实施途径，包括政策环境、技术水平、资金投入、管理体系等方面。将学生分成若干小组，每组选择一个国内外矿山清洁生产的案例进行分析。每组选取一名代表，上台展示案例的背景、实施途径、成效和存在的问题。全班同学对展示的案例进行讨论和交流，分享彼此的看法和见解。

【思考与练习】

1. 简述清洁生产的核心理念，并讨论这些理念在矿山环境保护中的具体应用。
2. 分析国内外在矿山清洁生产实施途径上的主要差异，并讨论这些差异的原因。
3. 分析技术创新在矿山清洁生产中的作用，并举例说明。
4. 讨论矿山企业应如何加强技术创新，提升清洁生产水平。

任务三　矿山清洁生产体系

【知识目标】

掌握矿山清洁生产体系的概念、构成、运行原理。

【技能目标】

能根据矿山实际情况，分析矿山环境现状、资源利用情况、污染物排放等关键因素，确定矿山清洁生产的目标和原则；定期对矿山清洁生产体系进行检查和评估，发现问题并及时解决，保障体系的有效性和稳定性；分析矿山清洁生产体系在运行过程中存在的问题和不足，提出针对性的改进措施和建议。

【任务导入】

在矿山开采与加工过程中，环境污染和资源浪费问题日益突出，给矿山企业的可持续发展带来了巨大的挑战。为了应对这些挑战，矿山企业开始积极寻求清洁生产的解决方案。矿山清洁生产体系作为一种综合性的环境保护措施，能够有效地提高矿山企业的资源利用效率，减少污染排放，实现绿色矿山的建设目标。因此，了解并掌握矿山清洁生产体系的相关知识，对于矿山企业的环境管理和可持续发展具有重要意义。

某矿山企业面临着严重的环境污染和资源浪费问题，为了改善这一状况，该企业决定引入矿山清洁生产体系。我们可以看出矿山清洁生产体系在矿山企业环境保护和可持续发展中的重要作用。那么，作为矿山环境保护的专业人才，我们应该如何理解矿山清洁生产体系、如何建立和优化矿山清洁生产体系呢？

【任务分析】

1. 分析矿山清洁生产体系的主要组成部分，包括技术体系、管理体系、环境监测与评估体系等。

2. 分析矿山清洁生产体系在环境保护、资源利用、经济效益等方面的优势。

3. 掌握矿山清洁生产体系优化的主要方法和技术手段。

【相关知识】

一、矿山清洁生产评价体系

矿山清洁生产评价体系是矿山企业实施清洁生产战略的重要工具，它通过对矿山生产过程中的资源消耗、污染物排放、环境影响等方面进行全面评价，为矿山企业提供优化生产流程、提高资源利用效率、减少环境污染的依据。

（一）矿山清洁生产评价体系的构成

矿山清洁生产评价体系主要包括评价指标、评价标准和评价方法三个核心要素。

1. 评价指标

评价指标是矿山清洁生产评价体系的基础，它涵盖了矿山生产过程中的资源消耗、污染物排放、环境影响等多个方面。

资源消耗指标：如能耗、水耗、原材料消耗等，反映矿山生产过程中的资源利用效率。

污染物排放指标：如废气排放、废水排放、固体废弃物排放等，反映矿山生产对环境的污染程度。

环境影响指标：如生态破坏、土地占用、地质灾害等，反映矿山生产对生态环境的影响。

经济效益指标：如生产成本、产品附加值、利润等，反映矿山清洁生产的经济效益。

2. 评价标准

评价标准是矿山清洁生产评价体系的参照依据，它根据国家和地方的环保政策、清洁生产标准以及矿山企业的实际情况制定。评价标准包括国家标准、行业标准以及企业自定标准等，用于衡量矿山企业在清洁生产方面的表现。

3. 评价方法

评价方法是矿山清洁生产评价体系的具体实施手段，通常采用定性和定量相结合的方法，对矿山企业的清洁生产水平进行综合评价。常用的评价方法包括综合评价法、指数评价法、层次分析法等，这些方法可以根据实际情况进行选择和组合。

（二）矿山清洁生产评价流程

矿山清洁生产评价流程包括准备阶段、实施阶段和总结阶段。

1. 准备阶段

在准备阶段，矿山企业需要明确评价目的和范围，收集相关的数据和信息，确定评价指标和评价标准，制订评价方案。此外，还需要组织评价团队，进行必要的培训和准备工作。

2. 实施阶段

在实施阶段，评价团队根据评价方案进行数据收集、处理和分析，运用评价方法对矿山企业的清洁生产水平进行评价。评价过程中需要充分考虑矿山企业的实际情况和特点，确保评价结果的客观性和准确性。

3. 总结阶段

在总结阶段，评价团队对评价结果进行总结和分析，形成评价报告。评价报告应包括评价指标的得分情况、存在的问题和不足、改进建议等内容。矿山企业可以根据评价报告制订相应的改进措施和计划，进一步提高清洁生产水平。

（三）矿山清洁生产评价体系的意义

矿山清洁生产评价体系对于矿山企业的可持续发展具有重要意义。首先，通过评价体系的建立和实施，可以全面了解矿山企业在清洁生产方面的现状和存在的问题，为企业的决策提供科学依据。其次，评价体系可以帮助矿山企业识别清洁生产的潜力和优势，制订针对性的改进措施和计划，提高企业的资源利用效率和环境保护水平。最后，评价体系的实施还可以推动矿山企业间的经验交流和合作，促进整个行业的清洁生产水平提升。

（四）矿山清洁生产评价体系的优化与完善

随着矿山生产技术的不断发展和环保要求的不断提高，矿山清洁生产评价体系也需要不断优化和完善。一方面，可以根据新的环保政策和清洁生产标准调整评价指标和评价标准，确保评价体系的时效性和适用性。另一方面，可以引入新的评价方法和技术手段，提高评价的准确性和可靠性。此外，还可以加强与国际先进评价体系的交流与合作，借鉴其成功经验和技术成果，推动矿山清洁生产评价体系的持续改进和发展。

二、矿山清洁生产技术与工艺

矿山清洁生产体系的核心在于技术和工艺的创新与改进，这不仅是矿山企业实现绿色可持续发展的关键，也是响应国家环保政策、提升竞争力的必由之路。通过不断研发和应用先进的采矿技术、选矿技术、废水处理技术、废渣资源化利用技术等，矿山企业能够显著减少生产过程中的能源消耗和污染物排放，从而实现经济效益和环境效益的双赢。

在采矿技术方面，矿山企业可以积极引进和推广高效、低耗、环保的采矿方法。例如，采用机械化、自动化和智能化的采矿设备，提高采矿效率和安全性，同时减少人力投入和能源消耗。此外，通过优化采矿布局和工艺参数，减少矿石的损失和贫化，提高资源利用率。

选矿技术同样是矿山清洁生产体系中的重要组成部分。通过研发和应用先进的选矿工艺和设备，如高效节能的破碎、磨矿设备以及精确的选矿方法和设备等，可以实现对矿石的高效分离和提纯，提高精矿品位和回收率，同时降低尾矿排放量和能源消耗。

废水处理技术是矿山清洁生产中的关键环节。矿山生产过程中产生的废水往往含有重金属、悬浮物等有害物质，如果直接排放会对环境造成严重影响。因此，矿山企业需要采用先进的废水处理技术，如物理法、化学法、生物法等，对废水进行深度处理，使其达到排放标准或实现资源化利用。

废渣资源化利用技术也是矿山清洁生产体系的重要组成部分。矿山生产过程中产生的废渣如果得不到有效处理，不仅占用土地，还可能对生态环境造成破坏。因此，矿山企业应积极探索废渣资源化利用的途径，如将废渣用于生产建筑材料、填充物料等，实现废渣的减量化、资源化和无害化。

除了以上几种关键技术外，矿山企业还应注重生产流程的优化。通过优化生产流程，可以减少不必要的能源消耗和物料损失，提高生产效率。例如，通过合理安排生产顺序、优化物料运输和储存方式、加强设备维护和保养等措施，可以显著降低生产过程中的能耗和物耗。

同时，矿山企业还应加强技术创新和研发投入，不断推动清洁生产技术的升级换代。通过引进国内外先进的清洁生产技术和设备、加强技术交流和合作，不断提升企业的技术水平和创新能力。

三、矿山清洁生产管理制度

在矿山清洁生产体系中，管理制度的建立和完善起着至关重要的作用，不仅为清洁生产的实施提供了指导和保障，还促进了企业的可持续发展和环境保护。

制订清洁生产计划是矿山企业实施清洁生产的第一步。清洁生产计划应明确企业的清洁生产目标、重点任务、实施步骤和保障措施等，确保清洁生产工作有序、高效地进行。在制订计划的过程中，企业需要充分考虑自身的实际情况和特点，结合国家和地方的环保政策，确保计划的可行性和有效性。

设立清洁生产管理机构是保障清洁生产顺利实施的关键。矿山企业应成立专门的清洁生产管理部门或领导小组，负责清洁生产工作的组织、协调和监督。这些机构或小组应由具有专业知识和实践经验的人员组成，能够全面把握清洁生产的技术和管理要求，为企业的清洁生产提供有力的支持和保障。

明确各级责任也是矿山清洁生产管理制度的重要一环。企业应明确各级管理人员和员工的清洁生产职责，将清洁生产的要求融入企业的日常管理和操作中。通过建立健全责任制度，确保每个员工都能认识到清洁生产的重要性，积极参与清洁生产活动，共同推动企业的绿色发展。

加强员工培训也是矿山清洁生产管理制度不可或缺的一部分。企业应定期开展清洁生产培训活动，提高员工对清洁生产的认识和理解，掌握清洁生产的技术和管理方法；通过培训增强员工的环保意识，提升员工的操作技能，为清洁生产的顺利实施提供有力的人才保障。

在激励机制方面，矿山企业应建立清洁生产奖励制度，对在清洁生产工作中做出突出贡献的员工或团队给予表彰和奖励。这不仅可以激发员工的积极性和创造力，还能推动清洁生产技术在企业内部的广泛应用和推广。同时，企业还可以通过设立清洁生产专项资金，为清洁生产项目的研发和实施提供资金支持，促进清洁生产技术的不断创新和升级。

矿山企业还应加强与外部的合作与交流，学习借鉴先进的清洁生产管理经验和技术成果。通过与国际国内先进矿山企业的合作与交流，不断提升自身的清洁生产管理水平和技术水平，推动矿山清洁生产体系的不断完善和发展。

矿山清洁生产管理制度的建立和完善对于保障清洁生产的顺利实施和推动企业的绿色发展具有重要意义。通过制订清洁生产计划、设立清洁生产管理机构、明确各级责任、加强员工培训和建立激励机制等措施，矿山企业可以全面提升清洁生产的整体水平，实现经济效益和环境效益的双赢。同时，加强与外部的合作与交流也是推动矿山清洁生产管理制度不断完善的重要途径。

四、矿山清洁生产环境监测与评估

矿山清洁生产体系的核心在于实现经济效益与环境效益的和谐共生。在这一体系中，环境监测与评估机制扮演着至关重要的角色。通过定期监测和分析矿山生产过程中的废水、废气、固体废弃物等污染物排放情况，企业能够及时了解生产活动对环境的影响程度，进而制定针对性的清洁生产措施，不断优化生产流程，降低环境污染。

环境监测是矿山清洁生产体系中的基础性工作。企业需要建立完善的监测网络，覆盖矿山生产的全过程，包括采矿、选矿、废水处理、废渣利用等各个环节。通过采用先进的监测设备和技术手段，对废水、废气、噪声等污染物进行实时在线监测，确保数据的准确性和可靠性。同时，企业还应加强对监测数据的收集、整理和分析，形成系统的监测报告，为清洁生产决策提供科学依据。

环境评估是矿山清洁生产体系中的关键环节。通过对监测数据的深入分析，企业可以评估矿山生产对环境的影响程度，识别出主要的污染源和污染物，并制定相应的清洁生产措施。在评估过程中，企业需要充分考虑矿山生产的实际情况和特点，结合国家和地方的环保政策，确定合理的评估指标和评估方法。同时，企业还应加强与环保部门的沟通和合作，接受环保部门的监督和指导，确保评估结果的客观性和公正性。

在环境监测与评估的基础上，矿山企业应制定针对性的清洁生产措施。针对废水排放问题，企业可以加强废水处理设施的建设和运行管理，采用先进的废水处理技术，提高废水处理效率和处理效果。针对废气排放问题，企业可以优化生产工艺和设备选型，减少废气排放量并降低废气中的有害物质含量。此外，企业还应加强固体废弃物的资源化利用，减少废渣的排放量，实现废渣的减量化、资源化和无害化。

环境监测与评估机制的建立和实施，不仅有助于矿山企业及时了解和掌握生产活动对环境的影响情况，还为企业的清洁生产决策提供了科学依据。通过不断优化生产流程、加强技术创新和研发、提高资源利用效率等措施，企业可以逐步降低污染物排放量、提高环境质量、实现可持续发展。

此外，矿山企业还应注重环境监测与评估结果的公开透明，定期发布环境监测报告和评估结果，向公众展示企业在环保方面的努力和成果，增强企业的社会责任感和公信力。同时，企业还应积极回应社会关切和公众诉求，加强与公众的沟通和互动，共同推动矿山清洁生产体系的不断完善和发展。

【任务实施】

选择一个典型的矿山清洁生产成功案例作为分析对象。案例应涵盖矿山清洁生产体系的建立、运行、优化等全过程。引导学生分析案例中矿山清洁生产体系的建立背景、目标、措施及成效。讨论案例中矿山清洁生产体系的关键成功因素及可能存在的问题。

将学生分成若干小组，每组选取一个实际矿山作为研究对象，探讨该矿山如何建立和优化矿山清洁生产体系。分析该矿山的资源利用现状、环境污染情况及其主要污染源。提出建立矿山清洁生产体系的具体方案，包括技术改进、管理优化、环境监测等方面的措施。预测该矿山清洁生产体系实施后可能带来的环境效益、经济效益和社会效益。

【思考与练习】

1. 矿山清洁生产体系的核心目标是什么？
2. 分析矿山清洁生产体系的主要组成部分及其相互关系。
3. 如何理解矿山清洁生产体系的“源头控制”原则？
4. 矿山清洁生产体系在矿山企业经济效益提升中的作用是什么？

习　　题

一、填空题

1. 矿山清洁生产的核心目标是实现________和________的双重效益。

2. 矿山清洁生产强调在矿产资源开采过程中采用________和________的技术手段。

3. 清洁生产要求矿山企业在生产过程中实现________、________和________的综合利用。

二、选择题

1. 矿山清洁生产主要关注的是(　　)。

A. 提高矿产资源开采量

B. 减少环境污染和资源消耗

C. 增加企业经济效益

D. 提高员工工作效率

2. 下列哪项措施不属于矿山清洁生产的范畴？(　　)

A. 推广使用节能设备

B. 加强尾矿综合利用

C. 增加废水直接排放

D. 优化采矿工艺流程

三、判断题

1. 清洁生产仅适用于大型矿山企业，对小型矿山企业来说并不重要。　(　　)

2. 矿山清洁生产只关注生产过程中的环境保护，无须考虑经济效益。　(　　)

四、简答题

1. 简述矿山清洁生产的主要原则。

2. 描述矿山清洁生产在资源节约和环境保护方面的具体作用。

五、论述题

1. 分析矿山清洁生产对矿山企业可持续发展的重要性。

2. 讨论如何通过技术创新和管理优化推动矿山清洁生产的发展。

六、案例分析题

1. 选取一个成功实施清洁生产的矿山企业案例，分析其采取的主要措施和取得的成效。

2. 结合实际，讨论矿山企业在实施清洁生产过程中可能遇到的困难及应对策略。

项目九　可持续发展

任务一　可持续发展战略的基本理论及内涵

【知识目标】

掌握可持续发展的基本概念、基本原则、目标、实施路径。

【技能目标】

能运用可持续发展的基本理论，对矿山环境保护中的实际问题进行深入分析，识别问题的本质和关键因素；结合矿山环境保护的实际情况，分析可持续发展战略在矿山环境保护中的适用性和挑战。

【任务导入】

假设我们现在身处一个典型的矿山开采区，这里资源丰富，但环境问题也日益突出。作为矿山环境保护的决策者或参与者，我们面临着一个紧迫的任务：如何在保障矿山资源有效开发的同时，实现环境的保护和可持续发展？

为了解决这个问题，我们需要掌握可持续发展的基本理论及内涵，了解可持续发展的原则、目标和实施路径。这样才能制定出科学合理的矿山环境保护策略，实现矿业与环境的双赢。

提出问题：你认为可持续发展对于矿山环境保护有何重要意义？在矿山环境保护中，应如何贯彻可持续发展的理念？你能举例说明可持续发展在矿山环境保护中的具体应用吗？

【任务分析】

1. 详细阐述可持续发展的核心原则，如公平性、持续性、共同性等，并结合矿山环境保护的实际情况，分析这些原则在矿山环境保护中的具体应用。

2. 分析可持续发展的主要目标，如经济发展、社会进步、生态和谐等，并探讨这些目标在矿山环境保护中的具体体现和相互关系。

3. 分析可持续发展的主要目标及其在矿山环境保护中的具体体现和相互关系。

【相关知识】

一、基本理论

（一）增长的极限理论

增长的极限理论是由美国学者德内拉·梅多斯等在其著作《增长的极限》中提出的，该理论对可持续发展战略产生了深远的影响。梅多斯指出，人类社会在追求经济增长的过程中，面临着人口增长、消费提高与资源减少、污染严重之间的矛盾，这种矛盾在某种程度上构成了人类社会发展的极限。

人口增长和消费提高导致了资源需求的不断增加。随着人口数量的增加和消费水平的提高，人们对食物、能源、水资源等的需求也在不断增加。然而，地球上的资源是有限的，过度开采和消耗会导致资源枯竭，进而影响到人类社会的可持续发展。

人口增长和消费提高也带来了严重的环境污染问题。随着工业化和城市化的加速推进，大量的废水、废气、固体废弃物等被排放到环境中，导致空气、水源和土壤受到严重污染。这种污染不仅威胁了人类的健康，还破坏了生态系统的平衡，对地球的承载能力构成了巨大压力。

科技进步在一定程度上缓解了这种矛盾。通过技术创新和应用，人类可以更有效地利用资源、减少污染、提高生产效率。例如，清洁能源技术的研发和应用可以减少对化石能源的依赖，降低温室气体排放；资源循环利用技术的推广可以减少废弃物的产生，提高资源的利用效率。然而，科技进步的作用也是有限的。一方面，某些资源的替代和污染问题的解决需要长时间的研发和应用过程，而人类社会的需求却在不断增长；另一方面，科技进步本身也可能带来新的环境问题，如电子废弃物的处理等。因此，在追求经济增长的同时，必须充分考虑资源环境的承载能力，实现可持续发展。

（二）知识经济理论

知识经济理论强调知识和信息技术在经济发展中的核心作用，认为经济发展的主要驱动力不再是传统的物质资本和劳动力，而是知识和信息。这一理论对可持续发展战略具有重要的指导意义。

知识经济理论强调了知识创新的重要性。在知识经济时代，知识创新是推动经济发展的关键因素。通过不断研发新技术、新产品和新服务，可以提高生产效率、降低成本、增加附加值，从而推动经济的持续增长。这种知识创新不仅有助于解决资源环境问题，还可以为人类社会的发展提供新的动力。

知识经济理论强调了信息技术在经济发展中的重要作用。信息技术的发展使得信息的获取、处理和传播变得更加便捷和高效，为经济发展提供了强大的支撑。通过信息化手段，可以实现资源的优化配置、提高生产效率、降低交易成本等，从而推动经济的可持续发展。

此外，知识经济理论还强调了人才培养和教育的重要性。在知识经济时代，人才是推动经济发展的核心力量。通过加强教育和培训，提高人们的科学文化素质和创新能力，可以为经济发展提供源源不断的人才支持。这种人才培养和教育的过程也是实现可持续发展的重要途径之一。

（三）人口承载力理论

人口承载力理论是探讨人口数量及其社会经济活动对地球系统影响的重要理论。该理论认为，地球系统的承载能力是有限的，人口数量及其社会经济活动控制在地球系统的承载能力之内，才能实现可持续发展。

首先，人口承载力理论强调了人口数量对地球系统的影响。随着人口数量的不断增加，人类对资源的需求和对环境的影响也在不断加大。如果人口数量超过了地球系统的承载能力，就会导致资源枯竭、环境恶化等严重后果，进而威胁到人类社会的生存和发展。

人口承载力理论还强调了社会经济活动对地球系统的影响。人类的社会经济活动不仅消耗大量的资源，还产生大量的废弃物和污染物。这些废弃物和污染物对地球系统的稳定性和可持续性构成了严重威胁。因此，在控制人口数量的同时，还需要调整和优化社会经济结构，实现资源的节约和环境的保护。

为了实现可持续发展，必须采取一系列措施来控制人口数量和优化社会经济活动。例如，推广绿色生产方式和生活方式，减少资源消耗和环境污染；加强环境监管和治理，保护生态系统的完整性和稳定性等。

（四）人地系统理论

人地系统理论是可持续发展战略的核心理论之一，它强调了人类与自然环境之间的相互关系及其动态平衡。该理论认为，人类社会的发展与自然环境相协调，才能实现可持续发展。

人地系统理论强调了人类活动对自然环境的影响。人类的生产和生活活动会对自然环境造成一定的破坏和污染，如过度开采资源、排放污染物等。这些行为会破坏生态系统的平衡和稳定性，对自然环境造成长期的不良影响。

人地系统理论也强调了自然环境对人类社会的制约作用。自然环境为人类提供了生存和发展的基础条件，如空气、水源、土地等。如果自然环境受到破坏和污染，就会影响人类的健康和生存条件，进而制约人类社会的发展。

因此，实现可持续发展需要协调人类与自然环境之间的关系。一方面，要加强环境保护和治理，减少人类活动对自然环境的破坏和污染；另一方面，要合理利用自然资源，提高资源利用效率，实现资源的可持续利用。同时，还需要加强环境教育和意识培养，提高人们的环保意识和责任感，形成全社会共同参与环境保护的良好氛围。

二、基本内涵

（一）发展的全面性

可持续发展战略强调发展的全面性，即不仅仅关注经济增长，还要注重社会进步和生态环境保护，实现经济、社会、环境的协调发展。这种全面性体现在以下几个方面：

首先，经济增长是可持续发展的基础。经济发展能够创造更多的就业机会，提高人民的生活水平，为社会进步提供物质基础。然而，经济增长不能单纯追求数量的扩张，而要注重质量和效益的提升。这意味着要转变经济发展方式，推动产业结构优化升级，提高资源利用效率，减少环境污染。

其次，社会进步是可持续发展的重要内容。社会进步包括教育、医疗、文化、社会保障等各个方面的改善。提高人民的教育水平，增强人们的科学文化素质，培养创新能力和社会责任感；改善医疗卫生条件，保障人民健康；加强文化建设，传承和弘扬优秀传统文化；完善社会保障体系，保障人民基本生活需求。这些措施有助于构建和谐社会，为可持续发展提供稳定的社会环境。

最后，生态环境保护是可持续发展的必要条件。人类社会的发展必须建立在尊重自然、顺应自然、保护自然的基础上。这意味着要合理利用自然资源，减少资源的过度消耗和浪费；加强环境污染治理，减少废弃物和污染物的排放；保护和修复生态系统，维护生物多样性。这些措施可以实现人与自然的和谐共生，为子孙后代留下一个宜居的地球。

（二）发展的可持续性

可持续发展的核心在于实现发展的可持续性，即发展不能超越资源和环境的承载能力，必须确保资源的可持续利用和生态环境的保护。这主要体现在以下几个方面：

首先，资源的可持续利用是可持续发展的基本要求。地球上的资源是有限的，而且许多资源是不可再生的。因此，要实现可持续发展，必须合理利用资源，提高资源利用效率，减少资源的浪费和过度消耗。同时，还要积极开发可再生资源和替代资源，减少对有限资源的依赖。

其次，生态环境的保护是可持续发展的关键。生态环境是人类生存和发展的基础条件，如果生态环境受到破坏和污染，就会威胁人类的生存和发展。因此，要实现可持续发展，必须加强对生态环境的保护和修复工作。这包括加强环境监管和治理，减少污染物排放；推广绿色生产和消费方式，降低对环境的负面影响；加强生态保护和修复工程，维护生态系统的完整性和稳定性。

最后，可持续发展的可持续性还体现在对未来的责任上。我们不能仅仅考虑当代人的利益，而忽视了对未来世代的影响。因此，我们需要采取长远的眼光，制定科学合理的发展规划和政策措施，确保未来的资源和环境能够得到保护和利用。

（三）人与人关系的公平性

可持续发展强调人与人关系的公平性，包括代内公平和代际公平。代内公平是指当代人之间在资源利用和发展机会上的平等。每个人都应该享有平等的发展权利和机会，不论其种族、性别、社会地位等。这意味着要消除社会不平等和贫困现象，保障人民的基本权利和需求，促进社会的公平正义。代际公平则是指当代人与未来世代之间在资源利用和发展机会上的平等。我们不能因为追求当代的利益而牺牲未来世代的权益。因此，我们需要采取可持续的发展方式，确保未来世代能够享有与我们相同的资源和发展机会。这需要我们制定合理的资源管理和环境保护政策，避免过度开发和污染，为未来世代留下足够的资源和良好的环境。

为了实现人与人关系的公平性，我们需要加强国际合作和交流，共同应对全球性的可持续发展挑战。各国应该相互尊重、平等相待，共同推动全球可持续发展。同时，还需要加强教育，提高人们的公平意识和责任感，形成全社会共同参与可持续发展的良好氛围。

（四）人与自然的协调共生

人与自然的关系是可持续发展战略中的重要内容。传统的发展模式往往以人类为中心，过度开发和利用自然资源，导致生态环境破坏和资源枯竭。然而，可持续发展强调人类应尊重自然、顺应自然、保护自然，实现人与自然的和谐共生。

首先，尊重自然是实现人与自然和谐共生的前提。自然界有其自身的规律和节奏，人类应该认识到自己在自然界中的位置和角色，以谦卑和敬畏的态度对待自然。我们需要摒弃人类中心主义的观念，将自然作为我们的伙伴和朋友，而不是征服和剥削的对象。

其次，顺应自然是实现人与自然和谐共生的关键。人类应该根据自然的规律和特点来安排自己的生产和生活活动。例如，在农业生产中，我们应该遵循农作物的生长周期和生态习性，采用合理的耕作方式和施肥方法；在城市建设中，我们应该注重绿化和生态保护，打造宜居的城市环境。

最后，保护自然是实现人与自然和谐共生的基础。人类应该积极采取措施来保护自然环境和生态系统。这包括加强环境监管和治理，减少污染物排放；推广绿色生产和消费方式，降低对环境的负面影响；加强生态保护和修复工程，维护生态系统的完整性和稳定性。通过这些措施，我们可以实现人与自然的和谐共生，为子孙后代留下一个宜居的地球。

可持续发展的基本内涵包括发展的全面性、可持续性、人与人关系的公平性以及人与自然的协调共生。这些内涵相互关联、相互促进，共同构成了可持续发展的核心理念和实践方向。我们只有全面理解和贯彻这些内涵，才能实现真正的可持续发展，为人类社会和地球的未来创造更加美好的前景。

三、战略实施

在可持续发展的实践中，战略实施是至关重要的环节。它需要我们在政策与制度保障、技术创新与应用以及国际合作与交流等多个方面下足功夫，确保可持续发展的理念能够真正落地生根，转化为具体的行动和成果。

（一）政策与制度保障

政策与制度是可持续发展战略实施的重要保障。首先，政府应制定一系列的环境保护政策，明确环境保护的目标和措施，加强对环境污染的监管和治理。这包括制定严格的排放标准，加强对污染企业的处罚力度，推广环保技术和产品，提高全社会的环保意识。其次，政府还应建立健全资源管理制度，优化资源配置，提高资源利用效率。这包括制定合理的资源价格机制，推广资源循环利用和节约利用的技术和方法，加强对资源的监督和管理，防止资源的过度消耗和浪费。再次，政府还应加强法律法规建设，为可持续发展提供法律保障。通过制定和完善相关的法律法规，明确各方在可持续发展中的权利和义务，规范各方的行为，确保可持续发展的各项措施得到有效实施。最后，政府还应建立健全监督和评估机制，对可持续发展的实施情况进行定期评估和监测，及时发现问题并采取有效措施加以解决。

（二）技术创新与应用

技术创新是推动可持续发展的关键力量。首先，清洁能源技术的研发和应用是实现可持续发展的重要途径。政府应加大对清洁能源技术的投入和支持力度，鼓励企业加强研发和创新，推动清洁能源技术的广泛应用。这包括太阳能、风能、水能等可再生能源的开发和利用，以及核能等清洁能源的安全高效利用。推广和应用清洁能源技术可以减少对化石能源的依赖，降低温室气体排放量，改善环境质量。

其次，资源循环利用技术的研发和应用也是实现可持续发展的重要手段。政府应鼓励企业加强资源循环利用技术的研发和应用，推动废弃物的减量化、资源化和无害化处理。这包括推广循环经济理念，加强垃圾分类和回收工作，建设废弃物处理设施和资源回收利用体系。应用资源循环利用技术可以减少资源的浪费和环境的污染，实现资源的可持续利用。

最后，信息技术在可持续发展中也发挥着越来越重要的作用。政府应推动信息技术与可持续发展的深度融合，利用大数据、云计算、物联网等现代信息技术手段，提高可持续发展的智能化水平。这包括建立可持续发展信息平台和数据库，加强信息共享和交流，提高决策的科学性和精准性。

（三）国际合作与交流

可持续发展是全球性的挑战，需要各国共同应对。因此，国际合作与交流在推动可持续发展中具有重要意义。首先，各国应加强在环境保护和资源管理方面的合作与交流，共同制定全球性的环保标准和规范，推动全球环保事业的发展。这包括加强在气候变化、生物多样性保护等领域的合作，共同应对全球环境问题。其次，各国还应加强在可持续发展技术创新和应用方面的合作与交流。通过共同研发和推广清洁能源技术、资源循环利用技术等先进技术，推动全球可持续发展进程。同时，各国还可以加强在人才培养、科研合作等方面的交流与合作，共同培养可持续发展的专业人才和创新团队。最后，国际组织和非政府组织在推动国际合作与交流中也发挥着重要作用。政府应加强与这些组织的合作与联系，积极参与全球可持续发展治理体系的建设和完善，推动全球可持续发展事业不断前进。

此外，在实施可持续发展战略的过程中，我们还需要注重以下几个方面：一是加强宣传教育，提高全社会的可持续发展意识。政府应通过各种渠道和形式，加强对可持续发展的宣传和教育工作，提高公众对可持续发展的认识和重视程度。同时，还应加强对企业和社会的引导，推动形成全社会共同参与可持续发展的良好氛围。二是加强监管和执法力度，确保可持续发展的各项措施得到有效实施。政府应加强对企业和社会的监管和执法力度，对违反可持续发展规定的行为进行严厉打击和处罚。同时，还应加强对可持续发展的监督和评估工作，及时发现问题并采取有效措施加以解决。三是注重公平性和包容性，确保可持续发展的成果惠及广大人民群众。在推动可持续发展的过程中，政府应关注弱势群体的利益和需求，确保他们能够享受到可持续发展的成果。同时，还应加强与社会各界的沟通和合作，形成共识和合力，共同推动可持续发展的进程。

四、可持续发展战略的意义与作用

可持续发展战略的实施对于经济社会、生态环境以及全球发展都具有深远的意义和作用。它不仅关乎当代人的福祉，更涉及未来世代的生存与发展，是构建人类命运共同体的必由之路。

（一）对经济社会的意义

首先，可持续发展战略对经济社会的发展具有积极的推动作用。它强调经济增长的同时，注重发展的全面性和可持续性，有助于实现经济社会的长期稳定发展。通过优化产业结构、提高资源利用效率、推动绿色发展等方式，可持续发展战略能够促进经济持续增长，为经济社会发展提供强大的动力。

其次，可持续发展战略有助于提高人民生活质量。它关注社会公平和正义，致力于消除贫困、减少社会不平等现象，让更多的人分享发展成果。通过提高教育水平、改善医疗卫生条件、加强社会保障体系建设等措施，可持续发展战略能够为人民创造更好的生活条件，提高人民的生活质量和幸福感。

最后，可持续发展战略还能够推动社会全面进步。它强调经济、社会、环境之间的协调发展，注重人与自然的和谐共生。通过加强文化建设、推动社会治理创新、促进社会稳定和谐等方式，可持续发展战略能够推动社会全面进步，为构建和谐社会提供有力保障。

（二）对生态环境的意义

可持续发展战略对生态环境的保护具有至关重要的作用。它强调生态环境的价值，注重资源的可持续利用和生态系统的保护，有助于维护地球生态系统的平衡和稳定。

首先，可持续发展战略有助于保护生态环境。通过加强环境监管和治理、严格控制污染物排放、推广环保技术和产品等方式，可持续发展战略能够减少环境污染和生态破坏，保护生态系统的完整性和稳定性。

其次，可持续发展战略有助于维护生态平衡。它强调生态系统的整体性和关联性，注重生物多样性的保护和恢复。通过加强自然保护区建设、推广生态农业和林业等生态友好的生产方式，可持续发展战略能够维护生态平衡，促进生态系统的健康发展。

最后，可持续发展战略还能够促进生物多样性的保护。生物多样性是地球生态系统的重要组成部分，对于维护生态平衡和提供生态服务具有重要意义。通过加强物种保护、建立生物多样性监测和评估体系等措施，可持续发展战略能够促进生物多样性的保护和可持续利用。

（三）对全球发展的贡献

可持续发展战略对全球发展合作和构建人类命运共同体具有积极的推动作用。面对全球性的环境问题和发展挑战，各国需要携手合作，共同推动可持续发展进程。

首先，可持续发展战略有助于推动全球发展合作。通过加强国际合作与交流，分享可持续发展经验和技术，各国可以共同应对全球环境问题和发展挑战。同时，可持续发展战略还能够促进国际贸易和投资，推动全球经济的繁荣和发展。

其次，可持续发展战略有助于构建人类命运共同体。它强调人类社会的共同利益和责任，倡导各国在平等、互利、共赢的基础上开展合作。通过加强文化交流、增进相互理解和信任，各国可以共同推动构建人类命运共同体，实现全球和平与发展的目标。

最后，可持续发展战略还能够为全球治理体系改革和完善提供动力。面对全球治理体系中的问题和挑战，可持续发展战略强调加强全球治理体系的建设和完善，推动全球治理向更加公正、合理和有效的方向发展。

综上所述，可持续发展战略对经济社会、生态环境以及全球发展都具有深远的意义和作用。它不仅能够促进经济社会的长期稳定发展，提高人民生活质量，推动社会全面进步；还能够保护生态环境，维护生态平衡，促进生物多样性；更能够推动全球发展合作，构建人类命运共同体。因此，我们应该积极贯彻落实可持续发展战略，在未来的发展中不断探索和创新可持续发展的模式和路径，推动全球可持续发展进程不断向前发展。

【任务实施】

通过展示矿山环境破坏的图片或视频，引起学生对矿山环境保护问题的关注。引导学生思考矿山环境保护与可持续发展的关系，激发学生探究可持续发展的欲望。

详细讲解可持续发展的定义、起源和发展历程，强调可持续发展的多维性和复杂性。通过具体案例，说明可持续发展在经济、社会、环境等方面的具体体现，帮助学生建立直观的认识。

将学生分成若干小组，每组选择一个可持续发展的原则进行深入探讨。要求学生结合矿山环境保护的实际情况，分析该原则在矿山环境保护中的应用和挑战。每组选派一名代表，向全班分享讨论成果。教师引导学生对其他组的观点进行点评和补充，从而形成全面的认识。

【思考与练习】

1. 请结合所学知识，阐述可持续发展的多维度含义，并解释为什么这些维度是相互关联、相互影响的。

2. 分析矿山环境保护面临的挑战和机遇，并探讨可持续发展战略在矿山环境保护中的应用前景。

3. 矿山环境保护与区域发展之间有何关系？请从可持续发展的角度进行分析。

4. 你认为在推动区域发展的同时，应如何加强矿山环境保护工作？

任务二　可持续发展战略的实施与行动纲要

【知识目标】

掌握可持续发展战略在矿山环境保护中的重要性和必要性、可持续发展战略实施的基本原则和关键步骤、可持续发展行动计划的制订方法。

【技能目标】

1. 分析矿山环境保护项目，识别并评估可持续发展的关键要素。
2. 制订矿山环境保护的可持续发展行动计划，包括目标设定、策略选择和实施步骤。
3. 运用可持续发展理念和方法，解决矿山环境保护中的实际问题。
4. 评估可持续发展行动计划的有效性和可持续性，提出改进建议。

【任务导入】

在矿山环境保护的实践中，可持续发展战略不仅是理论上的指导原则，更是行动的指南。随着全球环境问题的日益突出，矿山环境保护已成为我们不得不面对的重要课题。那么，如何将可持续发展的理念真正落实到矿山环境保护的行动中？这正是我们今天要探讨的主题——可持续发展战略的实施与行动纲要。

假设我们现在是一家矿山企业的环境管理部门负责人，面临着如何制定和实施可持续发展战略的挑战。我们需要考虑的问题有很多：如何平衡矿山开发与环境保护的关系？如何确保矿山开采活动不对周边环境造成不可逆的损害？如何提高资源利用效率，降低环境污染？这些问题都迫切需要运用可持续发展战略来指导和解决。

【任务分析】

1. 掌握可持续发展战略的基本理论及内涵，理解其在矿山环境保护中的重要性。
2. 分析矿山环境保护项目，制订可持续发展行动计划，并评估其实施效果。

【相关知识】

一、实施原则与目标设定

（一）可持续发展战略的基本原则

可持续发展战略的基本原则是指导我们实施可持续发展战略的核心思想和行动准则。它不仅是制定可持续发展政策的基础，也是推动经济社会和生态环境协调发展的关键。

首先，公平性原则是可持续发展战略的首要原则。它强调在发展过程中，要公平地满足当代人和未来世代的基本需求，确保每个人都有平等的发展机会。这意味着我们不仅要关注当前的经济增长，还要考虑到未来世代的生存和发展需求，确保资源的可持续利用和环境的保护。同时，公平性原则也要求我们在国内和国际层面实现公平发展，消除贫困和社会不平等现象，让所有人都能分享发展的成果。

其次，可持续性原则是可持续发展战略的核心原则。它强调发展要建立在生态承载能力的基础上，确保资源的可持续利用和生态系统的完整性。这意味着我们要在经济发展中注重生态环境的保护，通过采用清洁生产技术和循环经济模式，减少资源消耗和环境污染，实现经济、社会和环境的协调发展。同时，可持续性原则也要求我们在决策过程中充分考虑长远利益，避免短视行为和过度开发，确保未来世代的生存和发展权益。

再次，共同性原则也是可持续发展战略的重要原则。它强调可持续发展是全球性的目标，需要各国共同努力和合作。这意味着我们要加强国际合作与交流，分享可持续发展经验和技术，共同应对全球环境问题和发展挑战。同时，共同性原则也要求我们在国内层面加强跨部门、跨领域的合作与协调，形成推动可持续发展的合力。

最后，发展性原则是可持续发展战略的基本前提。它强调可持续发展不是不发展或限制发展，而是要在保护环境的前提下实现经济社会的发展。这意味着我们要在可持续发展的框架内寻求经济增长和社会进步，通过提高资源利用效率、推动技术创新和产业升级等方式，实现经济的高质量发展。同时，发展性原则也要求我们在发展过程中注重改善人民生活质量，提高人民的福祉水平，实现人的全面发展。

这些基本原则相互关联、相互补充，共同构成了可持续发展战略的理论基础和行动指南。在实施可持续发展战略的过程中，我们要始终坚持这些原则。

（二）长期与短期目标的制定与平衡

在制定可持续发展战略时，我们需要同时考虑长期目标和短期目标，并确保它们之间的平衡与协调。这种平衡不仅关乎发展的可持续性，也直接影响到政策的有效性和社会的稳定。

长期目标是我们对于未来发展的远见和规划，它反映了我们对未来社会的期望和愿景。在可持续发展战略中，长期目标通常包括实现资源的永续利用、保护生态系统的完整性、消除贫困和不平等现象、促进全球合作等。这些目标需要我们进行长期的努力和持续的改进，它们不可能一蹴而就，而是需要通过一代又一代人的共同努力来实现。

然而，我们不能仅仅关注长期目标而忽视短期目标。短期目标是我们在实现长期目标的过程中需要达到的具体里程碑和阶段性成果，通常更加具体、可操作，也更容易衡量和评估。短期目标有助于我们更好地把握当前的发展重点和方向，确保我们在追求长期目标的过程中不偏离轨道。

在制定长期和短期目标时，我们需要充分考虑它们之间的关联性和相互影响。一方面，长期目标应该为短期目标提供指导和方向，确保短期目标的实现有助于推动长期目标的实现；另一方面，短期目标也应该充分考虑长期目标的需要和要求，避免短视行为和过度开发对长期发展造成负面影响。同时，我们还需要注意平衡不同利益相关者之间的需求和利益。可持续发展涉及多个领域和多个利益相关者，包括政府、企业、社会组织和公众等。在制定目标时，我们需要充分考虑不同利益相关者的关切和诉求，确保目标的制定和实施能够得到广泛的支持和认可。

总之，制定可持续发展战略时，我们既要关注长期目标的远见和规划，又要重视短期目标的可操作性和可实现性。通过制定合理的长期目标和短期目标，并确保它们之间的平衡与协调，我们可以更好地推动可持续发展战略的实施，实现经济社会的长期稳定发展。

二、政策制定与法规完善

在推动可持续发展的进程中，政策制定与法规完善扮演着至关重要的角色。它们为环境保护、资源管理与节约利用提供了坚实的制度保障，确保了可持续发展战略的有效实施。

首先，环境保护政策的制定与执行是可持续发展战略的重要组成部分。环境保护政策旨在通过一系列措施，减少人类活动对环境的负面影响，保护和恢复生态系统的健康与稳定。在制定环境保护政策时，需要充分考虑环境问题的复杂性和长期性，制定出科学、合理、可操作的政策措施，包括但不限于污染物排放控制、生态环境保护与修复、环境风险评估与管理等方面。同时,政策的执行也是至关重要的。各级政府需要加强对环境保护政策的宣传与普及,提高公众的环境保护意识,确保政策得到有效执行。此外,还需要建立健全环境监测与评估体系,对政策执行效果进行定期评估与调整,确保政策目标的顺利实现。

其次,资源管理与节约利用政策的推进是可持续发展战略的另一重要方面。资源是经济社会发展的物质基础,其合理利用与保护对于实现可持续发展具有重要意义。资源管理与节约利用政策旨在通过优化资源配置、提高资源利用效率、推动资源循环利用等方式,实现资源的可持续利用。在制定这类政策时,需要充分考虑资源的稀缺性和不可再生性,制定出有利于资源节约和循环利用的政策措施。例如,可以通过推广节能技术和产品、建立资源回收利用体系、加强资源价格调控等方式,引导企业和公众形成节约资源的良好习惯。同时,政府还需要加强对资源市场的监管,防止资源的过度开发和浪费,确保资源的可持续利用。

再次,法规体系的完善与更新也是推动可持续发展的关键所在。法规体系是保障政策有效执行和规范社会行为的重要工具。在可持续发展领域,需要不断完善和更新相关法律法规,以适应新的发展形势和需求。这包括加强环境保护法规的制定与执行、完善资源管理法规、推动绿色产业发展法规的建立等。同时,还需要加强法律法规之间的衔接与协调,避免法条之间的冲突和重复。在法规制定过程中,需要广泛征求社会各界的意见和建议,确保法规的公正性和合理性。在法规执行方面,需要加强执法力度并保证司法公正,对违法行为进行严厉打击和制裁,维护法律法规的权威性和有效性。

最后,在推进政策制定与法规完善的过程中,还需要注重国际合作与交流。可持续发展是全球性的挑战,需要各国共同努力和合作。通过加强国际合作与交流,我们可以借鉴其他国家的成功经验和技术,共同应对全球环境问题和发展挑战。同时,我们还可以在国际平台上积极参与全球治理体系改革和完善,推动构建人类命运共同体。

三、技术创新与产业升级

技术创新与产业升级是推动可持续发展的核心动力。在可持续发展战略的实施过程中,清洁能源技术的研发与应用、资源循环利用技术的推广以及传统产业的绿色转型与升级都是至关重要的环节。

首先,清洁能源技术的研发与应用是实现可持续发展的关键所在。随着全球能源需求的不断增长和环境污染问题的日益严重,清洁能源技术的发展变得尤为重要。清洁能源技术包括太阳能、风能、水能、生物质能等多种形式,它们具有环保、可再生、低碳排放等优点,是替代传统化石能源的重要选择。为了推动清洁能源技术的研发与应用,我们需要加大对清洁能源技术的投入,加强科研机构与企业的合作,推动技术创新和成果转化。同时,政府还需要出台相关政策,鼓励清洁能源技术的推广和应用,为清洁能源产业的发展提供有力支持。在清洁能源技术的研发与应用过程中,我们还需要注重技术的实用性和经济性。清洁能源技术不仅要满足环保要求,还需要具备高效、稳定、可靠的性能,并且成本要相对较低,这样才能更好地推广和应用。因此,我们需要加强对清洁能源技术的研发和改进,提高技术的成熟度和稳定性,降低生产成本,推动清洁能源技术的普及和应用。

其次,资源循环利用技术的推广是实现可持续发展的又一重要途径。资源循环利用技术通过将废弃物转化为资源,实现了资源的再利用和价值的最大化。这不仅可以减少资源的浪费和环境的污染,还可以为企业带来经济效益。为了推广资源循环利用技术,我们需要加强技术的研发和推广力度，提高技术的实用性和经济效益。同时，政府还需要出台相关政策，鼓励企业采用资源循环利用技术，推动循环经济的发展。在推广资源循环利用技术的过程中，我们还需要注重技术的创新和升级。随着科技的不断进步，新的资源循环利用技术不断涌现，我们需要紧跟时代步伐，加强技术的创新和升级，提高技术的效率和性能。同时，我们还需要加强对废弃物的分类和处理，确保资源的有效利用和环境的保护。

最后，传统产业的绿色转型与升级也是实现可持续发展的关键举措。传统产业往往存在能耗高、排放量大等问题，对环境和资源造成了巨大的压力。为了实现可持续发展，我们需要推动传统产业的绿色转型与升级，通过技术改造和产业升级，降低能耗和排放，提高产业的环保性能和经济效益。在推动传统产业的绿色转型与升级过程中，我们需要注重以下几个方面：一是加强政策引导和支持，出台相关政策鼓励企业进行技术改造和产业升级；二是加强技术研发和推广，推动绿色技术的创新和应用；三是加强企业间的合作与交流，形成产业链上下游的协同发展；四是加强人才培养和引进，为产业升级提供有力的人才保障。

通过清洁能源技术的研发与应用、资源循环利用技术的推广以及传统产业的绿色转型与升级，我们可以实现经济社会的可持续发展。这不仅可以保护环境和资源，还可以推动经济的绿色增长，提高人民的生活质量。因此，我们需要加强技术创新与产业升级的力度，为实现可持续发展目标做出积极贡献。当然，技术创新与产业升级是一个长期而复杂的过程，需要政府、企业、科研机构和社会各界共同努力。政府需要制定相关政策和规划，为技术创新和产业升级提供有力支持；企业需要加强自身的技术创新能力，积极采用新技术和新工艺；科研机构需要加强技术研发和成果转化，为产业发展提供技术支持；社会各界也需要加强环保意识和绿色消费观念，共同推动可持续发展战略的实施。

四、区域合作与国际交流

在推动可持续发展的道路上，区域合作与国际交流发挥着至关重要的作用。通过加强区域合作与国际交流，我们不仅可以分享经验、交流技术，而且可以共同应对挑战、推动全球可持续发展的进程。

第一，国内区域间的可持续发展合作机制对于整合资源、促进共同发展具有重要意义。我国幅员辽阔，各地经济社会发展水平、资源禀赋、环境条件等存在较大差异，这决定了不同地区在可持续发展方面面临的问题和挑战各不相同。因此，建立有效的区域合作机制可以充分发挥各地的比较优势，实现资源共享、优势互补。例如，东部沿海地区可以凭借经济和技术优势，为西部地区提供资金、技术和人才支持；而西部地区则可以依托丰富的自然资源和生态优势，为东部地区提供清洁能源和生态产品。通过区域合作，我们可以打破地域限制，推动形成全国一盘棋的可持续发展格局。

第二，构建国际可持续发展交流与合作平台是加强国际间合作、共同应对全球挑战的重要途径。随着全球化的深入发展，各国之间的联系日益紧密，环境问题、资源问题、气候变化等全球性问题也日益凸显。解决这些问题需要各国携手合作，共同应对。因此，我们需要构建多层次的国际交流与合作平台，包括政府间合作机制、企业间合作机制、学术研究机构间合作机制等，以便在各个领域开展深入的合作与交流。通过这些平台，我们可以分享可持续发展的成功经验和做法，学习借鉴其他国家的先进技术和管理经验，共同推动全球可持续发展的进程。

第三，积极参与和推动全球可持续发展倡议是我们作为负责任大国的应有之义。近年来，全球可持续发展倡议不断涌现，如联合国 2030 年可持续发展议程、全球发展倡议等，这些倡议为全球可持续发展提供了重要的指导和支持。我国作为世界上最大的发展中国家，应该积极参与这些倡议的实施和推动工作。我们可以通过提供资金、技术、人才等方面的支持，帮助其他发展中国家实现可持续发展目标；我们也可以借助这些平台，向世界展示我国在可持续发展方面取得的成就和经验，提升我国的国际形象和影响力。

第四，在参与和推动全球可持续发展倡议的过程中，我们还需要注重与其他国家的沟通和协调。由于各国国情和发展阶段不同，对于可持续发展的理解和需求也存在差异。因此，我们需要尊重各国的主权和选择权，以开放包容的态度开展合作与交流。同时，我们还需要加强与其他国际组织和多边机构的合作，共同推动全球可持续发展议程的落实和推进。

第五，加强教育和培训也是推动区域合作与国际交流的重要手段。通过举办培训班、研讨会等活动，我们可以提高人们对可持续发展的认识和理解，培养一批具备国际视野和专业技能的可持续发展人才。这些人才将在未来的合作与交流中发挥重要作用，推动可持续发展事业不断向前发展。

五、社会参与与公众意识提升

在可持续发展的伟大征程中，社会参与和公众意识提升是两个不可或缺的关键因素。社会各界，包括政府、企业、民间组织以及广大公众，都扮演着重要角色，共同推动着可持续发展的实现。

首先，社会各界在可持续发展中承担着各自的责任和角色。政府作为主导者，负责制定和实施可持续发展战略，提供政策支持和引导。企业需要积极履行社会责任，通过技术创新、绿色生产等方式，为可持续发展贡献力量。民间组织则发挥着桥梁和纽带的作用，促进社会各界之间的交流与合作，推动可持续发展理念的传播和实践。公众则是可持续发展的最终受益者和推动者，他们的积极参与和意识提升是推动可持续发展的强大动力。

其次，公众教育与意识提升活动是提升社会参与和公众意识的重要途径。通过广泛开展环保知识普及、可持续发展理念宣传等活动，可以提高公众对可持续发展重要性的认识，激发他们参与可持续发展的积极性和主动性。同时，还可以通过举办讲座、研讨会等形式，加强社会各界之间的交流与合作，共同推动可持续发展事业的发展。

最后，民间组织与企业的参与机制也是推动社会参与和公众意识提升的重要手段。民间组织可以通过发起倡议、组织活动等方式，动员社会各界力量共同参与可持续发展事业。企业则可以通过开展公益活动、支持可持续发展项目等方式，履行社会责任，提升公众对企业的认可度和信任度。同时，政府还可以通过制定优惠政策、提供资金支持等方式，鼓励民间组织和企业积极参与可持续发展事业，形成政府引导、市场运作、社会参与的良好格局。

在具体实践中，社会参与和公众意识提升已经取得了显著成效。例如，许多城市都开展了垃圾分类和回收利用活动，得到了广大市民的积极响应和支持。这些活动不仅提高了市民的环保意识和责任感，还促进了资源的循环利用，减少了环境污染。此外，一些民间组织还发起了植树造林、保护野生动物等公益活动，吸引了大量志愿者参与，推动了生态环境的改善和保护。然而，我们也要清醒地看到，社会参与和公众意识提升仍面临一些挑战和问题。一方面，一些地区和群体的公众意识仍然较低，对可持续发展的理解和认识还不够深入。另一方面，一些企业和组织在履行社会责任方面还存在不足，需要进一步加强引导和监管。

为了进一步推动社会参与和公众意识提升，我们需要采取以下措施：一是加强宣传教育，通过各种渠道和形式普及环保知识和可持续发展理念；二是完善参与机制，为民间组织和企业提供更多参与可持续发展事业的机会和平台；三是加强监管和评估，确保社会各界在可持续发展中的责任和角色得到有效履行；四是鼓励创新和合作，推动社会各界在可持续发展领域开展更多的创新和合作活动。

六、监测评估与反馈调整

在可持续发展战略的实施过程中，监测评估与反馈调整是确保战略顺利推进并取得预期成果的关键环节。它们构成了一个闭环系统，通过不断收集信息、分析问题、调整策略，推动可持续发展战略的不断优化和完善。

首先，可持续发展战略实施情况的监测与评估是基础和前提。监测评估工作旨在全面、客观地了解战略实施的进展情况以及存在的问题和困难。具体来说，我们需要建立一套科学的指标体系，涵盖经济、社会、环境等多个方面，以便全面反映可持续发展的整体状况。同时，还需要运用各种定量和定性的方法，对战略实施的效果进行客观评价。这些工作不仅有助于我们了解战略实施的现状，还能为后续的调整和优化提供重要依据。在监测评估的过程中，我们需要关注几个关键方面：一是数据的准确性和可靠性，这是确保评估结果客观公正的基础。因此，我们需要建立完善的数据收集和处理机制，确保数据的真实性和完整性。二是评估的全面性和深入性，我们需要从多个角度和层面分析战略实施的效果，深入挖掘存在的问题和原因。三是评估的及时性和动态性，我们需要根据战略实施的不同阶段和情况，及时调整评估的重点和方法，确保评估结果能够真实反映战略实施的最新进展。

其次，问题发现与解决机制的建立是监测评估工作的延伸和深化。在监测评估的基础上，我们需要对发现的问题进行深入分析，找出问题的根源和症结所在。同时，还需要制订针对性的解决方案和措施，明确责任人和时间表，确保问题得到有效解决。此外，我们还需要建立一个问题反馈和跟踪机制，对问题的解决情况进行持续关注和跟踪，确保问题得到彻底解决并不再复发。在建立问题发现与解决机制的过程中，我们需要注重几个方面的问题：一是问题的识别和分析能力，我们需要具备敏锐的问题意识，能够及时发现并准确分析问题。二是解决方案的制订和实施能力，我们需要具备科学的决策能力和强大的执行力，能够制订出切实可行的解决方案并有效实施。三是问题反馈和跟踪能力，我们需要建立完善的信息反馈和跟踪系统，确保问题的解决情况得到及时反馈和跟踪。

最后，战略调整与优化是监测评估与反馈调整的最终目的。在监测评估、问题发现与解决的基础上，我们需要根据实际情况对可持续发展战略进行适时调整和优化。这包括调整战略的目标、重点、措施等，以适应新的形势和需求；优化战略的实施路径和方式，提高战略的实施效率和效果；加强战略与其他相关政策的协调配合，形成政策合力等。在战略调整与优化的过程中，我们需要遵循几个原则：一是科学性原则，我们需要以科学的态度和方法对待战略的调整和优化工作，确保调整后的战略更加符合可持续发展的要求和实际情况。二是灵活性原则，我们需要根据形势和需求的变化灵活调整战略的内容和重点，确保战略能够适应不断变化的环境和需求。三是可持续性原则，我们需要在调整和优化战略的过程中始终坚持可持续发展的理念和目标，确保战略能够推动经济、社会、环境的协调发展。

【任务实施】

简要介绍矿山环境保护的重要性和紧迫性以及可持续发展战略在其中的关键作用。通过实际案例或视频资料，让学生直观感受到矿山环境问题的严重性以及实施可持续发展战略的必要性。教师根据学生的实际情况，将学生分成若干小组，每组不超过 5 人。每个小组内部进行角色分配，如组长、记录员、分析师、策略制定者等，确保每个学生都能参与到任务中来。教师提供多个矿山环境保护项目的案例供学生选择，或者学生自行选择感兴趣的矿山环境保护项目。学生根据所选项目进行案例分析，分析内容包括项目背景、目标、当前环境状况、面临的挑战和机遇等。特别要关注项目中与可持续发展相关的要素，如资源利用效率、环境污染控制、生态修复等。

【思考与练习】

1. 可持续发展战略在矿山环境保护中的核心意义是什么？
2. 如何平衡矿山开发与环境保护的关系？
3. 如何制订有效的可持续发展行动计划？
4. 在矿山环境保护项目中，如何评估可持续发展战略的实施效果？

任务三　可持续发展中的循环经济及特征

【知识目标】

掌握循环经济的概念、特征、在矿山环境保护中的作用以及实施策略。

【技能目标】

1. 能够分析矿山开采活动对环境的潜在影响，识别资源消耗和废弃物产生的关键环节。

2. 分析矿山环境保护项目中循环经济的应用情况，评估其对资源节约和环境保护的实际效果。

3. 根据矿山环境保护项目的实际情况，制定符合循环经济理念的可持续发展策略。

4. 掌握循环经济相关的技术和方法，如清洁生产技术、废弃物资源化技术等。

5. 评估循环经济策略在矿山环境保护项目中的实施效果，包括资源节约、环境保护、经济效益等方面。

【任务导入】

在当今世界，环境保护和可持续发展已成为全球性的议题。特别是在矿山环境保护领域，如何平衡资源开发与环境保护之间的关系、实现经济的可持续发展，是我们必须面对的重要课题。循环经济作为一种有效的可持续发展模式，为我们提供了一种新的思路和方法。我们将深入探讨循环经济的概念、特征及其在矿山环境保护中的应用。

假设我们身处一个矿山小镇，这个小镇的经济主要依赖于矿山开采。然而，随着开采活动的进行，小镇的环境问题日益严重——水源污染、土壤退化、生态破坏等问题层出不穷。居民们开始意识到，如果不改变现有的开采方式，小镇的未来将岌岌可危。

请思考以下问题：

① 矿山开采对环境的影响有哪些？这些影响是如何产生的？

② 在矿山开采过程中，我们能否找到一种既能保证经济发展又能保护环境的方法？

【任务分析】

1. 明确循环经济的定义，理解其与传统经济的区别，掌握循环经济的基本原则和特征。

2. 深入分析循环经济的三大特征——低开采、高利用、低排放，理解这些特征在矿山环境保护中的具体应用。

3. 了解循环经济在矿山开采、废弃物处理、资源回收等方面的应用案例，了解循环经济在矿山环境保护中的实际效果。

【相关知识】

循环经济作为一种全新的经济发展模式，旨在通过高效的资源利用和循环利用，实现经济、社会与环境的和谐共生。它不仅是对传统线性经济模式的根本变革，更是推动可持续发展战略实施的重要途径。

一、循环经济的概念

循环经济，即物质闭环流动型经济，是指在人、自然资源和科学技术的大系统内，在资源投入、企业生产、产品消费及废弃的全过程中，把传统的依赖资源消耗的线性增长的经济，转变为依靠生态资源循环来发展的经济。它以资源的高效利用和循环利用为目标，以“减量化、再利用、资源化”为原则，以物质闭路循环和能量梯次使用为特征，是按照自然生态系统物质循环和能量流动方式运行的经济模式。

循环经济是一种生态经济，它要求运用生态学规律来指导人类社会的经济活动。在本质上，循环经济是对传统经济增长模式的根本变革，它强调经济活动与自然生态系统的和谐共生，追求经济、社会和环境效益的最大化。

二、循环经济的核心原则

循环经济的核心原则主要包括减量化、再利用和资源化，这三个原则共同构成了循环经济的基石，为实现资源的高效利用和循环利用提供了指导。

（一）减量化原则

减量化原则强调在生产和消费过程中，尽可能减少资源的投入和废弃物的产生。这要求在生产过程中，通过采用先进的工艺技术和设备，提高原材料的利用率，减少废弃物的排放。在消费过程中，倡导绿色消费和适度消费，减少不必要的浪费。减量化原则的实施可以有效降低对自然资源的消耗，减轻环境压力。

（二）再利用原则

再利用原则强调对产品和包装物进行多次使用，以延长其使用寿命。这要求在生产过程中，尽可能采用可循环使用的材料和设计，使得产品在使用过程中便于维修和升级。在消费过程中，鼓励消费者购买耐用品和二手商品，减少对新产品的需求。再利用原则的实施可以减少对资源的消耗和废弃物的产生，提高资源的利用效率。

（三）资源化原则

资源化原则强调将废弃物转化为再生资源，实现资源的循环利用。这要求采用先进的废弃物处理技术和设备，将废弃物转化为有价值的再生资源，如能源、原材料等。同时，还需要建立完善的再生资源回收和利用体系，使得再生资源能够得到有效利用。资源化原则的实施可以最大限度地减少废弃物的排放，提高资源的利用效率，实现经济的可持续发展。

三、循环经济的实践意义

循环经济的实施对于推动可持续发展战略具有重要意义。首先，循环经济有助于缓解资源压力。随着人口的增长和经济的发展，对资源的需求不断增加，而资源的供给却面临着日益严峻的挑战。发展循环经济可以提高资源的利用效率，减少资源的浪费和过度消耗，从而缓解资源压力。

其次，循环经济有助于改善环境质量。传统的线性经济模式往往导致大量的废弃物排放和环境污染。而循环经济通过贯彻减量化、再利用和资源化等原则，可以减少废弃物的产生和排放，降低对环境的污染和破坏，从而改善环境质量。

此外，循环经济还有助于促进经济结构的优化和升级。发展循环经济可以推动产业结构的调整和升级，促进新兴产业的发展和传统产业的转型升级。同时，循环经济还可以带动技术创新和制度创新，推动经济社会的全面进步。

四、循环经济的未来发展

展望未来，循环经济将在全球范围内得到更广泛的推广和应用。随着人们对可持续发展认识的不断加深和环保意识的不断提高，循环经济将成为未来经济发展的主流模式。同时，随着科学技术的不断进步和创新，循环经济的发展也将迎来更多的机遇和挑战。

为了推动循环经济的深入发展，政府、企业和公众等需要共同努力。政府需要制定和完善相关政策法规，为循环经济的发展提供制度保障和政策支持；企业需要积极采用先进的循环经济技术和管理模式，推动生产方式的绿色转型；公众需要提高环保意识，倡导绿色消费和低碳生活，共同推动循环经济的发展。

循环经济作为一种全新的经济发展模式，以减量化、再利用和资源化为核心原则，通过高效的资源利用和循环利用，实现经济、社会与环境的和谐共生。它不仅有助于缓解资源压力、改善环境质量，还能促进经济结构的优化和升级。在未来的发展中，循环经济将发挥越来越重要的作用，成为推动可持续发展战略实施的重要途径。

五、循环经济的特征与优势

循环经济作为一种新型的经济发展模式，以其独有的特征和优势在推动可持续发展中发挥着举足轻重的作用。它不仅是对传统经济增长模式的根本变革，更是实现资源高效利用、环境保护和经济社会协调发展的有效途径。下面将详细阐述循环经济的四个主要特征与优势。

（一）资源的高效利用与循环利用

循环经济的核心在于资源的高效利用与循环利用。在传统经济模式下，资源的开采、加工、利用往往是一次性的，导致大量资源被浪费，同时也带来了严重的环境问题。而循环经济通过引入先进的技术和管理手段，实现了资源的最大化利用。它强调在生产和消费过程中，通过减少资源投入、提高资源利用效率、延长产品使用寿命等方式，实现资源的节约和循环利用。

具体来说，循环经济通过推动产业升级和技术创新，使得生产过程中能够最大限度地减少原材料和能源的消耗。同时，通过优化产品设计，提高产品的耐用性和可维修性，减少产品的更新换代频率，从而延长产品的使用寿命。此外，循环经济还鼓励废弃物的回收和再利用，将原本被视为废物的资源转化为新的生产原料，实现资源的循环利用。

这种资源的高效利用与循环利用不仅有助于缓解资源短缺问题、降低对自然资源的依赖程度，还能够减少废弃物的产生和排放、降低环境污染的风险。同时，通过提高资源的利用效率，还能够降低生产成本，提高企业的经济效益和竞争力。

（二）低消耗、低排放、高效率

循环经济追求的是低消耗、低排放、高效率的经济发展模式。它通过优化生产流程、提高能源利用效率、减少废弃物排放等方式，实现了对环境的友好型发展。

在生产过程中，循环经济注重能源的节约和高效利用，通过采用先进的节能技术和设备，降低生产过程中的能源消耗，减少温室气体的排放。同时，通过优化生产流程，减少不必要的能源消耗和浪费，提高生产效率。

在废弃物处理方面，循环经济强调废弃物的减量化、资源化和无害化，通过推广垃圾分类、回收和处理技术，实现废弃物的有效减量和资源化利用。同时，通过加强废弃物排放监管和治理，确保废弃物不会对环境和人体健康造成危害。

这种低消耗、低排放、高效率的发展模式有助于降低对环境的影响，保护生态系统的平衡和稳定。同时，通过提高生产效率和经济效益，还能够促进经济的可持续发展和社会的全面进步。

（三）符合可持续发展理念

循环经济的特征与优势之一在于其紧密契合可持续发展理念。可持续发展强调经济、社会和环境三方面的协调发展，追求在满足当前需求的同时不损害未来世代的发展权益。循环经济通过高效利用和循环利用资源，减少对环境的影响，这正是实现可持续发展的有效路径。

循环经济的实践有助于推动经济社会的绿色转型，通过推广清洁生产、绿色消费等理念，引导企业和公众形成节约资源、保护环境的良好行为习惯。同时，循环经济还能够促进产业结构的优化和升级，推动新兴绿色产业的发展和传统产业的绿色化改造。

此外，循环经济还强调公平性和参与性。它倡导社会各界共同参与资源的节约和循环利用，确保不同群体在经济发展中的平等权益；通过加强政策引导和社会监督，推动形成政府、企业、社会组织和公众共同参与的良好氛围，推动循环经济的发展和可持续社会的建设。

（四）对传统增长模式的根本变革

循环经济是对传统增长模式的根本变革，它打破了以往以高消耗、高排放为特征的线性经济增长模式，转向以资源高效利用和循环利用为核心的循环型增长模式。

传统增长模式往往以追求经济增长为主要目标，忽视了资源的有限性和环境的承载能力。这种模式下，资源的开采和利用往往缺乏规划和管理，导致大量资源的浪费和环境的破坏。同时，传统增长模式还容易导致经济结构的失衡和社会发展的不平衡。而循环经济则强调经济发展的质量和可持续性。它注重资源的节约和高效利用，推动经济结构的优化和升级，实现经济、社会和环境的协调发展。引入循环经济的理念和实践可以逐步改变传统增长模式带来的负面影响，推动经济社会向更加绿色、可持续的方向发展。这种变革不仅有助于解决当前面临的资源和环境问题，还能够为未来的经济社会发展奠定坚实的基础。

在推动循环经济发展的过程中，我们需要充分发挥政府、企业和社会各界的积极作用，形成合力推动的良好局面。政府需要制定和完善相关政策法规，为循环经济的发展提供制度保障和政策支持；企业需要积极采用先进的循环经济技术和管理模式，推动生产方式的绿色转型；社会各界也需要加强宣传教育，提高公众的环保意识和参与度，共同推动循环经济的发展。同时，我们还需要加强国际合作与交流，借鉴其他国家和地区的成功经验和技术手段，推动循环经济的全球发展。通过共同努力，我们可以实现资源的永续利用、环境的持续改善和经济的可持续发展，为构建人类命运共同体做出积极贡献。

六、循环经济的实践模式

循环经济作为一种新型的经济发展模式，其核心理念在于通过资源的高效利用和循环利用，实现经济、社会与环境的和谐发展。在实践中，循环经济采取了多种模式来推动资源的循环利用和废弃物的减量化，下面将详细阐述其中的三种主要实践模式。

（一）“资源—产品—再生资源”的循环模式

“资源—产品—再生资源”的循环模式是循环经济中最基本也是最核心的实践模式。这一模式强调在资源利用的全过程中，实现资源的最大化利用和废弃物的最小化排放。具体来说，该模式包括以下几个关键环节：

一是资源的开采和获取。在这一阶段，注重资源的节约和高效利用，通过采用先进的开采技术和设备，减少资源的浪费和破坏。同时，加强资源的保护和恢复，确保资源的可持续利用。

二是产品的制造和生产。在生产过程中，引入清洁生产和绿色制造的理念，通过优化生产流程、提高生产效率、降低能源消耗和减少污染物排放等方式，实现产品的绿色制造。同时，注重产品的设计和创新，提高产品的耐用性和可维修性，延长产品的使用寿命。

三是废弃物的处理和资源化利用。在产品使用完毕后，通过回收、分类、处理等方式，将废弃物转化为再生资源，实现资源的循环利用。这一阶段需要建立完善的废弃物回收和处理体系，确保废弃物的有效处理和资源化利用。

这种“资源—产品—再生资源”的循环模式可以实现资源的高效利用和废弃物的最小化排放，推动经济社会的可持续发展。

（二）废弃物转化为资源的实践

废弃物转化为资源是循环经济实践中的重要一环。采用先进的技术和工艺，将原本被视为废物的资源转化为新的生产原料或能源，不仅可以减少废弃物的排放和环境污染，还可以实现资源的循环利用和经济效益的提升。

以城市生活垃圾处理为例，传统的处理方式往往是填埋或焚烧，这不仅占用了大量的土地资源，还可能产生二次污染。循环经济的实践模式则提供了更为环保和高效的处理方式。通过垃圾分类、回收和处理技术的引入，生活垃圾中的可回收物可以分离和再利用，如纸张、塑料、金属等。同时，对于厨余垃圾等有机废弃物，可以通过生物发酵等技术转化为生物肥料或生物能源，实现资源的循环利用。

此外，工业废弃物的资源化利用也是循环经济实践中的重要领域。例如，钢铁冶炼过程中产生的废渣在通过破碎、筛分等工艺处理后，可以作为建筑材料或道路铺设材料使用；化工废水中含有的有用物质可以通过提取和分离技术进行回收和再利用。这些实践案例充分展示了废弃物转化为资源的潜力和价值。

（三）生产与消费过程中的资源循环利用

生产与消费过程中的资源循环利用是循环经济实践的另一个重要方面。通过在生产过程中采用节能降耗、资源回收等技术手段，以及在消费过程中倡导绿色消费、减少浪费等行为方式，可以实现资源在生产与消费全过程中的循环利用。

在生产过程中，企业可以通过引入先进的节能技术和设备，降低生产过程中的能源消耗和排放。同时，加强生产过程中的物料管理和回收利用，减少原材料的浪费和废弃物的产生。例如，一些企业建立内部物料循环系统，回收和处理生产过程中产生的废弃物，然后作为生产原料重新利用，实现了资源的循环利用。

在消费过程中，倡导绿色消费和减少浪费也是实现资源循环利用的重要途径。推广绿色产品和环保理念，引导消费者形成节约资源、保护环境的消费习惯；加强废弃物的分类回收和处理，促进废弃物的资源化利用。例如，一些城市推行的垃圾分类制度，不仅提高了废弃物的回收利用率，还促进了资源的循环利用和环境保护。

生产与消费过程中的资源循环利用可以有效减少资源的消耗和废弃物的排放，推动经济社会的可持续发展。同时，这种实践模式也有助于提高企业的经济效益和竞争力，促进绿色产业的发展和转型升级。

循环经济的实践模式涵盖了“资源—产品—再生资源”的循环模式、废弃物转化为资源的实践以及生产与消费过程中的资源循环利用等多个方面。在实践中，我们需要根据不同地区和行业的实际情况，选择适合的循环经济实践模式，并结合技术创新和政策引导等手段，推动循环经济的深入发展。同时，加强宣传教育，提高公众的环保意识和参与度，形成全社会共同推动循环经济发展的良好氛围。当然，循环经济的实践过程中也面临着一些挑战和困难，如技术瓶颈、成本问题、市场接受度等。因此，我们需要不断加强研究和探索，完善相关政策法规和标准体系，提高循环经济的技术水平和市场竞争力。同时，加强国际合作与交流，借鉴其他国家和地区的成功经验和技术手段，共同推动循环经济的全球发展。

七、循环经济的经济效益与社会效益

循环经济作为一种新型的经济发展模式，旨在通过资源的高效利用和循环利用，实现经济、社会与环境的协调发展。它不仅具有显著的经济效益，能够降低生产成本、提高资源利用效率，还能促进就业与产业发展，为社会带来广泛的正面影响。同时，循环经济对环境保护与生态平衡的贡献也是不容忽视的。下面将详细阐述循环经济的经济效益与社会效益。

（一）提高经济效益与降低生产成本

循环经济通过资源的循环利用和废弃物的减量化处理，实现了资源的最大化利用，从而降低了生产成本。具体而言，循环经济在以下几个方面对提高经济效益和降低生产成本发挥了重要作用。

首先，循环经济通过优化生产流程和技术创新，提高了生产效率。传统的线性经济模式往往存在着资源浪费和效率低下的问题，而循环经济则通过引入先进的生产技术和设备，改进生产流程，减少资源的浪费和废弃物的产生。这不仅提高了资源的利用效率，还降低了生产成本，增强了企业的竞争力。

其次，循环经济通过废弃物的资源化利用，降低了原材料成本。在传统经济模式下，废弃物往往被视为无价值的负担，需要花费大量资金进行处理和处置。而循环经济则将废弃物视为潜在的资源，通过回收、分类、处理等方式，将其转化为新的生产原料或能源。这不仅减少了原材料的需求、降低了采购成本，而且为企业提供了新的利润增长点。

最后，循环经济还通过促进绿色产业的发展，推动了经济结构的优化和升级。随着环保意识的提高和绿色消费需求的增加，绿色产业逐渐成为新的经济增长点。循环经济通过推动绿色制造、绿色能源等领域的发展，促进了产业的绿色化转型，为经济的可持续发展注入了新的动力。

（二）促进就业与产业发展

循环经济在促进就业与产业发展方面也发挥了积极作用。随着循环经济的深入发展，相关产业得到了快速发展，为社会提供了大量的就业机会。

首先，循环经济的产业链较长，涵盖了资源的回收、处理、再利用等多个环节，这为相关产业提供了广阔的发展空间。在资源的回收和处理环节，需要大量的人员进行收集、分类、运输等工作；在资源的再利用环节，需要专业的技术人员进行研发、生产、销售等工作。这些环节的发展不仅为传统产业提供了转型升级的机会，也为新兴产业的崛起提供了有力支持。

其次，循环经济的发展也促进了相关技术的研发和应用。随着循环经济理念的深入人心，越来越多的企业开始关注资源的高效利用和废弃物的减量化处理。这推动了相关技术的研发和创新，为产业的发展提供了技术支持。同时，这些技术的应用也为企业提供了更多的发展机会，促进了产业的升级和转型。

最后，循环经济的发展还带动了相关服务业的兴起。例如，随着绿色消费需求的增加，绿色产品的认证、检测、咨询等服务需求也随之增加。这为相关服务业提供了发展机会，也为社会创造了更多的就业机会。

（三）对环境保护与生态平衡的贡献

循环经济对环境保护与生态平衡的贡献是最为显著的。传统的线性经济模式往往以牺牲环境为代价来换取经济的发展，导致环境污染、生态破坏等问题日益严重。而循环经济则通过资源的循环利用和废弃物的减量化处理，实现经济与环境的协调发展。

首先，循环经济减少了环境污染物的排放。通过优化生产流程和技术创新，循环经济降低了能源消耗和排放物的产生。同时，废弃物的资源化利用也减少了废弃物的堆积和排放，降低了对环境的污染压力。这些措施有效改善了环境质量，保护了生态系统的平衡。

其次，循环经济促进了生态修复和环境保护。通过植树造林、湿地保护、土地复垦等措施，循环经济恢复了受损的生态环境，提高了生态系统的稳定性和服务功能。同时，循环经济也推动了环保产业的发展，为生态保护提供了更多的技术支持和资金保障。

最后，循环经济还通过提高公众环保意识，推动了全社会的环保行动开展。随着循环经济理念的普及和推广，越来越多的人开始关注环保问题，积极参与环保活动。这不仅增强了社会的环保氛围，也促进了环保事业的持续发展。

循环经济在经济效益和社会效益方面都具有显著的优势。它不仅能够降低生产成本、提高资源利用效率，促进就业与产业发展，还能有效保护环境、促进生态平衡。因此，我们应该积极推广循环经济的发展模式，加强政策引导和技术支持，推动经济社会向更加绿色、可持续的方向发展。同时，我们也需要加强国际合作与交流，借鉴其他国家和地区的成功经验和技术手段，共同推动循环经济的全球发展。

八、循环经济的国际经验与启示

循环经济作为一种新型经济发展模式，已经在全球范围内得到广泛关注和应用。许多国家通过发展循环经济，成功实现了资源的高效利用、环境的保护和经济的可持续发展。下面将重点介绍国际循环经济发展的成功案例，并探讨这些案例对我国循环经济发展的启示。

（一）国际循环经济发展的成功案例

1. 德国双轨系统模式

德国在循环经济领域取得了显著成就，其双轨系统模式尤为引人注目。该模式将消费后的废弃物回收与再利用紧密结合，形成了一套高效的资源循环体系。通过政府、企业和公众的共同参与，德国成功实现了废弃物的减量化、资源化和无害化。这一模式不仅提高了资源利用效率，也促进了经济的可持续发展。

2. 日本的循环经济实践

日本在循环经济方面同样具有丰富经验。该国通过制定严格的法律法规，推动企业和公众参与废弃物的分类、回收和处理。此外，日本还大力发展循环经济相关产业，如资源回收再利用产业、环保技术产业等，形成了完整的循环经济产业链。这些措施有效促进了资源的循环利用，降低了环境污染，提高了经济效益。

3. 丹麦的卡伦堡生态工业园

丹麦的卡伦堡生态工业园是循环经济的又一典范。该园区通过企业间的协同合作，实现了能源、水资源和废弃物的共享与循环利用。例如，电厂向其他企业提供热能，同时将废弃物转化为肥料；炼油厂则利用电厂产生的蒸汽进行生产，并将废水处理后供给电厂使用。这种协同合作的方式不仅降低了生产成本，也减少了环境污染，实现了经济效益与环境效益的双赢。

（二）对我国循环经济发展的启示

1. 制定完善的法律法规

借鉴国际经验，我国应制定更加完善的循环经济法律法规，明确各方责任和义务，为循环经济的发展提供有力保障。同时，加大执法力度，确保法律法规得到有效执行。

2. 加强科技创新与研发投入

循环经济的发展离不开科技创新的支持。我国应加大对循环经济相关技术的研发投入，推动绿色技术的研发和应用，通过引进、消化、吸收、再创新等方式，提高循环经济的技术水平。

3. 推动产业协同与区域合作

借鉴丹麦卡伦堡生态工业园的经验，我国应推动产业间的协同合作，实现资源、能源和废弃物的共享与循环利用。同时，加强区域间的合作与交流，共同推动循环经济的发展。

4. 提高公众的环保意识与参与度

循环经济的发展需要全社会的共同参与和支持。我国应加强环保宣传教育，提高公众的环保意识，引导公众积极参与垃圾分类、资源回收等环保行动。同时，建立激励机制，鼓励企业和个人积极投身循环经济建设。

5. 注重国际合作与交流

在全球化的背景下，我国应积极参与国际循环经济的合作与交流，学习借鉴其他国家的成功经验和技术手段。国际循环经济发展的成功案例为我国提供了宝贵的经验和启示。我国应结合自身实际情况，制定适合国情的循环经济发展战略和政策措施，推动循环经济的快速健康发展。同时，加强国际合作与交流，共同应对全球环境挑战，实现人类社会的可持续发展。

【任务实施】

清晰阐述循环经济的定义，强调其与传统经济的区别，即资源的高效利用和循环利用。

讲解循环经济的“3R”(Reduce，Reuse，Recycle)原则，即减量化、再利用、资源化，并解释这些原则在矿山环境保护中的具体含义。深入分析循环经济的特征，并解释这些特征在矿山环境保护中的重要性。选取1～2个典型的矿山环境保护中循环经济的应用案例，确保案例具有代表性和启发性。详细介绍案例的背景、实施过程、取得的效果等，让学生全面了解案例的全貌。

将学生分成小组，针对案例进行讨论，分析循环经济在案例中的应用效果、存在的问题以及可能的改进方案。每个小组选出一名代表，向全班汇报讨论结果，其他小组可以提问或补充。设定一个模拟场景，如一个矿山小镇面临环境保护压力，需要制定循环经济策略。学生分组扮演不同角色(如政府、企业、居民等)，制定并实施循环经济策略。

学生根据模拟场景，结合所学知识，制定循环经济策略，包括资源利用、废弃物处理、资源回收等方面的具体措施。每个小组展示自己制定的循环经济策略，其他小组和教师可以进行点评和提问。

【思考与练习】

1. 请简述循环经济与传统经济在资源利用、废弃物处理等方面的主要区别。
2. 请解释循环经济中“3R”原则的具体含义。
3. 分析循环经济低开采、高利用、低排放三大特征在矿山环境保护中的具体体现。
4. 假设你是一家矿山企业的环保部门负责人，请制定一份针对矿山废弃物处理的循环经济策略，策略中需包含废弃物分类、资源化利用、减量化措施等内容。

习　　题

一、填空题

1. 可持续发展的三大支柱是________、________和________。
2. 可持续发展强调在满足当代人需求的同时，不损害________满足需求的能力。
3. 可持续发展的核心思想是________和________的协调发展。

二、选择题

1. 下列哪项不是可持续发展的基本原则？(　　)

A. 公平性原则

B. 持续性原则

C. 共同性原则

D. 效率优先原则

2. 可持续发展战略要求我们在经济发展中做到(　　)。

A. 优先考虑经济增长速度

B. 牺牲环境以换取经济快速发展

C. 实现经济、社会和环境的协调发展

D. 以资源消耗为代价推动经济增长

三、判断题

1. 可持续发展只关注环境保护,与经济和社会发展无关。 (　　)
2. 可持续发展是一个全球性的议题,需要各国共同努力来实现。 (　　)

四、简答题

1. 简述可持续发展的基本内涵和重要意义。
2. 描述可持续发展与环境保护、经济发展和社会进步之间的关系。

五、论述题

1. 分析当前全球面临的主要可持续发展挑战,并提出应对策略。
2. 讨论政府在推动可持续发展中的作用和责任。

六、案例分析题

1. 选取一个国家或地区在可持续发展方面的成功案例,分析其采取的主要措施和取得的成效。
2. 结合实际,讨论如何在本地区或本行业中实施可持续发展战略。

参考文献

[1] 曹运江，戴世鑫，蒋建良，等.矿山（地质）环境保护和恢复治理理论与实践[M].北京：科学出版社，2017.
[2] 陈国山，杨林.现代采矿环境保护[M].北京：冶金工业出版社，2012.
[3] 罗建林，李福平，陈尚波.矿山环境保护及生态修复[M].北京：北京工业大学出版社，2022.
[4] 孙文武，马金良.金属矿山环境保护与安全[M].北京：冶金工业出版社，2012.
[5] 尹国勋.矿山环境保护[M].徐州：中国矿业大学出版社，2010.
[6] 张永波，郑强，徐树媛，等.矿山水环境保护[M].北京：中国水利水电出版社，2023.